Horst Irretier / Rainer Nordmann / Helmut Springer (Hrsg.)

Schwingungen in rotierenden Maschinen III

Aus dem Programm Mechanik

Mathematische Grundlagen der Technischen Mechanik I: Vektor- und Tensoralgebra
von R. Trostel

Einführung in Theorie und Praxis der Zeitreihen- und Modalanalyse
von H. G. Natke

Elemente der Mechanik III: Kinetik
von O. Bruhns / Th. Lehmann

Schwingungen in rotierenden Maschinen I
von H. Irretier, R. Nordmann und H. Springer (Hrsg.)

Schwingungen in rotierenden Maschinen II
von H. Irretier, R. Nordmann und H. Springer (Hrsg.)

Schwingungen in rotierenden Maschinen III
von H. Irretier, R. Nordmann und H. Springer (Hrsg.)

Vieweg

Horst Irretier · Rainer Nordmann
Helmut Springer (Hrsg.)

Schwingungen in rotierenden Maschinen III

Referate der Tagung an der
Universität Kaiserslautern

Herausgeber des Bandes:

Prof. Dr.-Ing. Horst Irretier
Institut für Mechanik
Universität GH-Kassel
Mönchebergstraße 7
D-34125 Kassel

Prof. Dr.-Ing. Rainer Nordmann
Arbeitsgruppe Maschinendynamik
Universität Kaiserslautern
Erwin-Schrödinger-Straße
D-67663 Kaiserslautern

o. Prof. Dr.-techn. Helmut Springer
Institut für Maschinendynamik
und Meßtechnik
Technische Universität Wien
Wiedner Hauptstraße 8–10
A-1040 Wien

Dieses Buch enthält die Referate der Fachtagung „**Schwingungen in rotierenden Maschinen**"
vom 2.–3. März 1995 an der Universität Kaiserslautern.

Alle Rechte vorbehalten
© Friedr. Vieweg & Sohn Verlagsgesellschaft mbH, Braunschweig/Wiesbaden, 1995

Der Verlag Vieweg ist ein Unternehmen der Bertelsmann Fachinformation GmbH. -

Das Werk und seine Teile sind urheberrechtlich geschützt. Jede Verwertung außerhalb der engen Grenzen des Urheberrechtsgesetzes ist ohne Zustimmung des Verlags unzulässig und strafbar. Das gilt insbesondere für Vervielfältigungen, Übersetzungen, Mikroverfilmungen und die Einspeicherung und Verarbeitung in elektronischen Systemen.

Druck und buchbinderische Verarbeitung: W. Langelüddecke, Braunschweig
Gedruckt auf säurefreiem Papier
Printed in Germany

ISBN 3-528-06655-5

Vorwort

Mit zunehmenden Anforderungen an rotierende Maschinen hinsichtlich größerer Leistungsdichten und Drehzahlen, sowie hoher Betriebssicherheit und Verfügbarkeit spielen Fragen des dynamischen Verhaltens solcher Maschinen eine wesentliche Rolle. Trotz einer langen Geschichte der Rotordynamik treten immer wieder neue Problemstellungen in Erscheinung, die Gegenstand weiterführender Forschung in Theorie und Praxis sind. Hier sind insbesondere die aktuellen Forschungsgebiete der Stabilitätsanalyse, der aktiven und passiven Lagerung, der experimentellen Analyse mit den modernen Richtungen der Parameteridentifikation und Modal-Analyse sowie die für die Praxis wichtigen Entwicklungen zur Betriebsüberwachung und Schadensdiagnose zu nennen.

Zusammen mit einer Reihe von speziellen Problemen der Rotordynamik bildeten diese Themenkreise den Inhalt der internationalen Tagung über "Schwingungen in rotierenden Maschinen" (SIRM), die unter der wissenschaftlichen Leitung von Prof. Dr.-Ing. H. Irretier, Kassel, Prof. Dr.-Ing. R. Nordmann, Kaiserslautern und Prof. Dr.-Ing. techn. H. Springer, Wien am 2. und 3. März 1995 an der Universität Kaiserslautern durchgeführt wurde. Bereits die ersten beiden Tagungen in Kassel (1991) und in Wien (1993) haben gezeigt, daß die SIRM ein regelmäßiges Forum für Diskussionen zwischen Maschinenherstellern, Maschinenbetreibern und Vertretern der Wissenschaft bilden kann. Auch die dritte Veranstaltung in Kaiserslautern fand erneut großes Interesse, sowohl bei Ingenieuren der Praxis als auch bei Wissenschaftlern an Hochschulen und Forschungsinstituten. Die Veranstalter sehen dies als ein positives Zeichen für die weitere Entwicklung der SIRM-Tagung.

Der vorliegende Band umfaßt die 30 auf der Tagung in Kaiserslautern präsentierten Vorträge, für die insgesamt 55 Autoren aus der Bundesrepublik Deutschland, aus Österreich und der Schweiz, sowie aus Tschechien, Brasilien, England und Rumänien verantwortlich zeichnen. Die Gliederung der Beiträge entspricht den oben genannten Themenkreisen. Neben theoretischen und experimentellen Forschungsergebnissen aus Hochschule und Industrie werden auch mehr praxisorientierte Fragen der Betriebsüberwachung und der Schadensdiagnose diskutiert.

Mit beispielhaftem Einsatz hat sich Herr Dipl.-Ing. A. Reister sowohl um die Vorbereitung dieses Tagungsbandes als auch um die Organisation der Tagung selbst gekümmert. Dabei wurde er tatkräftig von Frau E. Jeblick und Herrn J. Klein unterstützt. Die Veranstalter danken diesem Team sowie auch allen übrigen Mitarbeitern der Arbeitsgruppe Maschinendynamik der Universität Kaiserslautern für ihre wertvolle Mitarbeit. Besonderer Dank gebührt auch dem Verlag VIEWEG Wiesbaden/Braunschweig für die angenehme Zusammenarbeit und die Veröffentlichung dieses Bandes.

Kassel	H. Irretier
Kaiserslautern	R. Nordmann
Wien	H. Springer

INHALT

Passive und aktive Lagerung

I. F. Santos
Strategien für die Erhöhung der Dämpfungsreserve von
kippsegmentgelagerten Rotorsystemen 3

O. Záhorec, M. Musil
Probleme parametrischer Schwingungen der elastisch gelagerten
Rotoren 13

R. Markert, G. Wegener
Dynamik von elastischen Rotoren in Fanglagern 20

Betriebsüberwachung, Schadensdiagnose, Schadensfallbeispiele

S. Bauer, F. Pfeiffer
Fehlerdiagnose von Luftfahrttriebwerken durch Mustererkennung von
Schwingungsspektren 33

F. Herz
Risserkennung aus der Vibrationssignatur im Falle eines grossen
Turborotors 42

S. Seibold, C.-P. Fritzen, D. Wagner
Modellgestützte Verfahren zur Diagnose von Rissen in Rotoren 55

J. Woisetschläger, H. Jericha
Laserholographische Messung der Änderung des Schwingungs-
verhaltens von Gasturbinenschaufeln infolge Erosion 65

D. Bloemers, M. Heinen, E. Krämer, C. Wüthrich
Optische Überwachung von Turbinenschaufelschwingungen im
Betrieb 74

D. Söffker, P.C. Müller
Betriebsüberwachung und Schadensdiagnose an rotierenden
Maschinen - Bewährte Methoden versus neue modellbasierte
Ansätze 85

A. Leifeld, R. Schmidt
Schwingungsmonitoring und Schadensfrüherkennung bei
Wasserkraftwerken mit Hilfe von Zustandsbeobachtern 94

J. Strackeljan, D. Behr, A. Schubert
Anwendung eines neuen Konzepts zur vorbeugenden
Maschinenüberwachung mittels Fuzzy-Logik 96

B. Feuchte
Einige praktische Beispiele zur Schwingungsdiagnose an rotierenden
Maschinen 106

Stabilitätsprobleme

F. Viggiano, J. Schmied
Torsionale Instabilität bei getriebegekoppelten Turborotoren 123

P. Wutsdorff
Stabilitätsuntersuchungen an einem Kühlgasradialgebläse 132

Experimentelle Analyse, Parameteridentifikation, Modale Analyse

P. Schmiechen, D. J. Ewins
Erregung und Messung von Wanderwellen in rotierenden
axisymmetrischen Strukturen 145

M. Rades
Mixed Precession Modes of Rotor-Bearing Systems 153

I. Menz, R. Gasch
Instationäres Auswuchten starrer Rotoren 165

B. Domes, W. Giebmanns
Rotordynamische Auslegung eines hochtourigen Verdichterprüfstandes
mit verschiedenen Prüflingen 176

D. Wiese
Beurteilung des Auswuchtzustandes elastischer Rotoren - weg von
Schwinggeschwindigkeitstoleranzen - hin zu modalen Restunwuchten 187

H. Behrens, U. Folchert, A. Menne, H. Waller
Identifikation nichtlinearer Systeme durch bereichsweise lineare Modelle
am Beispiel hydrodynamischer Wandler und Kupplungen 204

K. Kwanka
Ein neues Identifikationsverfahren für dynamische Koeffizienten von
Labyrinthdichtungen 216

R. Zeillinger, H. Köttritsch, H. Springer
Identifikation von Dämpfungskoeffizienten für Wälzlager 225

H. Irretier, F. Reuter
Experimentelle Modalanalyse rotierender Laufräder 234

P. Förch, A. Reister, C. Gähler, R. Nordmann
Modale Analyse an rotierenden Maschinen mittels Magnetlager 245

Spezielle Probleme der Rotordynamik

A. Tondl, H. Springer
Ein Beitrag zur Klassifizierung von Rotorschwingungen und deren
Ursachen 257

P. Stelter
Reibungsselbsterregte Torsionsschwingungen in Schneckenzentrifugen ... 268

J. Althaus
Rotordynamische Probleme und deren Beurteilung bei schnellaufenden
Verdichtergetrieben 278

M. Ertz, A. Reister und R. Nordmann
Zur Berechnung der Eigenschwingungen von Strukturen mit periodisch
zeitvarianten Bewegungsgleichungen 288

H. J. Holl, H. Irschik
Eine effiziente Substrukturmethode für transiente Probleme der
nichtlinearen Rotordynamik 297

D. Waldeck
Selbsterregte Schwingungen gekoppelter Rotoren 306

Referentenverzeichnis

Dr.-Ing. *J. Althaus*, BHS-Voith Getriebetechnik GmbH, Sonthofen
Dipl.-Ing. *S. Bauer*, Lehrstuhl B für Mechanik, TU München
Univ.-Prof. Dr. rer. nat. *D. Behr*, Inst. f. Technische Mechanik, TU Clausthal
Dipl.-Ing. *H. Behrens*, Mechanik, AG numerische Methoden, Ruhr-Universität Bochum
Dr.-Ing. *D. Bloemers*, RWE-Energie AG, KC-TP, Essen
Dr.-Ing. *B. Domes*, BMW Rolls-Royce GmbH, ED-3, Dahlewitz
Dipl.-Ing. *M. Ertz*, AG Maschinendynamik, Universität Kaiserslautern
Prof. Dr. *D. J. Ewins*, Centre of Vibration Engineering, Imperial College of Science, Technology and Medicine, London
Dr.-Ing. *B. Feuchte*, Bently Nevada GmbH, Maschinen Diagnose Service, Neu-Isenburg
Dr.-Ing. *U. Folchert*, Mechanik, Arbeitsgruppe numerische Methoden, Ruhr-Universität Bochum
Dipl.-Ing. *P. Förch*, AG Maschinendynamik, Universität Kaiserslautern
Prof. Dr.-Ing. *C.-P. Fritzen*, Inst. f. Mechanik u. Regelungstechnik, Universität-GH Siegen
Prof. Dr.-Ing. *R. Gasch*, Inst. f. Luft- und Raumfahrt, TU Berlin
Dipl.-Ing. *W. Giebmanns*, BMW Rolls-Royce GmbH, EK-1, Dahlewitz
Dr.-Ing. *M. Heinen*, RWE-Energie AG, KE-TM, Essen
Dipl.-Ing. *F. Herz*, ABB Kraftwerke AG, KWDX 5, Birr
Dipl.-Ing. *H. J. Holl*, Inst. f. Technische Mechanik u. Grundlagen der Maschinenlehre, Johannes-Kepler Universität Linz
Prof. Dr.-Ing. *H. Irretier*, Inst. f. Mechanik, Universität-GH Kassel
o. Univ.-Prof. Dr.-Ing. *H. Irschik*, Inst. f. Technische Mechanik u. Grundlagen der Maschinenlehre, Universität Linz
Prof. Dr. techn. *H. Jericha*, Inst. f. Thermische Turbomaschienen und Maschinendynamik, TU Graz
H. Köttritsch, SKF-Österreich AG, Wien
E. Krämer, ABB Kraftwerke AG, KWS1, Baden
Dr.-Ing. *K. Kwanka*, Lehrstuhl Thermische Kraftanlagen, TU München
Dipl.-Ing,. *A. Leifeld*, ABB Management AG, CHCRC.U1, Baden
Prof. Dr.-Ing. *R. Markert*, Inst. f. Mechanik II, TU Darmstadt
Dr.-Ing. *A. Menne*, Mechanik, Arbeitsgruppe numerische Methoden, Ruhr-Universität Bochum
Dipl.-Ing. *I. Menz*, Inst. f. Luft- und Raumfahrt, TU Berlin
Univ.-Prof. Dr. rer. nat. *P. C. Müller*, Inst. f. Sicherheitstechnische Regelung- u. Meßtechnik, Universität Wuppertal
Dr.-Ing. *M. Musil*, Lehrstuhl für technische Mechanik, Slowakische TU Bratislava
Prof. Dr.-Ing. *R. Nordmann*, AG Maschinendynamik, Universität Kaiserslautern
Prof. Dr.-Ing. *F. Pfeiffer*, Lehrstuhl B für Mechanik, TU München
Prof. Dr.-Ing. *M. Rades*, Catedra De Rezistenta Materialelor, Universitatea Politehnica Din Bucuresti, Bucuresti, Romania
Dipl.-Ing. *A. Reister*, AG Maschinendynamik, Universität Kaiserslautern
Dipl.-Ing. *F. Reuter*, Inst. f. Mechanik, Universität-GH Kassel
Dr.-Ing. *I. F. Santos*, DPM Departamento de Projeto Mecânico, UNICAMP Universidade Estadual de Campinas
Dr.-Ing. *R. Schmidt*, ABB Management AG, Baden
Dipl.-Ing. *P. Schmiechen*, Centre of Vibration Engineering, Imperial College of Science, Technology and Medicine, London

Dr.-Ing. *J. Schmied*, Turbocompressor Department, Sulzer Escher Wyss AG, Zürich
Dipl.-Ing. *A. Schubert*, DOW Stade Inc., Abt. PCCD, B8-11, Stade
Dipl.-Ing. *S. Seibold*, Lehrstuhl für Technische Mechanik, Universität Kaiserslautern
Dipl.-Ing. *D. Söffker*, Inst. f. Sicherheitstechnische Regelung- u. Meßtechnik, Universität Wuppertal
Prof. Dr. techn. *H. Springer*, Inst. f. Maschinendynamik und Meßtechnik, TU Wien
Dr.-Ing. *P. Stelter*, KHD Humboldt Wedag AG, IH-FQ, Köln
Dr.-Ing. *J. Strackeljan*, Inst. f. Technische Mechanik, TU Clausthal
Prof. Dr.-Ing. *A. Tondl*, Prag
Dr.-Ing. *F. Viggiano*, Sulzer Escher Wyss AG, Turbocompressor Department, Zürich
D. Wagner, Lehrstuhl für Technische Mechanik, Universität Kaiserslautern
Dr.-Ing. *D. Waldeck*, Lehrstuhl Maschinendynamik/ Schwingungslehre, TU Chemnitz - Zwickau
Prof. Dr.-Ing. *H. Waller*, Arbeitsgruppe für Numerische Methoden in der Mechanik und Simulationstechnik, Ruhr-Universität Bochum
Dipl.-Ing. *G. Wegener*, Inst. f. Mechanik II, TU Darmstadt
Dipl.-Ing. *D. Wiese*, Carl Schenck AG, Abt. Auswuchtmaschinen, Darmstadt
Dr.-Ing. *J. Woisetschläger*, Inst. f. Thermische Turbomaschinen und Maschinendynamik, TU Graz
Dr. rer. nat. *C. Wüthrich*, ABB Turbosystems AG, ZXE-1, Baden
Prof. Dr.-Ing. *P. Wutsdorff*, Mechanik/ FB Maschinenbau, TFH-Gießen
Doz. Dipl.-Ing. Dr. *O. Záhorec*, Lehrstuhl für Technische Mechanik, Slowakische TU Bratislava
Dipl.-Ing. *R. Zeillinger*, Inst. f. Maschinendynamik u. Meßtechnik, TU Wien

Passive und aktive Lagerung

Strategien für die Erhöhung der Dämpfungsreserve von kippsegmentgelagerten Rotorsystemen

von I. F. Santos

1 Einführung

Das dynamische Verhalten rotierender Maschinenbauteile wird einerseits durch den Aufbau und damit das Schwingungsverhalten dieser Teile und andererseits durch die Art der Kopplung mit der Umgebung bzw. dem Maschinengehäuse bestimmt. Diese Kopplung erfolgt bei drehenden Komponenten über Lager, deren Steifigkeits- und Dämpfungsverhalten die Gesamtdynamik wesentlich beeinflussen.

Daher erfordern solche Systeme den zweckmäßigen Entwurf von Lagern, die sowohl die Betriebssicherheit der Maschinen als auch den Aspekt ihrer Lebensdauer erfüllen. Dabei stellt sich heraus, daß es sehr vorteilhaft wäre, die Eigenschaften der Lager verschiedenen Betriebsbedingungen anzupassen, d.h. bei Bedarf modifizieren zu können. Dies kann im Fall von Kippsegmentlagern durch einen aktiven Eingriff geschehen, der die Anstellung der einzelnen Elemente verändert und damit die Trageigenschaften gezielt beeinflußt.

Diese Arbeit ist ein Beitrag zur Problematik eines aus vier Kippsegmenten bestehenden Lagers in Kombination mit dem Entwurf von Regelungskonzepten, der sowohl theoretisch als auch experimentell durchgeführt wird. Es werden drei Untersuchungen vorgestellt, mit denen eine Erhöhung der Dämpfungsreserve von Kippsegmentlagern realisiert wird:

- (a) Gesteuertes Kippsegmentlager – Gesteuerte Modifikation des Lagerspaltes mit Hilfe eines hydraulischen Aktuators.
- (b) Aktives Kippsegmentlager – Entwurf von Regelungskonzepten für den Aufbau eines mit hydraulischen Aktuatoren gekoppelten Kippsegmentlagers.
- (c) Kippsegmentalger mit aktivem Schmierfilm – Aktiver Einfluß auf die Fluiddynamik im Spalt.

Es werden die Konstruktionsentwürfe der drei Untersuchungen präsentiert. Die damit gewonnenen experimentellen Ergebnisse werden mit den theoretischen Werten, die mit Hilfe der Reynoldsgleichung, der Ölhydraulik, der Starrköperdynamik und der Regelungstechnik ermittelt werden, verglichen. Es gibt eine gute Übereinstimmung von Theorie und

Experiment und eine exzelente Verbesserung des dynamischen Verhaltens von kippsegmentgelagerten Rotorsystemen.

2 Entwurf und Realisierung

Gesteuerte und aktive Kippsegmentlager lassen sich in einer Bauform realisieren, in dem deren Segmente jeweils auf hydraulische Stellglieder montiert werden. Diese werden mit Proportional- und Servoventil verbunden und so auch geregelt, um entweder eine gezielte Modifikation der dynamischen Koeffizienten der Kippsegmentlager im stationären Betrieb oder eine Schwingungsregelung zu ermöglichen, siehe Bild 1.

(a) Gesteuertes Kippsegmentlager: Das in Bild 1(a) dargestellte Kippsegmentlager wird von vier Segmenten **24** gebildet, zwei in vertikaler und zwei in horizontaler Richtung. Nachdrücklich soll darauf hingewiesen werden, daß das Lager nur in vertikaler Richtung aktive Segmente beinhaltet. Diese sind mit einem hydraulischen Kammersystem [10] durch die Hülse (Teile **25, 26**) und die Schraube **27** verbunden, ohne die Kippbewegung des Segments zu behindern. Das hydraulische Kammersystem besteht aus den Teilen **18** und **19**, der flexiblen Membran **17**, den Kupferringen **21, 22** und **23** und dem Deckel **20**. Dieses System ist mit einem Servoventil und einem Proportionalventil verbunden. Ist das Signal am Servoventil U_V gleich null, so befindet sich der Steuerkolben in der Mitte. Mit einer Änderung der elektrischen Signale am Proportionalventil wird eine Modifikation des hydraulischen Kammerdrucks erreicht, und es liegt in der Kammern gerade der halbe Systemdruck als Nominaldruck an, nämlich $\Delta P_S/2$. Diese hydrostatische Druckvariation hat eine Verformung der Membran **17** zur Folge. Eine solche Verformung bewirkt nun die Verschiebung des Segments in radialer Richtung, was eine Modifikation des Lagerspalts verursacht. Die Dämpfungs- und Steifigkeitskoeffizienten des Lagers sind ihrerseits sehr stark vom Lagerspalt abhängig, wodurch eine Erhöhung der Dämpfungsreserve des Rotor-Lager-Systems erreicht wird.

(b) Aktives Kippsegmentlager: Die berührungslosen Wegsensoren **31**, die direkt in den vertikalen Segmenten montiert sind, messen die Ölspaltveränderungen, d.h. die relativen Auslenkungen zwischen dem Rotor und den vertikalen Segmenten. Mit den Drucksensoren **28** ist es möglich, Informationen über die hydrodynamischen Drücke im Ölfilm zu erhalten. Dabei ist der Ölfilm eine Funktion der Bewegung des Rotors und der Segmente. Die Drucksensoren **30**, die auf dem Kammerdeckel **20** geschraubt sind, messen die hydraulischen Regelungsdrücke. Alle gerade angesprochenen Signale können dazu benutzt werden, um eine Rückführung des Regelkreises zu realisieren. Wenn dieses Rückführungssignal als Eingangssignal am Servoventil angeschlossen ist, spricht man von aktiven Kippsegmentlagern (Siehe Bild 1(a)). Mit Hilfe der Regelungstechnik wird eine künstlische Erhöhung der Dämpfungsreserve erreicht.

(c) Kippsegmentlager mit aktivem Ölfilm: Die zweite Bauform von Kippsegmentlagern wird in Bild 1(b) dargestellt. Der Schwerpunkt der dritten Untersuchung ist die gezielte Modifikation des Druckverlaufes des Schmierfilms mit dem Ziel, die Lagerdämpfung zu erhöhen. Der aktive Schmierfilm läßt sich für die Kippsegmenlager in folgender Form realisieren. Jeweils zwei in horizontaler und vertikaler Richtung zusammengehörige Segmentpaare mit kleinen Bohrungen werden direkt mit einem Proportional- und zwei Servoventilen verbunden.

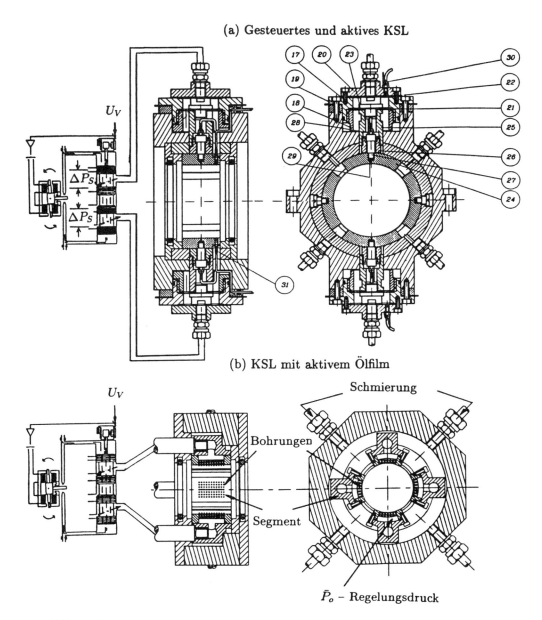

Bild 1: Konstruktive Lösungen und Funktionsweise von (a) gesteuerten und aktiven Kippsegmentlagern und (b) Kippsegmentlagern mit aktivem Schmierfilm.

Die Modifikation der Ansteuerspannung dieser Ventile verursacht eine Änderung des Druckes $\bar{P}_o$ des durch die kleinen Bohrungen eingespritzten Öls und somit eine entsprechende Änderung der Druckverteilung im Ölfilm. Da die Dämpfung und Steifigkeit des Lagers von diesem hydrodynamischen Ölfilmdruck abhängig ist, wird eine gezielte Modifikation der Lagereigenschaften erreicht.

3 Mathematische Modellierung

Um die Wechselwirkungen zwischen dem Rotor und der Lagerschale (Kippsegmente) zu beschreiben, ist es notwendig Informationen über die Strömungsverhältnisse des Schmiermittels im Lagerspalt zu erhalten. Die theoretische Untersuchung des dynamischen Verhaltens der Ölfilmeigenschaften basiert auf der Navier-Stokesschen und Kontinuitätsgleichung. Unter Berücksichtigung der Voraussetzungen, die auch bei der Reynoldsgleichung zur Anwendung kommen [4] und der radialen Geschwindigkeitsverteilung des Fluids (durch die Bohrungen, siehe Bild 2), erhält man die folgenden Profilgeschwindigkeiten des Schmiermittels nach dem *no-slip condition* an der Segment- und Rotoroberfläche:

$$\left. \begin{aligned} u_x &= \frac{1}{2\mu}\frac{\partial p}{\partial x}\left(y^2 - y\cdot h\right) + \frac{y}{h}\cdot U \\ u_y &= \frac{y}{h}V + \left(\frac{h-y}{h}\right)\cdot V_{ein}(x,z) \\ u_z &= \frac{1}{2\mu}\frac{\partial p}{\partial z}\left(y^2 - y\cdot h\right) \end{aligned} \right\} \quad (1)$$

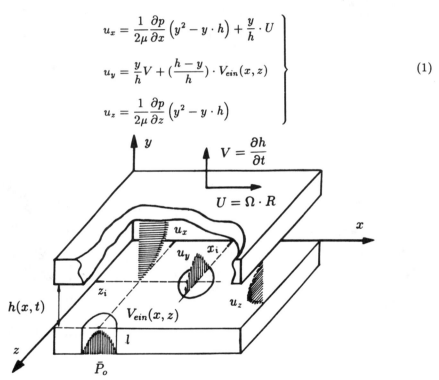

Bild 2: Profilgeschwindigkeiten des Schmiermittels – Laminare Strömung.

Über die Kontinuitätsgleichung

$$\frac{\partial u_x}{\partial x} + \frac{\partial u_y}{\partial y} + \frac{\partial u_z}{\partial z} = 0 \quad (2)$$

sind die Gl.(1) miteinander gekoppelt. Werden in Gl.(2) die Geschwindigkeit durch die Druckgradienten nach Gl.(1) ersetzt und die Gleichung dann über y integriert, ergibt sich die folgende Form der Reynoldsgleichung:

$$\frac{\partial}{\partial x}\left(\frac{\rho h^3}{\mu}\frac{\partial p}{\partial x}\right)+\frac{\partial}{\partial z}\left(\frac{\rho h^3}{\mu}\frac{\partial p}{\partial z}\right)+\frac{12}{\mu l}\sum_{i=1}^{s}\mathcal{F}_i(x,z)\cdot p = 6U\frac{\partial h}{\partial x}+12\rho\frac{\partial h}{\partial t}+\frac{12}{\mu l}\sum_{i=1}^{s}\mathcal{F}_i(x,z)\cdot\bar{P}_o \quad (3)$$

wobei

$$\mathcal{F}_i(x,z) = \begin{cases} \frac{r_0^2}{4}-(x-x_i)^2-(z-z_i)^2, & \text{when} \quad (x-x_i)^2-(z-z_i)^2 \leq \frac{r_0^2}{4} \\ 0, & \text{when} \quad (x-x_i)^2-(z-z_i)^2 \geq \frac{r_0^2}{4} \end{cases}$$
(4)

in dem Fall von einem Kippsegmentlager mit aktivem Schmierfilm, und

$$\mathcal{F}_i(x,z) = 0 \quad (5)$$

in dem Fall von einem passiven oder gesteuerten oder aktiven Kippsegmentlager.

Gl.(3) beschreibt die Druckverteilung $p(x,z,t)$ zwischen dem Rotor und den Segmenten in einem segmentfesten Koordinatensystem (x,y,z), als eine Funktion der Öleigenschaften (ρ, die Dichte und μ die Viskosität), der Geschwindigkeit der Rotoroberfläche U, der Geometrie des Lagers (h Spaltfunktion, die von der relativen Bewegung des Rotors und der Segmente abhängig ist), und letztendlich des Regelungsdrucks ($\bar{P}_o$, der Druck, der mit Hilfe eines Servo- und Proportionalventils erzeugt wird). Die Formfunktion $\mathcal{F}_i(x,z)$ (siehe Gl.(3), (4) und (5)) multipliziert die Druckdifferenz, die sich zwischen dem Ölfilm p und dem Öleinspritzen $\bar{P}_o$ ergibt. Diese Formfunktion liefert die Information über die Positionierung der Bohrungen auf der Segmentoberfläche. Dabei wurde vorausgesetzt, daß die Strömung durch die Bohrungen inkompressibel ist. Diese Voraussetzung führt zu einer parabolischen Profilgeschwindigkeit des Öls in radialer Richtung in dem Bereich der Bohrungen. Diese Funktion wird in Gl.(4) für ein KSL mit aktivem Ölfilm (siehe Bild.1(b)) und in Gl.(5) für ein passives und aktives KSL (siehe Bild.1(a)) zusammengefaßt, wobei n die Zahl von Bohrungen auf der Segmentoberfläche ist, (x_i,z_i) die Koordinaten des Mittelpunkts der $i-ten$ Bohrung, r_o der Radius der Bohrung und l die in radialer Richtung gemessene Länge der Bohrung. Wird das Kippsegmentlager in der passiven, gesteuerten oder aktiven Form untersucht, wie in Bild.1(a) dargestellt wurde, nimmt die Formfunktion den Wert Null an, sowohl im Bereich der Bohrungen als auch außerhalb von ihnen, siehe Gl.(5). Wird die Druckverteilung auf die Segmentoberfläche integriert, ergibt sich die hydrodynamische Kraft, die die Bewegung des Rotors und des Segments koppelt. Wird diese Kraft linearisiert, erreicht man die Steifigkeit und Dämpfung des Ölfilms, siehe [1] [3] [8]. Mit Hilfe der Ölhydraulik werden die Wechselwirkungen zwischen den Paaren geregelter Segmente, die mit dem Servoventil gekoppelt sind, beschrieben. Die mathematische Modellierung von passiven und aktiven kippsegmentgelagerten Rotorsystemen wird in [9] und [6] ausführlich diskutiert.

4 Theoretische und Experimentelle Ergebnisse

Die Tabelle 1 präsentiert die geometrischen Parameter des untersuchten Kippsegmentlagers. Die experimentelle Untersuchung der Modifikation der Dämpfungs- und Steifigkeitskoeffizienten des Lagers ist an dem vorliegenden Versuchsstand aufgrund der Motorleistung nur im Drehzahlbereich von 0 bis 50 Hz möglich. Ebenso kann aufgrund der zulässigen Maximalspannung der Membran die Untersuchung für Kammerdrücke bis maximal 14 bar vorgenommen werden.

Drehgeschwindigkeitsbereich	2 bis 50 Hz
Viskosität des Öls (30°C)	0,070 Ns/m^2
Radius der Welle	0,04937 m
Segmentkrümmungsradius	0,05027 m
Lagerbreite	0,056000 m
Segmentanzahl	4
Segmentwinkel	60°
Segmentdicke	0,0175 m
Segmentstützwinkel	0°, 90°, 180°, 270°
Bezugswinkel bis zur Segmentmitte	0°
Lagerspiel	110 μm
Steifigkeit der Membran	$0,988 \cdot 10^7\ N/m$
Segmentmasse + Hülse	0,821 kg
Massenträgheitsmoment des Segments	$4,47 \cdot 10^{-5}\ kg \cdot m^2$

Tabelle 1: Geometrie- und Betriebsparameter des Kippsegmentlagers.

(a) Gesteuertes Kippsegmentlager: Mit Hilfe eines Identifikationsverfahrens [4], basierend auf der Übertragungsfunktion des Rotor-Lager-Systems, werden Informationen über die dynamischen Koeffizienten des Kippsegmentlagers erreicht. Die Tabelle 2 zeigt sehr deutlich, daß die globalen Lagerdämpfungskoeffizienten mit der Erhöhung der Drehzahl kleiner werden. Durch eine Erhöhung des Kammerdrucks ändert man die Lagereigenschaften in Richtung einer Vergrößerung sowohl der globalen Dämpfung als auch der globalen Steifigkeit.

$\Omega [Hz]$	Kammer Druck [bar]	Theorie $\bar{k}_{yy}[N/m]$	Experiment $\bar{k}_{yy}[N/m]$	Theorie $\bar{d}_{yy}[Ns/m]$	Experiment $\bar{d}_{yy}[Ns/m]$
20	0	$17,0 \cdot 10^6$	$17,5 \cdot 10^6$	$43,9 \cdot 10^3$	$24,4 \cdot 10^3$
	4	$20,2 \cdot 10^6$	$21,6 \cdot 10^6$	$49,0 \cdot 10^3$	$36,0 \cdot 10^3$
40	0	$23,7 \cdot 10^6$	$19,4 \cdot 10^6$	$29,2 \cdot 10^3$	$26,4 \cdot 10^3$
	4	$27,9 \cdot 10^6$	$23,7 \cdot 10^6$	$32,7 \cdot 10^3$	$29,2 \cdot 10^3$

Tabelle 2: Theoretische und experimentelle Werte der globalen Lagerkoeffizienten bei niedriger Erregungsfrequenz (5 Hz)

Die gemessenen globalen Dämpfungs- und Steifigkeitskoeffizienten des Lagers stimmen für Erregungsfrequenzen bis 100 Hz mit den Theoretischen gut überein. Jedoch ist die absolute Abweichung zwischen der theoretischen und der identifizierten (gemessenen) globalen Dämpfung für höhere Störfrequenzen von 100 bis 200 Hz relativ groß. Die experimentellen globalen Dämpfungskoeffizienten sind kleiner als die Theoretischen, die aus der Reynoldsgleichung berechnet wurden. Eine ausführliche Diskussion darüber ist in [7] zu finden.

(b) Aktives Kippsegmentlager: Der Entwurf von Regelungskonzepten für aktive Kippsegmentlager wird in [5] theoretisch untersucht. Bild 3 stellt die experimentelle Übertragungsfunktion (Y_R/F_P = vertikale Rotorauslenkung/Erregungskraft) des passiven, gesteuerten und geregelten kippsegmentgelagerten Rotorsystemes, für die folgenden Fälle dar:

- (a) ungeregeltes Lager (passiv),
- (b) gesteuertes Lager mit Kammerdruck von 4 bar,
- (c) aktives Lager – Rückführung von der Kammerdruckdifferenz.
- (d) aktives Lager – Rückführung von der Kammerdruckdifferenz und der linearen Rotorgeschwindigkeit.
- (e) aktives Lager – Rückführung von der Kammerdruckdifferenz, der linearen Rotorgeschwindigkeit und Auslenkung.

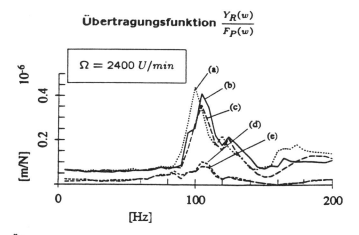

Bild 3: Übertragungsfunktion des Rotor-Lager-Systems in Abhängigkeit der Regelungsrückführungen.

Die Reduzierung der Schwingungsamplitude eines starren Rotors während des Resonanzüberganges ist deutlich zu erkennen, wenn ein PD-Regler mit der Kammerdruckdifferenz und mit der absoluten Auslenkung und Geschwindigkeit des Rotors als Eingangsgrößen realisiert wird. Die Dämpfungs- und Steifigkeitskoeffizienten des Lagers ändern sich in Abhängigkeit der Rotordrehzahl. In dem untersuchten Fall wurde der optimale PD-Regler für die konstante Rotordrehzahl von 40 Hz entworfen und getestet. Operiert das Rotor-Lager-System nicht mit einer konstanten Drehgeschwindigkeit, besteht immer noch die Möglichkeit, den Drehzahlbereich zu unterteilen und für jeden kleinen Subbereich einen optimalen PD-Regler zu entwerfen. Steigt die Rotordrehzahl, können die verschiedenen optimalen PD-Regler eingeschaltet werden, um letztendlich einen adaptiven Regler zu realisieren.

(c) Kippsegmentlager mit aktivem Schmierfilm: Bild 4(a) zeigt die hydrodynamische Druckverteilung auf die Segmentoberfläche eines passiven Lagers. Wird solche Druckverteilung über die Segmentoberfläche integriert, ergibt sich die resultierende hydrodynamische Kraft von 239 N.

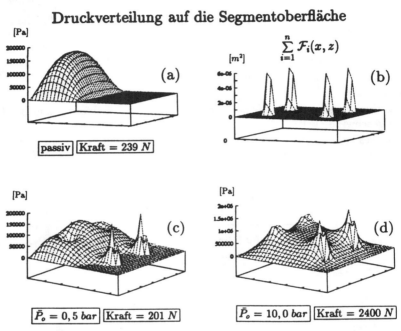

Bild 4: Druckverteilung auf die Segmentoberfläche und Formfunktion $\sum_{i=1}^{4} \mathcal{F}_i(x,z)$ für ein KSL mit aktivem Ölfilm.

Werden die Segmente des Lagers mit 4 Bohrungen ($n = 4$) mit einem Radius von $2,5\ mm$ konstruiert, soll die in Bild 4(b) dargestellte Formfunktion $\sum_{i=1}^{n} \mathcal{F}_i(x,z)$ berechnet werden. Die Bohrungen werden auf den Koordinaten $(L/4, B/3)$, $(L/4, 2B/3)$, $(3L/4, B/3)$ und $(3L/4, 2B/3)$ positioniert, wobei L die Segmentlänge und B die Segmentbreite ist. In Bild 4(c) sieht man die resultierende Druckverteilung, wenn der durch die Bohrungen eingespritzte Druck $\bar{P}_o$ gleich $0,5\ bar$ ist. Im Bereich, in dem der Ölfilmdruck grösser als der Einspritzdruck $\bar{P}_o$ ist, reduziert sich die hydrodynamische Druckverteilung. Dies ist im Bereich der zwei ersten Bohrungen am Anfang des Segments sehr klar zu sehen. Im Bereich der letzten zwei Bohrungen, wobei der Einspritzdruck größer als der Ölfilmdruck ist, erhöht sich die hydrodynamische Druckverteilung. Die resultierende Kraft ist 201 N, d.h. kleiner als die Kraft, die sich aus dem passiven Fall ergibt. Dieses Ergebnis weißt darauf hin, daß eine Reduktion der hydrodynamischen Kraft mit Hilfe eines aktiven Ölfilms möglich ist. Im Fall von schnell drehenden Rotorsystemen, wobei die Steifigkeit des

Ölfilms sehr groß ist, und sich die Dämpfung sehr stark reduziert, wird es möglich, mit solchen Bohrungen und dem Regelungsdruck $\bar{P}_o$, die Steifigkeit des Ölfilms zu reduzieren und eine Erhöhung der Dämpfung des Schmierfilms zu gewinnen. Bild 4(d) präsentiert die resultierende Druckverteilung auf das Segment, wenn der Einspritzdruck $\bar{P}_o$ gleich 10 bar ist. In dem Fall ergibt sich eine größere hydrodynamische Kraft von 2400 N, d.h. eine Erhöhung dieser Kraft ist auch erreichbar, wenn der Druck $\bar{P}_o$ mit Hilfe des Servo- oder Proportionalventils geregelt oder gesteuert wird. Werden die radiale Auslenkung, die Geschwindigkeit und die Beschleunigung des Rotors durch geeignete Sensoren erfaßt, und solche elektrischen Signale zum Servoventil zurückgeführt, definiert man den Regelkreis für die Realisierung des aktiven Schmierfilms. Werden die Verstärkungskoeffizienten der genannten Signale nach einem Kriterium optimiert, indem die Dämpfungsreserve des Rotor-Lager-Systems maximal ist, spricht man von einem Kippsegmentlager mit einem optimalen aktiven Schmierfilm.

5 Abschliessende Bemerkungen

(a) Zu den gesteuerten Kippsegmentlagern: Die globalen Koeffizienten des Lagers hängen sehr stark von der Drehzahl ab. Eine Erhöhung der Steifigkeitskoeffizienten des Lagers wird in jeder Betriebssituation durch einen Anstieg des Kammerdrucks ermöglicht – dies gilt sowohl für niedrige als auch für höhere Drehzahlen. Ein eingrenzender Faktor ist jedoch die zulässige Spannung und Beulung in der Membran des hydraulischen Aktuators. Bei höheren Drehzahlen wird die Steifigkeit des Ölfilms sehr groß, und es wird ein sehr großer Kammerdruck benötigt, um eine Veränderung des Ölspalts zu erreichen, und um eine entsprechende Steifigkeitsänderung zu erzeugen. Man kann sowohl theoretisch als auch experimentell feststellen, daß bei niedrigen Drehzahlen eine deutliche Erhöhung der Dämpfungskoeffizienten des Kippsegmentlagers erreichbar ist. Steigt die Drehzahl des Rotorsystems an, läßt sich eine Erhöhung der Dämpfungskoeffizienten des Kippsegmentlagers nicht mehr durch einen Anstieg des Kammerdrucks realisieren. Im Gegenteil dazu verursacht dieser Druckanstieg eine Verkleinerung der Dämpfungskoeffizienten des Kippsegmentlagers. Um dann die Dämpfungsreserve eines kippsegmentgelagerten Rotors zu erhöhen, muß ein aktiver Eingriff erfolgen.

(b) Zu den aktiven Kippsegmentlagern: Die Reduzierung der Schwingungsamplitude eines Lager-Rotor-Systems während des Resonanzübergangs ist möglich, wenn ein PD-Regler mit der Kammerdruckdifferenz und mit der absoluten Auslenkung und Geschwindigkeit des Rotors als Eingangsgrößen realisiert wird. Dabei wird eine künstliche Erweiterung der Dämpfungsreserve des Rotorsystems erreicht. Vom praktischen Gesichtspunkt hergesehen ist es für die Realisierung der Regelkreisstruktur immer interessant, die absolute Auslenkung des Rotors messen zu können, da es das Ziel ist, die Rotorbewegungen zu regeln und zu stabilisieren. Bei den Wegsensoren, die direkt in die Segmente eingebaut wurden und die die Veränderungen des Ölspalts erfassen sollen, tritt ein Problem auf: Wird der Lagerspalt sehr klein, erhöht sich die Steifigkeit des Ölfilms so stark, daß sich der Rotor relativ zu den Segmenten im μm-Bereich bewegt. Dies führt zu verrauschten Signalen. Die Relativbewegung des Rotors ist durch die genannten Sensoren nicht mehr zu erfassen. Zwei andere Faktoren tragen zur Erhöhung der Ölfilmsteifigkeit und zur Reduzierung der Beobachtbarkeit der Relativbewegung des Rotors bei: Die Erhöhung der Drehzahl und die Erhöhung des hydrostatischen Kammerdrucks.

(c) Zu den Kippsegmentlagern mit aktivem Ölfilm: Die ersten Ideen über ein Kippsegmentlager mit aktivem Schmierfilm wurden präsentiert. Die mathematische Modellierung eines solchen Schmierfilms mit partialen theoretischen Ergebnissen weißt darauf hin, daß eine Erhöhung der Dämpfungsreserve des Lagers ermöglicht wird. Ein Prüfstand zur experimentellen Untersuchungen von Kippsegmentlager mit aktivem Schmierfilm befindet sich in seiner Konstruktionsphase, wobei Theorie und Experiment in der Zukunft verglichen werden können.

6 Literaturverzeichnis

[1] Allaire,P.E., Parsell,J.A. and Barrett,L.E., "A Pad Perturbation Method for the Dynamic Coefficients of Tilting Pad Journal Bearings", *Wear*, 72, pp.29-44, **1981**.

[2] Lund,J.W., "Spring and Damping for the Tilting Pad Journal Bearings", *ASLE Trans.*, 7, 4, pp.342-352, **1964**.

[3] Parsell J.K, Allaire P.E. and Barrett L, "Frequency Effects in Tilting Pad Journal Bearing Dynamic Coefficients", *ASLE Transactions*, 26, 2, pp.222-227, **1983**.

[4] Santos,I.F., "Kippsegmentlagerung – Theorie und Experiment" *Reihe 11: Schwingungstechnik, Nr.189, VDI Verlag*, **1993**

[5] Santos,I.F und Ulbrich,H., "Zur Anwendung von Regelungskonzepten für aktive Kippsegmentlager", *ZAMM – Zeitschrift für Angewandte Mathematik und Mechanik*, 4, 73, pp.241-244, **1993**.

[6] Santos,I.F., "Design and Evaluation of Two Types of Active Tilting-Pad Journal Bearings", *IUTAM Conference on Active Control of Vibration*, Bath/England, pp.79-87, Sept. 5-8, **1994**.

[7] Santos,I.F., "On the Adjusting of the Dynamic Coefficients of Tilting-Pad Journal Bearings", ASME/STLE Tribology Conference, Hawaii/USA, Preprint 94-TC-4D-2, Oct. 16-20, **1994**.

[8] Springer,H., "Dynamische Eigenschaften von Gleitlagern mit beweglichen Segmenten", *VDI - Berichte Nr. 381*, S.177-184, **1980**

[9] Springer,H., "Nichtlineare Schmingungen schwerer Rotoren mit vertikaler Welle und Kippsegmentlagern", *Forsc.Ing.-Wes*, 45, 4, S.119-132, **1979**

[10] Ulbrich,H. and Althaus,J., "Actuator Design for Rotor Control", *12th Biennial ASME Conference on Vibration and Noise*, Montreal/Canada, pp.17-22, Sept. 17-21, **1989**.

Probleme parametrischer Schwingungen der elastisch gelagerten Rotoren

von O. Záhorec, M. Musil

Zusammenfassung

Im vorliegenden Beitrag wird eine Untersuchung der parametrischen Schwingungen der Maschinen mit Rotoren vorgestellt. Das Verhalten eines solchen dynamischen Systems kann durch nichthomogene lineare Differentialgleichungen mit zeitabhängingen periodischen Koeffizienten beschrieben werden. Durch die Existenz der zeitabhängigen Koeffizienten kann das System unter bestimmten Bedingungen instabil werden. Das Ziel des Beitrags ist es, die Grenzen der Instabilität zu bestimmen und die Bedingungen der Stabilität bei den parametererregten Schwingungen eines dynamischen Systems zu finden, das durch eine elastisch gelagerte Grundlage mit dem starrem allgemein nicht ausgewuchtetem Rotor gebildet wird.

1 Einleitung

Beim Betrieb der Maschinen mit den unwuchtbehafteten Rotoren entstehen oft die unerwünschten Kräfte- und Momentanwirkungen, die die Zuverlässigkeit der Maschine herablassen und störend auf die Umgebung wirken. Mit der Problematik der elastisch gelagerten Maschinen im Sinne der Lösung passiver Vibroisolation der Maschine hängt die Abstimmung der physikalen Parameter (Steifigkeit, Dämpfung und Masse) der erwähnten Maschine und ihrer elastischen Lagerung zusammen. Bei der Abstimmung werden die Parameter so vorgeschlagen, daß die Maschinendrehzahl von den Eigen-Kreis-Frequenzen der Maschine genügend entfernt ist.

Zu der Abstimmung der physikalischen Parameter können z. B. die Optimalisationsmethoden [1] oder die Lösung des Inversionsproblems [2] angewendet werden. Für die auf diese Weise berechneten Parameter des Systems werden aus der Sicht der minimalen Kräfteübertragung in die Grundlage auch die Dämpfungseigenschaften der elastischen Lagerung herabgesenkt. Bei der kleinen Dämpfung kann die parametrische Resonanz entstehen, d. h. die ausgeprägten Amplituden der Maschinenschwingungen auch bei den anderen als eigenen Maschinenfrequenzen. Das Ziel des Beitrags ist es, für den Fall der parametrischen Schwingungen die Bereiche der Instabilität zu bestimmen und die Bedingungen der Stabilität zu finden.

2 Mathematisches Modell

Bedenken wir ein algemeines Beispiel, wenn ein starres Fundament mit einem starren Rotor elastisch gelagert ist. Die Drehzahl des Rotors ist konstant. Die Bewegungsgleichungen wurden mit Hilfe von Lagrange - Gleichungen II. Ordnung zusammengestellt. Das mathematische Modell des äquivalenten mechanischen Systems ist das System der nichtlinearen nichthomogenen gewöhnliche simultanen Differenzialgleichungen II. Ordnung mit den sich zeitlich harmonisch verändernden Koeffizienten. Bei der weiteren Lösung bedenken wir keine nichtlinearen Elemente des mathematischen Modells mehr. Dann bekommen wir die Bewegungsgleichungen in der Matrixform,

$$\mathbf{M}\ddot{\mathbf{q}} + \mathbf{B}\dot{\mathbf{q}} + (\mathbf{K} + \mathbf{F}_c \cos \omega t + \mathbf{F}_s \sin \omega t)\mathbf{q} = \mathbf{f}. \qquad (2.1)$$

M, **B**, **K** sind Massen-, Dämpfungs- und Steifigkeitsmatrix, **q** ist Vektor verallgemeinter Koordinaten, $\mathbf{F}_c$, $\mathbf{F}_s$, **f** sind Matrizen und Vektor, die die Fliehkraftwirkungen des unwuchtbehafteten Rotors ausdrücken, ω ist Kreisfrequenz des Rotors.

Wir drücken **q** in der Form: $\mathbf{q} = \mathbf{V}\mathbf{q}'$, wo $\mathbf{V} = \{\mathbf{v}_i\}$ aus. Die Modalvektoren $\mathbf{v}_i$ können wir durch die Lösung des Gleichungsystems

$$(\mathbf{K} - \mathbf{M}\Omega_o^2)\mathbf{v}_i = 0$$

festlegen. Wenn wir die Gleichung (2.1) mit der Matrix $\mathbf{V}^T$ von links multiplizieren, bekommen wir:

$$\ddot{\mathbf{q}}' + 2\Delta\dot{\mathbf{q}}' + \Omega_o^2 (\mathbf{I} + 2\mu \mathbf{F}_c' \cos \omega t + 2\nu \mathbf{F}_s' \sin \omega t)\mathbf{q}' = \mathbf{f}', \qquad (2.2)$$

wo μ, ν kleine Parameter sind und wo:

$$\mathbf{V}^T \mathbf{M} \mathbf{V} = \mathbf{I},$$
$$\mathbf{V}^T \mathbf{K} \mathbf{V} = \Omega_o^2 = \mathrm{diag}(\Omega_{oi}^2), \; i=1,2,\ldots,6,$$
$$\mathbf{V}^T \mathbf{B} \mathbf{V} = 2\Delta = \{2\delta_{ij}\}, \; i,j=1,2,\ldots,6, \qquad (2.3)$$

$$\mathbf{F}_{c,s}' = \frac{1}{2\mu,\nu}(\Omega_o^2)^{-1} \mathbf{V}^T \mathbf{F}_{c,s} \mathbf{V}.$$

3 Die Instabilitätsbereiche

Auf Grund der Floquet - Theorie [3], [4] können wir die Grenze des Instabilitätsbereiches in der Form bestimmen:

$$\omega \approx 2\,\Omega_{oi}\left(1 \pm \frac{1}{2}\sqrt{(\mu^2 f_{cii}'^2 + \nu^2 f_{sii}'^2) - 4\gamma_i^2}\right),$$

$$\omega \approx \Omega_{oi} + \Omega_{oj} \pm \frac{\gamma_i \Omega_{oi} + \gamma_j \Omega_{oj}}{2\sqrt{\gamma_i \gamma_j}} \sqrt{(\mu^2 f_{cij}' + \nu^2 f_{sij}')(\mu^2 f_{cji}' + \nu^2 f_{sji}') - 4\gamma_i \gamma_j},$$

$$\omega \approx \left|\Omega_{oi} - \Omega_{oj}\right| \pm \frac{\left|\gamma_i \Omega_{oi} - \gamma_i \Omega_{oi}\right|}{2\sqrt{\gamma_i \gamma_j}} \sqrt{\left|(\mu^2 f_{cij}' + \nu^2 f_{sij}')(\mu^2 f_{cji}' + \nu^2 f_{sji}')\right| - 4\gamma_i \gamma_j},$$

(3.1)

wo $\gamma_i = \dfrac{\delta_{ii}}{\omega_i}$.

Die Frequenzen $\omega \approx \dfrac{\left|\Omega_{oi} \pm \Omega_{oj}\right|}{N}$ bestimmen die Instabilitäten N-ter - Ordnung, die Breite des Instabilitätsbereiches N-ter - Ordnung ist proportional dem μ^N und ν^N.

Die Bedingung für die Grenze der Stabilität ist $\text{abs}(\lambda_i) = 1$, wo λ_i' die Eigenwerte der Matrix **C** sind. Für Matrix **C** gilt es:

$$\mathbf{C} = \varphi(0)^{-1}\,\varphi(T),\qquad(3.2)$$

wo $\varphi(t)$ die Fundamentalmatrix des Systems

$$\dot{\mathbf{q}} = \mathbf{A}(t)\,\mathbf{q} \qquad (3.3)$$

ist. $\mathbf{A}(t)$ ist periodische Funktion mit der Periode $T = 2\pi/\omega$.

Die Fundamentalmatrix $\varphi(t)$ drücken wir in der Form aus

$$\varphi(t) = \mathbf{Q}(t)\,e^{t\mathbf{R}}, \qquad (3.4)$$

wo $\mathbf{Q}(t)$ periodische Funktion mit der Periode T ist, auch. $\varphi(t)$, $\varphi(t+T)$ sind die Fundamental Matrizen. Es gilt:

$$\varphi(t+T) = \varphi(t)\,\mathbf{C}. \qquad (3.5)$$

Wenn ρ_i die Eigenwerte der Matrix **R** sind, dann gilt es:

$$\lambda_i = e^{T\rho_i}. \qquad (3.6)$$

Die Eigenwerte λ_i können wir durch die Lösung des folgenden Gleichungsystems

$$\det(\mathbf{C} - \lambda \mathbf{I}) = 0 \tag{3.7}$$

(durch einige Störungrechnungmethoden) festlegen.
 Auf Grund der Gleichungen (3.1) werden die Bewegungsgleichungen (2.1) stabil für beliebige Kreisfrequenz ω sein, wenn:

$$(\mu^2 f'^2_{cii} + \nu^2 f'^2_{sii}) < 4\gamma_i^2, \tag{3.8}$$

$$\left(\mu^2 f'_{cij} + \nu^2 f'_{sij}\right)\left(\mu^2 f'_{cji} + \nu^2 f'_{sji}\right) < 4\gamma_i\gamma_j. \tag{3.9}$$

4 Die Bedingungen der Stabilität der elastisch gelagerten Maschine mit unwuchtbehafteten Rotor

Wir setzen voraus, daß die Maschine ein starrer symmetrischer Körper mit zwei Symmetrieebenen (x,y), (y,z), (wie auf dem Bild 1 dargestellt) ist.

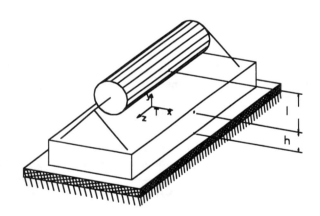

Bild: Das Schema der elastisch gelagerten Maschine mit dem Rotor

Die Achse des Rotors ist parallel mit der Koordinatenachse z, der Schwerpunkt der Maschine ist T. Elastische Lagerung hat homogene Eigenschaften.
 Dann bekommen wir die Bewegungsgleichungen (2.1) in der Form:

$$m\ddot{y} + b_y \dot{y} + k_y y = f_y, \quad (4.1.a)$$

$$\mathbf{M}\ddot{\mathbf{q}} + \mathbf{B}\dot{\mathbf{q}} + (\mathbf{K} + \mathbf{F}_c \cos \omega t + \mathbf{F}_s \sin \omega t)\mathbf{q} = \mathbf{f}, \quad (4.1.b)$$

wo   m   - Gesamtmasse des Systems,
     ky - Steifigkeit elastischer Lagerung in der Richtung y,
     by - linearer Dämpfungskoeffizient elastischer Lagerung in der Richtung y,
     fy - Fliehkraftwirkung in der Richtung y
ist. Vektor **q** ist:

$$\mathbf{q} = \begin{bmatrix} x \\ z \\ \varphi_x \\ \varphi_y \\ \varphi_z \end{bmatrix}.$$

Die unabhängingen Koordinaten $x, z, \varphi_x, \varphi_y, \varphi_z$ entsprechen der realen Schwingungsbewegung der Maschine.

Massenmatrix **M** ist:

$$\mathbf{M} = \begin{bmatrix} m & 0 & 0 & 0 & 0 \\ 0 & m & 0 & 0 & 0 \\ 0 & 0 & I_x & 0 & 0 \\ 0 & 0 & 0 & I_y & 0 \\ 0 & 0 & 0 & 0 & I_z \end{bmatrix},$$

wo I_x, I_y, I_z Trägheitsmomente der Maschine zu den Achsen x, y, z sind.

Die Dämpfungs- und Steifigkeitsmatrix **B**, **K** drücken wir in folgender Form aus:

$$\mathbf{C}_{kb} = \begin{bmatrix} c & 0 & 0 & 0 & ch \\ 0 & c & -ch & 0 & 0 \\ 0 & -ch & c_{\varphi_x} & 0 & 0 \\ 0 & 0 & 0 & c_{\varphi_y} & 0 \\ ch & 0 & 0 & 0 & c_{\varphi_z} \end{bmatrix},$$

wo c <=> k für Steifigkeitsmatrix, c <=> b für Dämpfungsmatrix gilt.

Die Matrizen F_c, F_s sind in der Form:

$$F_c = \begin{bmatrix} 0 & 0 & 0 & 0 & 0 \\ 0 & 0 & 0 & -f_o & 0 \\ 0 & 0 & 0 & 0 & 0 \\ 0 & 0 & 0 & 0 & 0 \\ 0 & 0 & M_o \sin\varphi & M_o \cos\varphi & 0 \end{bmatrix}, \quad F_s = \begin{bmatrix} 0 & 0 & 0 & 0 & 0 \\ 0 & 0 & f_o & 0 & 0 \\ 0 & 0 & 0 & 0 & 0 \\ 0 & 0 & 0 & 0 & 0 \\ 0 & 0 & M_o \cos\varphi & -M_o \sin\varphi & -f_o 1 \end{bmatrix},$$

wo f_o, M_o Fliehkraftwirkungen des unwuchtbehafteten Rotors sind. φ ist Winkel zwischen die Vektoren f_o und M_o.

Für unser Beispiel ist Matrix V in der Form:

$$V = \begin{bmatrix} v_{11} & 0 & 0 & 0 & v_{15} \\ 0 & v_{22} & v_{23} & 0 & 0 \\ 0 & v_{32} & v_{33} & 0 & 0 \\ 0 & 0 & 0 & v_{44} & 0 \\ v_{15} & 0 & 0 & 0 & v_{55} \end{bmatrix}.$$

Auf Grund der Gleichungen (2.3), (3.1) bestimmen wir die Grenze des Instabilitätsbereiches 1. Ordnung:

$$\omega_1 = 2\Omega_{o1}(1 \pm \sqrt{(v_{51}^2 1 f_o)^2 - 4\gamma_1^2})$$

$$\omega_2 = 2\Omega_{o2}(1 \pm \sqrt{(v_{32} v_{22} f_o)^2 - 4\gamma_2^2})$$

$$\omega_3 = 2\Omega_{o3}(1 \pm \sqrt{(v_{33} v_{23} f_o)^2 - 4\gamma_3^2})$$

$$\omega_4 = 2\Omega_{o5}(1 \pm \sqrt{(v_{55}^2 1 f_o)^2 - 4\gamma_5^2})$$

$$\omega_5 = \Omega_2 + \Omega_3 \pm \frac{\gamma_2 \Omega_{o2} + \gamma_3 \Omega_{o3}}{2\sqrt{\gamma_2 \gamma_3}} \sqrt{(v_{22} v_{33} v_{32} v_{23} f_o^2) - 4\gamma_2 \gamma_3})$$

$$\omega_6 = \Omega_1 + \Omega_5 \pm \frac{\gamma_1 \Omega_{o1} + \gamma_5 \Omega_{o5}}{2\sqrt{\gamma_1 \gamma_5}} \sqrt{(v_{51} v_{55} 1 f)^2 - 4\gamma_1 \gamma_5})$$

$$\omega_7 = |\Omega_{o2} - \Omega_{o3}| \pm \frac{|\gamma_2 \Omega_{o2} - \gamma_3 \Omega_{o3}|}{2\sqrt{\gamma_2 \gamma_3}} \sqrt{|(v_{22} v_{33} v_{32} v_{23} f_o^2)| - 4\gamma_2 \gamma_3},$$

$$\omega_8 = |\Omega_1 - \Omega_5| \pm \frac{|\gamma_1 \Omega_{o1} - \gamma_5 \Omega_{o5}|}{2\sqrt{\gamma_1 \gamma_5}} \sqrt{(v_{51} v_{55} 1 f)^2 - 4\gamma_1 \gamma_5})$$

(4.2.a-h)

Wenn

$$(v_{51}^2 1 f_o)^2 > 4\gamma_1^2$$
$$(v_{32} v_{22} f_o)^2 > 4\gamma_2^2$$
$$(v_{33} v_{23} f_o)^2 > 4\gamma_3^2$$
$$(v_{55}^2 1 f_o)^2 > 4\gamma_5^2$$
$$(v_{22} v_{33} v_{32} v_{23} f_o^2) > 4\gamma_2 \gamma_3$$
$$(v_{51} v_{55} 1 f)^2 > 4\gamma_1 \gamma_5$$
$$\left|(v_{22} v_{33} v_{32} v_{23} f_o^2)\right| > 4\gamma_2 \gamma_3,$$
$$(v_{51} v_{55} 1 f)^2 > 4\gamma_1 \gamma_5$$

(4.3.a-h)

gilt, dann wird das System instabil sein.

5 Abschluß

Falls die gegensätzlichen Ungleichheiten in (4.3) gelten, dann wird das System stabil sein. Auf Grund der Analyse der angeführten Beziehungen können wir die Systemstabilität für eine bestimmte Starrheit und Dämpfung durch folgendes sichern: durch Herabsetzung der Unwucht des Rotors (f_o) und durch Verkürzung des Abstandes zwischen h und l. Wenn die Rotormasse im Vergleich zur Maschinenmasse klein ist, dann bleibt bei Großer Dämpfung das System praktisch stabil.

Auf Grund der vogelegten Analyse der parametrischen Schwingungen ist es möglich, die Bedingungen für Abstimmung der Parameter einer elastischen Maschinenlagerung mit unwuchtbehafteten Rotoren aus der Sicht der passiven Vibroisolation zu bestimmen.

Literatur

[1] Yee, K. L. Tsuei, Y. G.: Method for Shifting Natural Frequencies of Damped Mechanical Systems. AIAA Journal, vol. 29, No. 11, 1991.
[2] Musil, M.: Dynamické problémy odstreďovacieho stroja (slov.), Dynamische Probleme der Schleudermaschine. Bratislava, Verlag TU Bratislava, 1993.
[3] Meirovitch L.: Method of Analytical Dynamics. New York, McGraw-Hill, 1970.
[4] Schmidt G. Parametererregte Schwingungen. Berlin, Deutscher Verl. der Wiss., 1975.

Dynamik von elastischen Rotoren in Fanglagern

von R. Markert, G. Wegener

1 Einleitung

Bei schnellaufenden, überkritisch betriebenen Rotoren treten infolge von Unwuchten bei der Fahrt durch die Resonanzzonen häufig große Rotorausbiegungen auf. Zur Begrenzung dieser Rotorausbiegungen, aber auch als Sicherheitseinrichtung im Fall des Versagens von aktiven oder passiven Beruhigungsmaßnahmen oder bei unvorhergesehenem Einsetzen von Instabilitäten, werden manchmal Fanglager eingesetzt. Ein Fanglager ist ein zusätzliches, starr oder elastisch und gedämpft aufgestelltes Lager, das im normalen Betriebszustand bei kleiner Rotorausbiegung wirkungslos ist. Überschreitet die Rotorausbiegung den Fanglagerspalt, legt sich der Rotor an das Fanglager an und das Fanglager trägt mit. Die Kontaktkraft zwischen Rotor und Fanglager soll die Rotorausbiegung begrenzen.

In der vorliegenden Arbeit werden die Einflüsse der verschiedenen Rotor- und Fanglagerparameter auf das dynamische Verhalten von Rotoren in Fanglagern untersucht. Im einzelnen werden neben der Masse, Dämpfung, Steifigkeit und Schwerpunktsexzentrizität des Rotors auch die Exzentrizität des rotorfesten Anlaufringes, die Fanglagermasse und -dämpfung, ein Versatz in der Fanglager-Aufstellung, lineare sowie nichtlineare iso- und anisotrope Fanglagerrückstellkräfte, Reibung und die Nachgiebigkeit der Kontaktstelle berücksichtigt. Mit dem letzten Parameter lassen sich die instationären Anlege- und Ablösevorgänge in einfacher Weise in die Betrachtung einbeziehen.

Erste Überlegungen zu Fanglagern wurden von Meinke und Zippe angestellt. In einer 1976 angemeldeten Patentschrift [1] beschreiben und skizzieren sie verschiedenste konstruktive Ausführungen von Fanglagersystemen für elastische Rotoren. Die Dynamik der Rotor-Fanglager-Systeme wird hier allerdings nicht erläutert.

Erste theoretische Untersuchungen zu Fanglagern wurden von Edbauer, Meinke, Müller und Wauer 1982 in [2] veröffentlicht. Untersucht wird das Verhalten einer Laval-Welle in einem isotropen, zentrischen Fanglager. Die Kontaktstelle zwischen Rotor und Fanglager ist reibungsfrei, der Kontakt selbst wird über eine radiale Kontaktfeder hergestellt. Es wird gezeigt, daß trotz der Nichtlinearität des Gesamtsystems bei konstanter Drehzahl rein drehfrequente Lösungen existieren. Für masselose Fanglager mit linearer bzw. einfach geknickter Kennlinie der Fanglagerrückstellkraft werden die Amplituden- und Phasenkurven der Rotorbewegung berechnet und daran das nichtlineare Verhalten des Rotor-Fanglager-Systems beim quasistationären Hoch- oder Auslauf diskutiert.

Angeregt durch die Beobachtung der Dynamik eines extrem nachgiebigen Versuchsrotors beim Anlegen an quasi-starre Sicherheitsfanglager wurden von Abraham, Markert und Witfeld in [3] weitere theoretische und experimentelle Untersuchungen über linear- und nichtlinear-elastisch aufgestellte Fanglager durchgeführt. Die Kontaktstelle zwischen Rotor und Fanglager ist auch hier glatt, aber in radialer Richtung starr. Für den Kontakt ergibt sich daher eine nichtlineare kinematische Bindungsgleichung zwischen Rotor- und Lagerauslenkung. Analytische Lösungen werden für lineare massebehaftete und für beliebig nichtlineare, aber masselose Fanglager angegeben. Insbesondere wird neben der Fanglagermasse und -dämpfung auch die Exzentrizität des Anlaufringes in die Betrachtungen einbezogen. Ermittelt werden auch hier die Amplituden- und Phasenkurven des stationären Betriebes sowohl bei leichtem Fanglager mit einer Eigenfrequenz über der des fanglagerlosen Rotors, als auch bei schwerem Fanglager mit einer Eigenfrequenz unter der des Rotors.

Die Dynamik von ungefesselten starren Rotoren in starren Fanglagern wurde von Fumagalli, Feeny und Schweitzer in [4] intensiv studiert. Starre Fanglager werden beispielsweise bei Rotoren in Magnetlagern als Sicherheitseinrichtung eingesetzt, um bei Stromausfall oder ähnlichen Störungen das Magnetlager vor mechanischen Schäden zu schützen. Hier legt sich der Rotor nicht langsam an die Fanglager an, sondern fällt plötzlich in diese und prallt unter Umständen mehrmals wieder zurück. Daher werden die Belastungen der Fanglager und die Dynamik eines solchen Rotor-Fanglager-Systems in starkem Maß von den damit verbundenen Stoßvorgängen geprägt.

Rotoren in spielbehafteten Lagern haben eine ähnliche Dynamik wie Rotoren in Fanglagern, wenngleich für die Parameterbereiche unterschiedliche Größenordnungen in Frage kommen. In [5] hat Ehrich insbesondere gezeigt, daß subharmonische Resonanzschwingungen auftreten, wenn das spielbehaftete Lager exzentrisch aufgestellt ist. Auch das Anstreifen eines elastischen Rotors an das Gehäuse ist ein verwandtes Problem. Hinweise hierzu findet man beispielsweise bei Muszynska in [6].

2 Modell und Bewegungsgleichungen

2.1 Das Rotor-Fanglager-System

Alle wesentlichen Erscheinungen der Dynamik von Rotoren in Fanglagern können anhand der Laval-Welle mit einem Fanglager erklärt werden (Bild 2.1). Die elastische Welle (Steifigkeit c_W) trägt eine unwuchtige Scheibe (Masse m_W, Schwerpunktsexzentrizität ε_S, Dämpfungsfaktor der Welle b_W). Mit der Scheibe fest verbunden ist der Anlaufring, der die geometrische Exzentrizität ε_A haben kann. Der Rotor dreht sich mit vorgegebener Winkelgeschwindigkeit $\dot\varphi(t) = \Omega(t)$, der Drehwinkel ist $\varphi(t)$.

Bei Verwendung von komplexen Koordinaten $r = z + iy$ bestehen zwischen den Bewegungen des Schwerpunktes S, des Anlaufringmittelpunktes A und des Wellendurchstoßpunktes W die geometrischen Beziehungen

$$r_S(t) = r_W(t) + \varepsilon_S\, e^{i\varphi(t)} \quad \text{und} \quad r_A(t) = r_W(t) + \varepsilon_A\, e^{i\varphi(t)}. \tag{1}$$

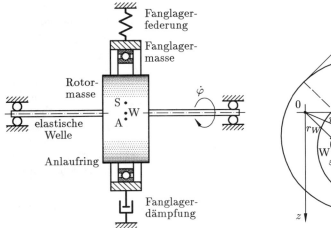
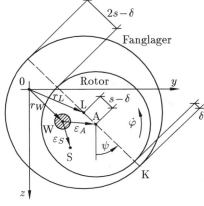

Bild 2.1: Unausgelenkte Laval-Welle im Fanglager

Bild 2.2: Kinematik von Rotor und Fanglager

Das Fanglager (Masse m_L) hat vom Anlaufring im Mittel den Abstand s. Es ist gegenüber dem Fundament elastisch und gedämpft abgestützt (Fanglagerrückstellkraft F_L, Dämpfungsfaktor des Fanglagers b_L). Für die Bewegungen von Rotor- und Fanglagermasse ergeben sich daher die beiden komplexen Bewegungsgleichungen

$$m_W \ddot{r}_S + b_W \dot{r}_S + c_W r_S = -F_K + c_W \varepsilon_S e^{i\varphi} \tag{2}$$

$$m_L \ddot{r}_L + b_L \dot{r}_L - F_L(r_L) = F_K, \tag{3}$$

worin F_K die Kontaktkraft vom Rotor auf das Fanglager ist.

2.2 Die Fanglagerrückstellkraft

Die elastische Fesselung der Fanglagermasse m_L ist normalerweise isotrop, die Rückstellkraft F_L ist somit der Fanglagerauslenkung entgegengerichtet. Da es selten gelingen wird, die Fanglagermitte so zu zentrieren, daß sie im Ruhezustand auf der Drehachse des Rotors liegt, ist ein statischer Fanglagerversatz r_{LStat} in die Betrachtungen einzubeziehen. Bei Isotropie kann somit die Fanglagerrückstellkraft in der Form

$$F_L = -|F_L(|r_L - r_{LStat}|)| \frac{r_L - r_{LStat}}{|r_L - r_{LStat}|} \tag{4}$$

angeschrieben werden. Ihre Größe hängt ausschließlich vom Betrag der resultierenden Fanglagerauslenkung, nicht aber von deren Richtung ab. Im Spezialfall des zentrierten, linearen Fanglagers mit der Steifigkeit c_L vereinfacht sich Gl. (4) zu $F_L = -c_L r_L$.

Komplizierter wird der Zusammenhang zwischen Fanglagerrückstellkraft und Fanglagerauslenkung bei fehlender Isotropie im nichtlinearen Fall. Hier hängt der Betrag der Rückstellkraft auch von der Richtung der Auslenkung $r_L - r_{LStat}$ ab und die Richtung von F_L weicht von der Auslenkungsrichtung ab. Eine solche Konstellation liegt vor, wenn das Fanglager durch mehrere nichtlineare Einzelfedern gehalten wird. Durchläuft hier beispielsweise die Auslenkung $r_L - r_{LStat}$ eine Kreisbahn, pulsiert die Fanglagerrückstellkraft mit der Anzahl überfahrener Einzelfedern. Bei stationärem Drehzustand erfahren Fanglager und Rotor dadurch eine Art Parametererregung, die bekanntlich auch zu Instabilitäten führen kann.

2.3 Die Kontaktkraft

Ob Kontakt vorliegt, wird durch den kleinsten Abstand δ zwischen Anlaufring und Fanglager beschrieben (Bild 2.2). Berührt der Rotor das Fanglager, ist $\delta \leq 0$ und die Bewegungsgleichungen von Rotor und Fanglager sind über die Kontaktkraft F_K gekoppelt. Bei $\delta > 0$ verschwindet die Kontaktkraft F_K, Rotor und Fanglager bewegen sich in diesem Fall unabhängig voneinander. Bezeichnet man die momentane Richtung des Abstandes δ zwischen Anlaufring und Fanglager mit $\psi(t)$, gilt allgemein

$$\delta\, e^{i\psi} = r_L - r_A + s\, e^{i\psi} \,. \tag{5}$$

Bei Kontakt ($\delta \leq 0$) gibt ψ die Richtung der Berührnormalen im Kontaktpunkt K an.

Die Kontaktkraft kann in ihre Normal- und ihre Tangentialkomponente zerlegt werden,

$$F_K = F_{KN} + F_{KT} = \{|F_{KN}| + i\,|F_{KT}|\}\, e^{i\psi} \,. \tag{6}$$

Der eigentliche Kontakt wird durch die Normalkraft F_{KN} hergestellt, während Reibungseinflüsse infolge unterschiedlicher Drehgeschwindigkeiten von Rotor und Fanglager zur Tangentialkraft F_{KT} führen. Bei glatter Kontaktstelle ist $|F_{KT}| = 0$, bei Trockenreibung gilt $|F_{KT}| = \mu_R |F_{KN}|$, und wenn ein Wälzlager die Relativgeschwindigkeit zwischen Anlaufring und Fanglagermasse aufnimmt, ist der Betrag der Tangentialkraft in erster Näherung konstant, $|F_{KT}| = T \operatorname{sign}\{|F_{KN}|\}$.

Sind Anlaufring und Fanglager starr, lautet die Kontaktbedingung $\delta = 0$ und die bisher angegebenen Gleichungen beschreiben das Verhalten des Rotor-Fanglager-Systems vollständig. In [3] ist erläutert, wie in diesem Fall die stationären drehfrequenten Lösungen bestimmt werden können.

Für die Simulation instationärer Übergangsvorgänge ist eine Modellierung als starrer Kontakt ungeeignet, denn die in allen Gleichungen enthaltene Kontaktkraft kann nicht eliminiert werden. Es wäre allenfalls denkbar, sie in jedem Zeitschritt der Integration aus einem zusätzlichen Iterationsprozeß zu ermitteln. Erheblich günstiger ist es, die Kontaktstelle in Normalenrichtung mit einer fiktiven Steifigkeit c_K zu versehen und ein Eindringen des Anlaufringes in das Fanglager zuzulassen. Mit der Eindringtiefe $-\delta$ aus der kinematischen Beziehung (5) folgt dann für die Kontaktnormalkraft

$$F_{KN} = c_K \langle |r_A - r_L| - s \rangle e^{i\psi} \,, \tag{7}$$

worin zur Vereinfachung der Schreibweise das FÖPPL-Symbol

$$\langle x \rangle = \begin{cases} 0 & \text{für} \quad x \leq 0 \\ x & \quad x > 0 \end{cases} \tag{8}$$

verwendet ist.

Problematisch und bisher nur in Ansätzen befriedigend beschrieben sind die instationären Vorgänge beim Anlegen und Ablösen des Anlaufringes. In den Übergangszonen treten Stöße auf, die bei der Simulation mit den üblichen Integrationsprogrammen generell zu Schwierigkeiten führen. Die Entwicklung eines einfachen, den Vorgang aber dennoch richtig beschreibenden Stoßmodells steht noch aus.

2.4 Normierung

Für Parameterstudien empfiehlt es sich, alle Auslenkungen auf die Schwerpunktsexzentrizität ε_S zu beziehen und die in Tabelle 2.1 zusammengestellten Größen einzuführen. Die weiteren Betrachtungen sind dadurch von den speziellen Systemabmessungen befreit.

$\omega_0^2 = c_W/m_W$	Kennkreisfrequenz der Laval-Welle
$\eta = \Omega/\omega_0$	Frequenzverhältnis
$2\,D_W = \omega_0\,b_W/c_W$	Dämpfungsmaß der Laval-Welle
$2\,D_L = \omega_0\,b_L/c_W$	Dämpfungsmaß des Fanglagers
$\gamma = c_L/c_W$	bezogene Fanglagersteifigkeit
$\gamma_K = c_K/c_W$	bezogene Kontaktstellensteifigkeit
$\mu = m_L/m_W$	Masseverhältnis

Tabelle 2.1: Systemparameter

3 Stationärer Betrieb

3.1 Masseloses degressives Fanglager

Bei isotropen, zentrischen Fanglagern existieren trotz aller Nichtlinearitäten streng harmonische Lösungen. In [3] ist dargelegt, wie diese berechnet werden können. Bild 3.1 zeigt beispielhaft die Ergebnisse für ein extrem degressives, masseloses Lager, mit dem eine deutliche Amplitudenbegrenzung möglich ist.

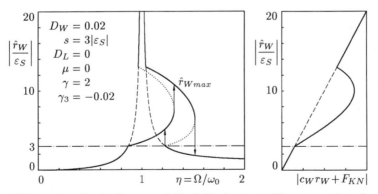

Bild 3.1: Amplitudenkurve und Kraft-Verformungs-Diagramm eines degressiven Fanglagers

Beim quasi-stationären Anfahren steigt die Rotorauslenkung zunächst ungehindert an, bis der Spalt überbrückt ist und das Fanglager wirksam wird. Durch die zusätzliche

Fanglagersteifigkeit knickt die Amplitudenkurve nach rechts ab und der Resonanzbereich des fanglagerlosen Rotors wird mit geringen Auslenkungen durchlaufen.

Trennt man oberhalb dieser Resonanzzone den Rotor wieder vom Fanglager, läuft er mit geringer Ausbiegung selbstzentriert im überkritischen Zustand, ohne daß Resonanzausschläge in Kauf genommen werden müssen. Im Beispiel wird die Trennung des Rotors vom Fanglager wegen der degressiven Fanglagerkennlinie spätestens bei derjenigen Drehzahl eintreten, bei der die Amplitudenkurve eine senkrechte Tangente besitzt.

Der Auslaufvorgang vom über- in den unterkritischen Zustand läuft analog ab, wobei allerdings die Übergänge bei anderen Drehzahlen stattfinden. Daher bleibt beim Auslaufen die maximale Rotorausbiegung deutlich niedriger als beim Anfahren.

3.2 Fanglagerdämpfung und Reibung in der Kontaktstelle

Die Auswirkungen einiger Parameter auf das stationäre Verhalten sind in [3] diskutiert. Als Ergänzung hierzu sind in den Bildern 3.2 und 3.3 die Resonanzkurven für lineare Fanglagerdämpfung D_L und für Trockenreibung μ_R in der Kontaktstelle vergleichend gegenübergestellt. Aufgetragen sind die Rotorausbiegung, die Phasenverschiebung von

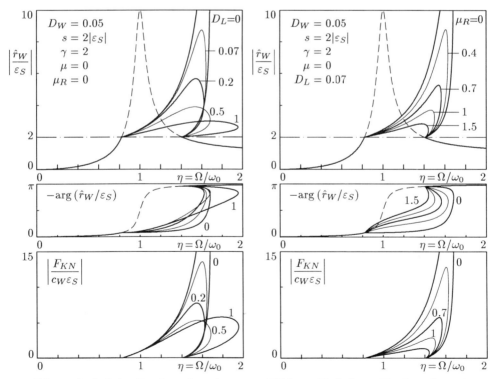

Bild 3.2: Einfluß der Fanglagerdämpfung **Bild 3.3:** Einfluß von Trockenreibung in der Kontaktstelle

$\hat{r}_W$ gegenüber der Schwerpunktsexzentrizität ε_S und der Betrag der Kontaktnormalkraft $|F_{KN}|$. Fanglagerdämpfung D_L und Reibung μ_R in der Kontaktstelle reduzieren die Maximalamplituden in ähnlicher Weise. Mit wachsender Fanglagerdämpfung D_L (Bild 3.2) hängen aber die Resonanzkurven immer mehr zu höheren Drehzahlen über, so daß beim Hochlauf die Amplitudenreduzierung durch einen größeren Drehzahlbereich unter Fanglagerkontakt erkauft werden muß. Anders ist es bei Trockenreibung in der Kontaktstelle (Bild 3.3): Mit wachsendem Reibbeiwert μ_R werden nicht nur die maximalen Rotorausschläge geringer, sondern auch der Drehzahlbereich unter Fanglagerkontakt. Bei vergleichbarer Rotorauslenkung nimmt die Kontaktnormalkraft mit wachsender Reibung stärker ab als mit wachsender Fanglagerdämpfung. Der kleinere Drehzahlbereich unter Fanglagerkontakt und die geringere Kontaktnormalkraft bei Trockenreibung erleichtern das vorzeitige Ablösen des Rotors vom Fanglager und bieten daher technische Vorteile gegenüber dem Fall der Fanglagerdämpfung.

3.3 Massebehaftetes Fanglager

Bild 3.4 zeigt den Einfluß der Fanglagermasse auf das stationäre Verhalten des Rotor-Fanglager-Systems. Bei kleiner Fanglagermasse ($\mu < \gamma$) liegt die Eigenfrequenz des Fanglagers über der des Rotors, man spricht von einem leichten Fanglager. Mit wachsender Fanglagermasse nehmen die Maximalauslenkungen des Rotors ab und der Resonanzgipfel verschiebt sich zu niedrigen Drehzahlen. Für $\mu = \gamma$ fallen die Eigenfrequenzen von Rotor und Fanglager zusammen. Trotzdem sind die Maximalausschläge kleiner als beim leichten Fanglager. Bei großer Fanglagermasse ($\mu > \gamma$) verschwindet zwar der Resonanzgipfel ganz und die Rotorausbiegung übersteigt kaum den Wert des Fanglagerspaltes, oberhalb der Resonanzzone trennt sich der Rotor jedoch nicht wieder selbsttätig vom Fanglager. Obwohl die Rotorauslenkungen kleiner als der Fanglagerspalt sind, bewegen sich Rotor und Fanglager bei hohen Drehzahlen in ständigem Kontakt um den gemeinsamen Schwerpunkt. Die Kontaktkraft steigt mit zunehmender Drehzahl stark an, und ein Trennen des Rotors vom Fanglager wird immer schwieriger.

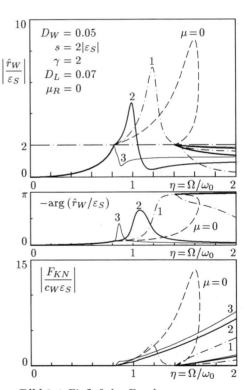

Bild 3.4: Einfluß der Fanglagermasse

3.4 Exzentrischer Anlaufring und Fanglagerversatz

Auch bei exzentrischem Anlaufring ($\varepsilon_A \neq 0$) existieren rein drehfrequente stationäre Bewegungen. Hingegen führt ein Versatz r_{LStat} des Fanglagers gegenüber der Rotordrehachse bei Fanglagerkontakt zu Bewegungen, die neben dem drehfrequenten Anteil eine Verschiebung der Mittellage und höherharmonische Anteile beinhalten. Setzt man zu ihrer Bestimmung die Bewegung von Rotor und Fanglager in Form von Fourier-Reihen an, erhält man für die Fourier-Koeffizienten transzendente Gleichungen, die sogar elliptische Integrale beinhalten. Die Rotoramplituden können nur noch numerisch bestimmt werden. Bei gewissen Parameterkonstellationen sind stationäre subharmonische Rotor- und Fanglagerbewegungen mit $\Omega/2$ oder $\Omega/3$ zu beobachten. Simulationsergebnisse und experimentelle Beobachtungen deuten darauf hin, daß es sogar zu chaotischen Rotor-Fanglager-Bewegungen kommen kann.

4 Instationäre Übergangsprozesse

Die instationären Vorgänge beim Hoch- und Auslauf, insbesondere in den Zonen des Anlegens und Ablösens des Rotors, lassen sich nicht mehr formelmäßig berechnen. Hier bietet sich die numerische Integration mit geeigneten Simulationsprogrammen an. Die nachfolgenden Digramme wurden mit dem Programm SIMULINK^{TM} ermittelt.

4.1 Masseloses zentrisches Fanglager

Bild 4.1 zeigt die Rotorausbiegung $|r_W|$ und die Kontaktkraft $|F_{KN}|$ eines Rotors in einem zentrischen, masselosen Fanglager beim Hoch- und beim Auslauf. Nähert sich die Drehzahl von unten oder von oben der Resonanz, legt sich der Rotor sanft an das Fanglager an, Rotor und Fanglager schwingen gemeinsam.

Auch im instationären Betrieb folgen die Amplituden im wesentlichen den bereits diskutierten Kurven des stationären Betriebes. Merkliche Abweichungen sind nur an den

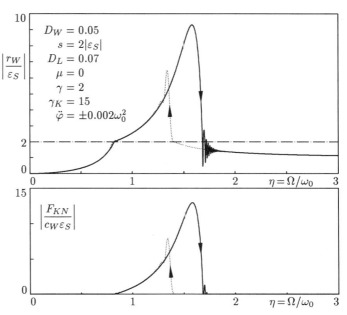

Bild 4.1: Rotorausbiegung und Kontaktkraft im instationären Betrieb beim zentrischen, masselosen Fanglager

beiden Sprungstellen der stationären Amplitudenkurven zu verzeichnen: Wenn sich beim Hochlauf der Rotor vom Fanglager löst, stößt er noch einige Male an das Fanglager, bevor er auf den selbstzentrierten überkritischen Zustand einschwingt. Sobald beim Auslauf erstmalig Fanglagerkontakt auftritt, kommt es zu einem Überschwingen über den stationären Maximalwert.

4.2 Fanglagerversatz

Die Auswirkungen des Fanglagerversatzes sind aus den Bildern 4.2 bis 4.4 ersichtlich. Der erste Fanglagerkontakt tritt hier früher ein als bei zentrischem Fanglager. In den Übergangsbereichen streift der Rotor nur während eines Teils seiner Umdrehung am Fanglager und es entstehen erwartungsgemäß Stöße. Bei größerer Rotorauslenkung steht der Rotor in dauerndem Kontakt mit dem Fanglager und die Unterschiede zum zentrischen Fanglager sind geringer. Im gesamten Drehzahlbereich mit Fanglagerkontakt sind die Bewegungen von Rotor und Fanglager nicht mehr rein drehfrequent, sondern enthalten neben einem Versatz auch höherharmonische Anteile. Die Beträge von Rotorausbiegung und Kontaktkraft schwanken daher mit der Rotordrehung (Bild 4.2).

Im überkritischen Drehzahlbereich sind subharmonische Resonanzschwingungen mit $\Omega/2$ zu erkennen (siehe auch Bild 4.4). Die Unterschiede zwischen Hoch- und Auslauf sind in diesem Drehzahlbereich mit dem bekannten Phänomen der Resonanzverschiebung beim instationären Betrieb zu erklären.

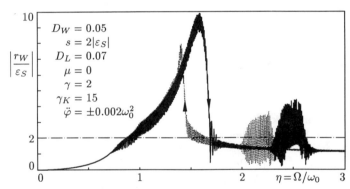

Bild 4.2: Rotorausbiegung im instationären Betrieb bei Fanglagerversatz $r_{LStat}/\varepsilon_S = 1$

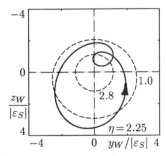

Bild 4.3: Eingeschwungene Orbits eines Rotors mit versetztem Fanglager bei verschiedenen Drehzahlen

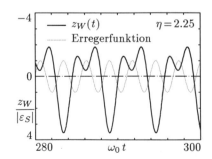

Bild 4.4: Eingeschwungene subharmonische Rotorbewegung bei Fanglagerversatz

Die Simulationsergebnisse werden durch experimentelle Erfahrungen [2,3] gestützt. In nahezu allen Experimenten waren beim Anlegen des Rotors an das Fanglager deutlich Stöße zu hören und eine hochfrequente Unruhe der Amplituden zu verspüren. Diese Effekte resultierten mit großer Sicherheit aus einem ungewollten Fanglagerversatz, hatten beim Hochlauf aber den positiven Effekt des vorzeitigen Ablösens des Rotors vom Fanglager.

4.3 Massebehaftetes Fanglager

Beim leichten Fanglager sind die Resonanzkurven denen des Rotors im masselosen Fanglager ähnlich. Mit zunehmender Fanglagermasse wird die maximale Rotorausbiegung kleiner und der Überhang verschwindet. Bei schwerem Fanglager übersteigt die Rotorausbiegung auch bei Fanglagerkontakt nicht die Spaltweite. Leider geht dieser positive Einfluß der Fanglagermasse mit erheblichen negativen Auswirkungen einher: Beim Hochlauf in den überkritischen Bereich trennt sich der Rotor erst sehr spät oder gar nicht mehr vom Fanglager, und beim Auslauf wird der Übergang vom selbstzentrierten Zustand in den Kontaktbereich durch starke Stöße begleitet. Die Stöße sind umso heftiger, je härter die Kontaktstelle und je größer die Fanglagermasse ist. Bei extrem großer Fanglagermasse hat man schließlich ein starres Fanglager. In der Praxis wird man einen Kompromiß zwischen einer kleinen Fanglagermasse mit größeren Rotorausbiegungen aber niedrigeren Kontaktkräften und einer großen Fanglagermasse mit geringen Rotorausbiegungen aber höheren Kontaktkräften suchen müssen.

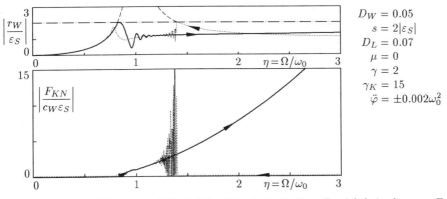

Bild 4.5: Rotorausbiegung und Kontaktkraft im instationären Betrieb bei schwerem Fanglager

5 Zusammenfassung und Ausblick

Das einfachste Modell, die Laval-Welle in einem Fanglager, erklärt die grundsätzlichen Phänomene von Rotoren in Fanglagern und zeigt qualitativ die Einflüsse der unterschiedlichen Rotor- und Fanglagerparameter. Bei der exakten Auslegung realer Systeme wird man allerdings nicht umhin kommen, den Rotor als System mit mehreren Freiheitsgraden zu modellieren.

Die Untersuchungen an der Laval-Welle zeigen, daß Fanglager durchaus wirksame Hilfen zur Begrenzung großer Rotorausbiegungen sind. Nahezu unabhängig von den Fanglagerparametern wird beim Auslauf die Resonanzzone des fanglagerlosen Rotors mit geringen Rotorausbiegungen durchlaufen. Beim Hochlauf hingegen kommt der Abstimmung der Fanglagerparameter eine entscheidende Bedeutung zu; ohne geeignete Abstimmung der Rotor-Fanglager-Parameter muß bei Rotoren in Fanglagern sogar mit größeren Rotorausbiegungen als im fanglagerlosen Fall gerechnet werden. Erst durch eine geeignete Auslegung der Fanglager (nichtlineare Steifigkeit, Fanglagerdämpfung, Reibung, Masse etc.) wird auch beim Hochlauf die erwünschte Reduzierung der Maximalamplituden zu erreichen sein.

Literatur

[1] ZIPPE, G., MEINKE, P.: *Verfahren und Vorrichtung zum Durchlaufen kritischer Drehzahlen langgestreckter Rotoren.* Patentschrift (BR Deutschland) DE 2632586 C2 (1983)

[2] EDBAUER, R., MEINKE, P., MÜLLER, P. C., WAUER, J.: *Passive Durchlaufhilfen beim Durchfahren biegekritischer Drehzahlen elastischer Rotoren.* VDI-Berichte Nr. 456 (1982) S. 157-166

[3] ABRAHAM, D., MARKERT R., WITFELD H.: *Experimentelle Untersuchungen zu aktiven und passiven Resonanzdurchlaufhilfen für extrem elastische Rotoren.* VDI-Berichte Nr. 695 (1988) S. 145-169

[4] FUMAGALLI, M., FEENY, B., SCHWEITZER, G.: *Dynamics of Rigid Rotors in Retainer Bearings.* Proc. of the Third International Symposium on Magnetic Bearings Washington D.C. (1992) S. 157-166

[5] EHRICH, F. F.: *Subharmonic Vibration of Rotors in Bearing Clearance.* ASME Paper Nr. 66-MD-1 (1966)

[6] MUSZYNSKA, A.: *Rotor-to-Stationary Element Rub-Related Vibration Phenomena in Rotating Machinery – Literature Survey.* Shock and Vibration Digest 21 (3) (1989) S. 3-11

Betriebsüberwachung, Schadensdiagnose, Schadensfallbeispiele

Fehlerdiagnose von Luftfahrttriebwerken durch Mustererkennung von Schwingungsspektren

von S. Bauer und F. Pfeiffer

Die Diagnose von Luftfahrttriebwerken anhand ihrer Gehäuseschwingungen wird durch das nichtlineare Verhalten der Triebwerke und ihre beim normalen Betrieb auftretenden Parameterschwankungen erschwert. Bei dem hier beschriebenen Ansatz werden die Triebwerksparameter abgeschätzt, indem die Schwingungsdaten zunächst einer Fouriertransformation unterzogen und über der Drehzahl zu einem Drehzahl-Spektrum-Verlauf zusammengefaßt werden. Eine anschließende Merkmalsextraktion reduziert die Zahl der Daten. Die Diagnose wird durch Vergleich mit Daten gestellt, die vorher mittels Simulation bereitgestellt wurden — also aufgrund von „Erfahrung" mit dem Systemverhalten. Dies geschieht entweder durch Spline-Interpolation der simulierten Schwingungsmerkmale und Minimierung des Euklidschen Abstands zu den zu diagnostizierenden Schwingungsmerkmalen, oder durch Interpolation der Triebwerksparameter mittels Neuronalen Netzen. Bei letzterem können die Parameter ohne zwischengeschaltete Optimierung direkt abgeschätzt werden.

1 Einleitung

Fehlfunktionen von Maschinen sind im allgemeinen die Folge einer Änderung ihrer inneren Konstellation. Diese Konstellation läßt sich in Zahlen fassen als Parameter des physikalischen Systems, wie Abstände, Steifigkeiten, Unwuchtgrößen und -verteilungen, Ölviskositäten, Temperaturverteilungen .... Will man ein Fehlverhalten oder Schäden der Maschine frühzeitig vorhersagen, ohne diese in kurzen Abständen zu inspizieren, ist es notwendig aus ihrem äußerem Verhalten auf die inneren Parameter zu schließen.

Bei rotierenden Maschinen wie Luftfahrttriebwerken kann man als äußeren Indikator für den inneren Zustand die Gehäuseschwingungen verwenden, die man mittels Beschleunigungssensoren mißt. Auch im Normalzustand (also ohne Störungen) ist das Schwingungsspektrum eines Triebwerks nicht konstant: Es gibt eine Reihe von „Nebenparametern" des Triebwerks, die sich im normalen Betrieb ändern und damit sein Schwingungsspektrum beeinflussen. Ein Beispiel sind die Triebwerkstemperatur und ihre Verteilung, welche sich wiederum auf Passungen und Spiele, wie auch auf die Ölviskosität auswirken. Es ist daher notwendig, quantitative Aussagen nicht nur über sicherheits- oder funktionsrelevante Parameter machen zu können, sondern auch über die oben angesprochenen Nebenparameter oder ihre direkten Folgen.

Komplexe Systeme wie Triebwerke enthalten eine Reihe von Nichtlinearitäten (siehe beispielsweise [Bec89, Dir95]), die es nach dem Stand des Wissens unmöglich machen, den Zusammenhang zwischen inneren Parametern und meßbarem Schwingungsspektrum zu berechnen, ohne eine aufwendige und zeitraubende Zeitsimulation durchzuführen. Die lange Zeitdauer einer solchen Simulation verbietet es, diese direkt in einen Optimierungskreis mit der gezielten Anpassung der Modellparameter zu integrieren (Bild 1.1), um so die realen Parameter zu ermitteln, die einer gemessenen Triebwerksschwingung zugrundeliegen[1]. Darüber hinaus existiert kein analytisches Modell, so daß die für die Optimierung notwendigen partiellen Ableitungen mittels zusätzlicher Simulationen als Differenzenquotient berechnet werden müssen. Doch selbst wenn es in Zukunft möglich werden sollte, die Simulation in vertretbarer Zeit durchzuführen, ist es wegen der starken Nichtlinearität des Systems als erster Schritt notwendig, die Parameter hinreichend genau abzuschätzen.

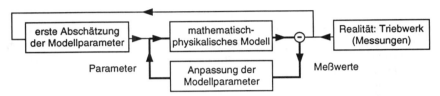

Bild 1.1: Konventionelle Identifikation bei nichtlinearem physikalischem Modell.

Grundidee dieser Arbeit ist es, anhand einer größeren Zahl vorher durchgeführter Simulationen die Parameter des gemessenen Systems durch Interpolation oder Extrapolation abzuschätzen.

Dabei stellen sich zwei Fragen: Welche Eigenschaften des gemessenen Signals verwendet man als Symptom oder Indikator für den Zustand des Systems? Und wie interpoliert man in einem n-dimensionalen Indikatorraum das m-dimensionale Vektorfeld der Triebwerksparameter, das stark nichtlinear von ersterem abhängt?

2 Interpretation von Spektrenscharen

Viele bisherige Diagnosemethoden untersuchen Spektren bei bestimmten Anregungsfrequenzen. Dies kann schon bei kleinen Parametervariationen durch nichtlineares Verhalten zu fast unvorhersehbaren „Zustandswechseln" des Spektrums führen (Bild 2.1). Es ist daher notwendig, immer eine ganze Spektrenschar zu untersuchen — also anstatt einem einzelnen Punkt im Parameterraum eine Punktmenge.

Der Parameter, den man zur Erstellung der Spektrenschar am leichtesten variieren kann ist die Drehzahl. Die Spektrenschar ist damit der in Linien diskretisierte Amplitudenverlauf über der Frequenz-Drehzahl-Ebene, bildlich dargestellt im Wasserfalldiagramm (Bild 2.2). Die Diagnose stützt sich damit auf eine *simultane Betrachtung* des gesamten Drehzahl-Spektrum-Verlaufs. Es gibt hier zwar plötzliche Übergänge von annähernd linearem zu stark nichtlinearem Verhalten in Abhängigkeit von der Drehzahl, aber das Wasserfalldiagramm als ganzes verändert sich stetig (Bild 2.3). Ein weiterer Vorteil dieses Vorgehens ist, daß auftretendes Rauschen und lokale Meßfehler das Gesamtbild weniger stören, da gegenüber einem einzelnen Spektrum eine wesentlich höhere Datenmenge und somit eine erhebliche Redundanz vorhanden ist.

---

[1] Bei den Arbeiten am Lehrstuhl B für Mechanik der TU München benötigt die Simulation eines Triebwerkshochlaufs mit ausreichender Drehzahlauflösung etwa 10h. Das ist die Rechenzeit pro Triebwerks-Parametervektor.

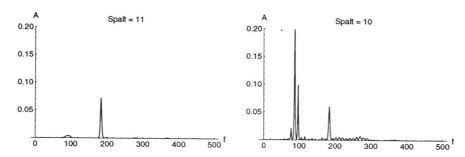

Bild 2.1: Spektren der Unwucht-erregten Triebwerksgehäuseschwingungen für zwei verschiedene Spaltdicken im Quetschöldämpfer. Drehzahl ist jeweils 183 U/s. Links (*spalt*=11) antwortet das System fast ausschließlich in der Anregungsfrequenz (lineares Verhalten), rechts (*spalt*=10) überwiegen die subharmonischen Anteile.

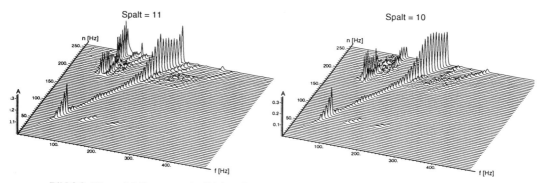

Bild 2.2: Wasserfalldiagramme der Triebwerksgehäuseschwingung für zwei verschiedene Spaltdicken.

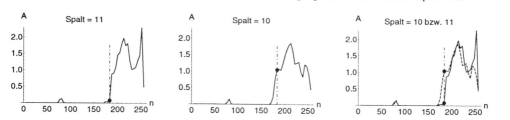

Bild 2.3: Subharmonische Anteile des Schwingungsspektrums eines Flugtriebwerks über der Drehzahl für zwei verschiedene Spaltdicken. Strichpunktiert jeweils die Drehzahl 183 U/s der Spektren von Bild 2.1.

3 Diagnostische Indikatoren

Um eine sinnvolle Weiterverarbeitung der Daten des Drehzahl-Spektrum-Verlaufs zu ermöglichen ist eine Datenreduzierung notwendig: Definiert man beispielsweise pro Spektrum einen Frequenzbereich von 500 Hz bei 1 Hz Auflösung, und löst man den Drehzahlbereich von 0 bis 240 U/s mit 4 U/s auf, so kommt man zu einer Schar von 60 Spektren und insgesamt 30.000 Datenpunkten über der Frequenz-Drehzahl-Ebene. Eine derart hohe Zahl von Daten entzieht sich schon wegen der verfügbaren Rechenleistung der unmittelbaren diagnostischen

Verarbeitung in einem Computer — beispielsweise durch ein neuronales Netz.

Darüber hinaus haben die Daten eine hohe Redundanz, die man zwar zur Verbesserung des Rauschabstandes und der Fehlertoleranz des Diagnosesystems ausnützen kann, die aber bedeutet, daß die Menge der für eine Diagnose erheblichen Information viel geringer ist als die gesamte Datenmenge.

Ein Hindernis einer jeden Diagnose ist die nichtlineare Abhängigkeit der Symptome von den Ursachen und die Komplexität der Symptommenge — also die Abhängikeit der Symptome untereinander. Wie schon im vorhergehenden Abschnitt beim Herausgreifen einzelner Spektren aus der Spektrenschar dargestellt, nimmt bei der Betrachtung bestimmter *lokaler* Daten-Teilmengen die Nichtlinearität der Verknüpfung mit den Triebwerksparametern im allgemeinen zu. Noch extremer ist diese Nichtlinearität natürlich bei der Betrachtung einzelner Datenpunkte.

Die Datenreduktion sollte also bei einer möglichst kleinen Zahl von reduzierten Daten einen möglichst großen Teil der diagnostisch verwertbaren Information erhalten. Dabei sollte sich einerseits die Nichtlinearität der Symptom-Ursachen-Verknüpfung verringern, und andererseits die Symptom-Komplexität verringern; die Symptome sollten also idealerweise — was wegen der Nichtlinearität natürlich nicht erreichbar ist — orthogonalisiert werden. Diese Datenreduktion kann als ein Herausfiltern von Merkmalen des Drehzahl-Spektrum-Verlaufs (bzw. des Wasserfalldiagramms) verstanden werden, die im Hinblick auf die folgende Diagnose „Diagnostische Indikatoren" (siehe zu diesem Begriff beispielsweise [Pip90]) der Triebwerkskonstellation darstellen.

Den besten Rauschabstand erreicht man durch Diagnostische Indikatoren, die als gewichtete Integrale über Bereiche des Drehzahl-Spektrum-Verlaufs berechnet werden. Stochastische Abweichungen gleichen sich nach dem Gesetz der großen Zahl aus. Da die Integration immer ganze Bereiche des Drehzahl-Spektrum-Verlaufs einbezieht, haben auch lokale Fehler keine große Wirkung. Rechnet man mit partiellen Ableitungen der Amplituden in der Drehzahl-Frequenz-Ebene, beispielsweise um mit der Welligkeit längs der Frequenzachse ein Maß für das nichtlineare Verhalten des Systems zu erhalten, so wirken sich Meßrauschen bzw. numerische Fehler in der Simulation und anschließenden Auswertung umso stärker aus, je höhere Ableitungen man verwendet.

In Tabelle 4.1 sind Kriterien für Drehzahl-Spektrum-Verläufe dargestellt, die man verwenden kann, um Merkmale bzw. Diagnostische Indikatoren zu definieren. Für eine praktische Untersuchung wurden Diagnostische Indikatoren aus einer kombinatorischen Verknüpfung der „Eigenschaften" ('Amplitudensumme/Integral', 'Schwerpunkt') mit den Frequenzbereichen ('alle Frequenzen', 'subharmonische', 'superharmonische', 'Bänder' um die erste, 1.5te, zweite und dritte Engine-Order) und den Drehzahlbereichen ('alle Drehzahlen', 'niedrige Drehzahlen' und 'hohe Drehzahlen') hergeleitet. So entstanden 42 (= 2 · 7 · 3) Indikatoren (Bild 4.1). Die Indikatoren, die sich hierbei ergaben sind zwar stark nichtlinear von den Parametern abhängig, doch ist eindeutig zu erkennen, daß der Funktionswert nicht stochastisch ist.

4 Konventionelle Interpolationsverfahren

Mit den durch die beschriebene Merkmalsextraktion erhaltenen Diagnostischen Indikatoren soll auf die Triebwerksparameter zurückgeschlossen werden, die den entsprechenden Schwin-

Eigenschaften	geometrische Eigenschaften Bereiche	Operationen
• Amplitudensumme bzw. -integral $\int A\,df\,dn$ • gewichtetes Flächenmoment $\int A\,n\,df\,dn$, Schwerpunkt $\frac{\int A\,n\,df\,dn}{\int A\,df\,dn}$ • gew. Flächenmomente höherer Grade, z.B. $\int A\,n^2\,df\,dn$ • allg. gew. Integrale $\int A\,w(f,n)\,df\,dn$ • Welligkeiten längs Frequenz oder Drehzahl	• alle Frequenzen • subharmonische Fr. • superharmonische Fr. • Engine-Orders (1., 2., 3., 1/2, 1/3, 2/3, ...) • alle Drehzahlen • niedrige Drehzahlen • hohe Drehzahlen	• Verhältnis zwischen zwei Indikatoren • Indikator des Verhältnisses
Systemspezifische Eigenschaften		
Quasimodalparameter aus Analyse der Schwingungsantwort in der Erregungsfrequenz (1. EO), bezogen auf ein lineares Ersatzsystem: • modale komplexe Übertragungsfaktoren zwischen Erregung und Meßstelle • modale Dämpfungen • Eigenfrequenzen		

Tabelle 4.1: Kriterien zur Berechnung von Diagnostischen Indikatoren aus dem Drehzahl-Spektrum-Verlaufs.

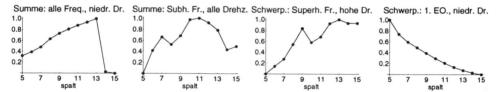

Bild 4.1: Einige Diagnostische Indikatoren aus geometrischen Eigenschaften des Drehzahl-Spektrum-Verlaufs. Der Parameter Spalt variiert zwischen 5 und 15; der Wertebereich der Indikatoren wurde normiert.

gungsverlauf erzeugt haben. Selbst im einfachen eindimensionalen Fall — also bei Erkennung nur eines einzigen Parameters — hängen die Diagnostischen Indikatoren im allgemeinen nicht streng monoton von diesem Parameter ab. Daher kann man nicht von *einem* Indikator durch Bildung der Umkehrfunktion auf diesen Parameter zurückschließen, sondern muß alle Indikatoren gleichzeitig betrachten.

Der einfachste Fall einer Rückwärtszuordnung ist die Zuordnung, die der „nächste Nachbarn Regel" (siehe [Fah84]) entspricht. Man bildet vom Schwingungsmerkmals-Vektor s_u (dem Vektor der Diagnostischen Indikatoren) der unbekannten Triebwerkskonstellation t_u (Vektor der Triebwerksparameter) die euklidschen Abstände d_i zu den n bekannten Merkmalsvektoren s_i der vorher simulierten Triebwerkskonstellationen t_i. Dann wird als Abschätzung von t_u in nullter Näherung der Vektor t_i verwendet, der dem s_i mit minimalen Abstand d_i entspricht:

$$\left\{ \hat{t}_u = t_i \mid d_i = \sqrt{(s_u - s_i)^T (s_u - s_i)} \to \min \right\}$$

Dieses Verfahren bedingt natürlich, daß die Abschätzung nur gut ist, wenn man ein dichtes und vollständiges Gitter von Merkmalsvektoren vorher simulierter Triebwerkskonstellationen (im folgenden Trainingsdaten genannt) hat. Eine gewisse Verbesserung bringt die lineare

Interpolation entsprechend dem Abstand von den zwei im obigen Sinn nächstgelegenen Trainingspunkten t_1 und t_2:

$$\hat{t}_u = t_1 \frac{d_1}{d_1 + d_2} + t_2 \frac{d_2}{d_1 + d_2}$$

Eine bessere und vor allem zuverlässigere Näherung erreicht man, indem man *zuerst* zwischen den Trainingsdaten interpoliert, also eine möglichst glatte Funktion $\bar{s}(t)$ berechnet, die an den Punkten t_i mit den Trainingsdaten übereinstimmt: $\bar{s}(t_i) \stackrel{!}{=} s_i$. Das geschätzte $\hat{t}_u$ ist dann jenes, für das der Abstand der interpolierten Funktion $\bar{s}(\hat{t})$ zu dem Merkmalsvektor s_u minimal wird (Bild 4.2):

$$\left\{ \hat{t}_u \mid \bar{d}(\hat{t}_u) = \sqrt{\left(\bar{s}(\hat{t}_u) - s_u\right)^T \left(\bar{s}(\hat{t}_u) - s_u\right)} \to \min \right\}$$

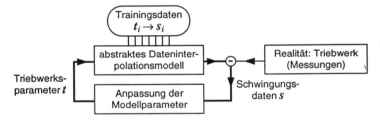

Bild 4.2: Identifikation durch Interpolation von Merkmalsvektoren.

Als Startvektor der Minimierung kann man den nächstgelegenen Trainingspunkt t_1 verwenden. In Bild 4.3 ist exemplarisch die Interpolationsfunktion eines Diagnostischen Indikators dargestellt und die zu minimierende Abstandsfunktion $\bar{d}(t)$ bezüglich des Merkmalsvektors eines Triebwerks mit $spalt_u$=8,6. Die Minimierung des Euklidschen Abstands (bei 42 Diagnostischen Indikatoren) ergibt einen Schätzwert $\hat{t}_u = 8.55$, also auf den Definitionsbereich von $spalt$ bezogen eine Abweichung von 0.5%.

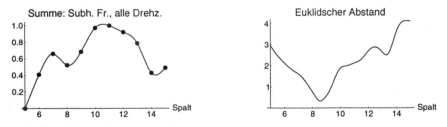

Bild 4.3: Links Interpolationsfunktion (kubischer Spline) eines Diagnostischen Indikators (2. von rechts aus Bild 3.1). Rechts die Abstandsfunktion $\bar{d}(t)$ bezüglich des Merkmalsvektors eines Triebwerks mit $spalt_u$=8.6.

Problematisch an dieser Methode ist es, sie auf höher dimensionale Räume zu erweitern, also auf Diagnoseprobleme mit mehreren zu suchenden Parametern. Bei herkömmlichen Interpolationsansätzen wie Spline-Interpolation steigt die Zahl der Koeffizienten, die die Interpolationsfunktion definieren, exponentiell mit der Dimension des Raumes.

5 Interpolation durch Neuronale Netze

Eine in den letzten Jahren etablierte Methode der Regression bzw. Interpolation von Daten sind neuronale Netze — im speziellen multi-layer feedforward Netzwerke mit mehr oder weniger modifiziertem Backpropagation-Lernalgorithmus. Derartige Neuronale Netze werden zwar dem Bereich der Künstlichen Intelligenz zugerechnet. Sie basieren aber auf einer konventionellen nichtlinearen Regression der Trainingsdaten, also auf der Anpassung der Parameter einer Modellfunktion, die von diesen nichtlinear abhängt, zur Minimierung des quadratischen Fehlers (siehe z.B. [Whi89]). Diese Minimierung — bei neuronalen Netzen als „lernen" bezeichnet — wird durch Optimierung nach einer Gradientenabstiegsmethode erreicht. Die Modellfunktion, die neuronalen Netzen zugrunde liegt, ist allerdings besonders vielseitig und eignet sich sehr gut zur numerischen Verarbeitung. Zu einer Beschreibung der Modellfunktion sei auf die Literatur (z.B. [Lau92, San92, Whi89]) verwiesen.

Verwendet man Neuronale Netze von ausreichend hoher Layer-Zahl, die deutlich mehr Parameter („Gewichte") haben als Trainingsdaten zur Verfügung stehen, ist es im allgemeinen immer möglich, den quadratischen Fehler zu Null zu machen, also die Trainingspunkte zu interpolieren. Wie die Regressionsfunktion dann *zwischen* den Daten aussieht, ist natürlich unbestimmt. Da der Anfangszustand des Netzes vor dem Lernvorgang eine ebene Funktion (mit konstantem Wert) darstellt und der Funktionsverlauf iterativ angepaßt wird, tendieren Neuronale Netze dazu, eine möglichst glatte Interpolationsfunktion zu finden (Bild 5.1). Hierauf hat die Topologie des Netzes einen großen Einfluß — „flache" Netze „interpolieren" glatter, allerdings haben sie auch beschränktere Möglichkeiten jede beliebige Funktion darzustellen.

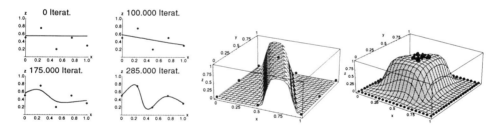

Bild 5.1: Regression bzw. Interpolation von Daten (fette Punkte) durch Neuronale Netze. Links Schritte der „Interpolation" eindimensionaler Daten, Mitte und rechts zweidimensionale Daten — man sieht, daß neuronale Netze einfach gekrümmte Flächen gegenüber doppelt gekrümmten vorziehen.

Da es kein Problem ist, die Interpolation eines Neuronalen Netzes in sehr vielen Dimensionen — also mit vielen Eingangswerten — durchzuführen, wird es möglich, die Richtung der Interpolation umzukehren: Anstatt die Abbildung $t_i \to s_i$ zu $\bar{s}(t)$ zu interpolieren (wobei die Dimension von s deutlich höher ist als die von t), kann man nun die Umkehrfunktion, die sich ebenfalls aus den Trainingsdaten als $s_i \to t_i$ ergibt, zu $\hat{t}(s)$ interpolieren.

Das neuronale Netz muß hierzu den Definitionsbereich um eine oder mehrere Dimensionen erweitern, da durch die Menge der Merkmalsvektoren, die allen möglichen Triebwerksparametern entsprechen, nur eine Hyperfläche im Raum aller möglichen Merkmalsvektoren definiert wird. Die Umkehrfunktion muß aber auf dem ganzen Raum der Merkmalsvektoren definiert sein. Dabei sollte die Dimensionserweiterung so „glatt" vor sich gehen, daß eine stochastische

Abweichung des gemessenen Schwingungsmerkmalsvektors durch Meßfehler einer möglichst kleinen Abweichung der zugehörigen Triebwerksparameter entspricht (dies würde im Extremfall einer Orthogonalitätsbedingung der Hyperflächen entsprechen). Diese Zusammenhänge sind anhand eines einfachen (synthetischen) Beispiels in Bild 5.2 dargestellt. Die Variablen x und y seien darin Diagnostische Indikatoren, die in Abhängigkeit vom Triebwerksparameter z stehen.

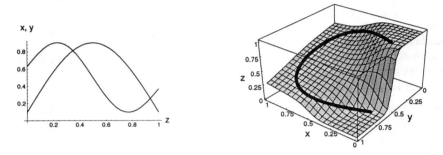

Bild 5.2: „Identifikation" der z-Werte duch ein Neuronales Netz. Links die „wirklichen" Abhängigkeiten der „Diagnostischen Indikatoren" x und y vom Parameter z; rechts die erzeugte Näherung $z=z(x,y)$. Als Kurve auf der Fläche ist die implizite Darstellung der linken Funktionen unterlegt.

Mit dieser Methode erhält man direkt eine Abschätzung für die Triebwerksparameter aus den Schwingungsmerkmalen (Bild 5.3).

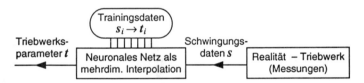

Bild 5.3: Identifikation durch Interpolation von Parametervektoren mit einem Neuronalen Netz.

In Bild 5.4 links ist die Datentransformation der Triebwerksdiagnose zu sehen. In den aktuellen Testrechnungen wurden zwei Triebwerksparameter verwendet, die Spaltdicke im Quetschöldämpfer und die Unwucht der Welle, die in der Nähe des Dämpfers auftritt. Der im System (hier durch eine Simulation ersetzt) entstehende Zeitverlauf der Gehäuseschwingungen wird einer Fourieranalyse unterzogen, so daß über der Drehzahl gestaffelt ein Drehzahl-Spektrum-Verlauf entsteht. In einer Merkmalsextraktion werden die 30.000 Werte auf 42 Schwingungsmerkmale geringerer Redundanz — Diagnostische Indikatoren — abgebildet. Man kann diese Transformationskette von den Triebwerksparametern bis zu den Diagnostischen Indikatoren als Merkmalserzeugungsfunktion betrachten.

Die Bildung der Umkehrfunktion wurde nun entsprechend der obigen Überlegungen durch ein Neuronales Netz anhand von 30 Trainingsdaten genähert. Auf der rechten Seite von Bild 5.4 ist anhand von 12 simulierten Triebwerkskonstellationen dargestellt, wie das Netz die entsprechenden Parameter nähert. Man erkennt, daß es mit dieser Methode dem Diagnosesystem auch möglich ist, den Bereich der empirischen Erfahrung zu extrapolieren.

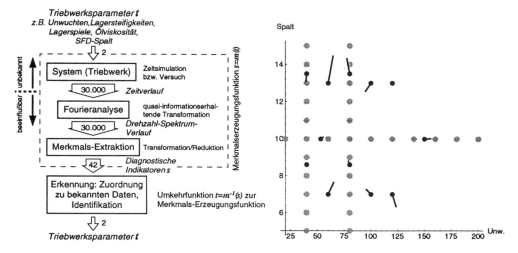

Bild 5.4: Links die Transformationskette der Diagnose. Die Anzahl der Daten ist jeweils im bzw. neben dem Datenpfeil dargestellt. Rechts Abschätzung von Triebwerksparametern durch ein Neuronales Netz. Grau die Trainingsdaten, schwarz die wahren Parameterkombinationen der abzuschätzenden Konfigurationen und von diesen eine Linie zu den geschätzten Werten.

Literatur

[Bec89]   Becker, Karl-Helmut; Steinhard, Erich: *A general method for rotordynamics analysis*, Conference on vibration and wear damage in high-speed rotating machinery, Vol. 2, Troia Beach, 1989

[Dir95]   Dirschmid, Ferdinand: *Nichtlineare Dynamik von Kopplungen in Rotorsystemen*, Fortschritt-Berichte VDI, VDI-Verlag Düsseldorf, wird 1995 erscheinen

[Pip90]   Pipe, K. (Steward Hughes Ltd., England): *Use of advanced vibration analysis techniques as applied to helicopter hum and rotor track and balance technology*, SAE International, Serie „vibration monitoring and analysis", paper No. 14, Zürich, 22.–26. Oktober 1990

[Fah84]   Fahrmeir, Ludwig; Hamerle, Alfred: *Multivariate statistische Verfahren* Walter de Gruyter Berlin, New York 1984

[Whi89]   White, Halbert: *Neural-network learning and statistics* in AI Expert, 12/1989. S. 48–52

[Lau92]   Lau, Clifford (editor): *Neural Networks - Theoretical Foundations and Analysis*, IEEE Press, 1992

[San92]   Sanchez-Sinencio, Edgar; Lau, Clifford (editors): *Artificial Neural Networks — Paradigms, Applications and Hardware Implementations*, IEEE Press, 1992

Risserkennung aus der Vibrationssignatur im Falle eines grossen Turborotors

von Franz Herz

1 Einführung

Im Laufe der letzten Jahre sind einige Fälle von gerissenen Turbogeneratorrotoren aufgetreten.Der vorliegende Vortrag behandelt ebenfalls einen solchen Vorfall an einem grossen 4 - poligen Turborotor bei dem die normalerweise vorgesehene Vibrationsüberwachungseinrichtung in Hinblick auf die Erkennung des Wellenrisses versagte. Mittels einer temporär zusätzlich installierten Monitoringanlage gelang es jedoch über die damit aufgenommene Vibrationssignatur den Wellenriss eindeutig zu diagnostizieren und zu lokalisieren. Aus dieser Erfahrung heraus ist es unsere Absicht Risserkennungskriterien zur Vibrationsdiagnose und insbesondere zur Anwendung in Monitoringanlagen zur Verfügung zu stellen.

1.1 Kurze Beschreibung des Vorfalles

Gruppe 2 des Kernkraftwerkes Darlington in Ontario,Canada, war die erste Gruppe, welche von 4 baugleichen Turbogruppen in Betrieb ging. Jede dieser Gruppen leistet 936 MW bei 1800 U/min bzw. 60 Hz. Die Gruppe war von Haus aus gut gewuchtet und das stationäre wie das transiente Betriebsverhalten war durch niedrige Lager - bzw. Wellenschwingungen charakterisiert. Eine Skizze der Turbogruppe ist aus Bild.1 ersichtlich.

Bild 1

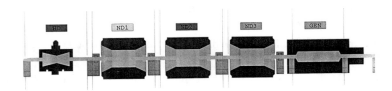

Wegen eines Hochniveaualarms in einem der Wassertanks im Turbinenbereich (Entwässerung des "Reheat".) ereignete sich eine automatische Abschaltung von der Turbinenseite aus. Die zu diesem Zeitpunkt installierte normale Vibrationsbetriebsüberwachung ergab keine besonderen Anhaltspunkte.
Erst das von einer zusätzlichen Monitoringeinrichtung nach diesem Auslauf der Gruppe aufgenommene Schwingungsbild ergab eindeutige Hinweise auf einen Wellenriss.

1.2 Instrumentarium zur Vibrationsüberwachung

1.2.1 Normale Betriebsüberwachung

Jedes der 7 Lager des Wellenstranges ist mit jeweils 2 Vibrationsgebern ausgerüstet, wobei jeweils 1 Weggeber zur Erfassung der relativen Wellenschwingung (Proximitor) und ein absolut messender Geschwindigkeitsgeber (Seismoprobe) zur Erfassung der absoluten Lagerbockschwingung in einem Gehäuse vereinigt sind. In Richtung Wellenstrang gesehen, sind diese beiden Geber von der oberen Mitte des Lagerbockes jeweils rechts und links um 45° versetzt angeordnet.Quer zur Drehachse gesehen befinden sich die Montageebenen der Geber nicht in Bockmitte , sondern gegen das generatorseitige Lagerbockende versetzt. Nur die Gebersignale der Seismoprobes (d.h.die Lagerbockschwingungen) werden im Kommandoraum als ungefilterte Summensignale dauernd zur Anzeige gebracht.

1.2.2 Temporäre Zusatzüberwachung

Der Kunde (Ontario Hydro) überwacht in regelmässigen Zeitabständen das Vibrationsverhalten seiner Maschinen in Form von sogenannten. "Fingerprintmessungen". Speziell bei Neuinbetriebsetzungen und grossen Revisionen wird darauf besonderes Augenmerk gerichtet. So war auch diese Maschine gerade einer solchen Untersuchung unterworfen.
Zu diesem Zweck war an alle Proximitoren ein auf einem Desk Top Computer (HP, Serie 300) basierendem Monitoringsystem angeschlossen. Dieses vom Kunden erstellte System weist die folgenden wichtigsten Eigenschaften auf:

- automatische Aufnahme der Vibrationen bei stationären (n=1800U/min) und transienten (n = variabel) Maschinenzuständen.
- Anzeige und Speicherung der ungefilterten Schwingungen und des drehfrequenten und doppeldrehfrequnten Anteils (in Diagrammen und Tabellen).
- Die Speicherintervalle im stationärem Betrieb betragen 5 min und im transientem Betrieb 5 U/min.
- mit den Vibrationsdaten werden auch andere relevante Daten (Uhrzeit,U/min,Datum und wichtige Betriebsparameter) gespeichert.

2 Diskussion der Messergebnisse

2.1 Vibrationen im stationärem Betrieb

Sämtliche nachfolgende Vibrationsangaben beziehen sich auf die relative Wellenschwingung.

Wie aus Tabelle 1 zu entnehmen ist war das Laufverhalten der Gruppe zunächst sehr gut,danach ereignete sich ein progressiver Aufwärtstrend der Vibrationspegel.

Tabelle 1

```
00:45:23      5 Mar 1990         1800  rpm
   POSIT   TOTAL  AMP 1X  ANG 1X  AMP 2X  ANG 2X   GAP
   S1L     32.0    20.5    92.0    5.4   223.0    0.0
   S1R     32.0    18.7   124.0    2.1   356.0    0.0
   S2L     27.0     4.8    27.0    2.2   270.0    0.0
   S2R     21.0     6.1   163.0    3.0    56.0    0.0
   S3L     17.0     9.2   102.0    4.1    74.0    0.0
   S3R     15.0     6.7   232.0    1.1    12.0    0.0
   S4L     30.0    17.4   298.0    8.3    41.0    0.0
   S4R     22.0    13.3    41.0    4.5   212.0    0.0
   S5L     32.0    19.1   302.0    5.6   127.0    0.0
   S5R     22.0    14.4   352.0    1.2    29.0    0.0
   S6L     28.0    12.8   321.0    6.2   134.0    0.0
   S6R     17.0     7.8    39.0    1.3   199.0    0.0
   S7L     33.0    22.3   299.0    4.9    67.0    0.0
   S7R     23.0    15.4    31.0    1.2   283.0    0.0
   ECC     73.0    53.1   108.0   14.3   326.0    0.0
   ***     50.0    35.6   106.0   10.5   326.0    0.0
```

Das Bild 2 zeigt die Trenddiagramme der Summenschwingung und Polardiagramme des drehfrequenten Anteils an den Lagerstellen 4,5,6 und 7.

Bild 2

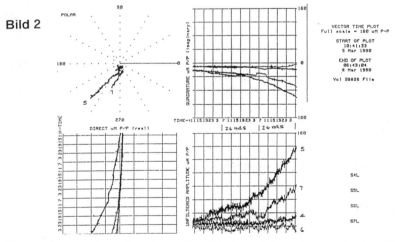

Hierzu ist zu bemerken,dass der Rissfortschritt sehr rasch im Vergleich zu Referenzangaben aus der Fachliteratur ablief. Die Literatur spricht von Wochen um eine aehnliche Vibrationsvervielfachung durch Rissbildung zu erreichen, hier dauerte es ca. 60 Stunden fuer einen Faktor 5 der Vibrationen.Der rasche Rissfortschritt ist vielleicht auch damit zu erklaeren, dass es sich bei der gerissenen Welle um eine Hohlwelle handelt. Nach dem Vibrationsbild zu urteilen, rechneten wir zunächst damit, dass etwa 40% des Querschnitts gerissen waren.

Was ebenfalls von anderen Angaben aus der Literatur abweicht ist der Umstand der praktisch fehlenden Phasenwinkeländerung. Vergleicht man mit anderen Rissbeispielen, wie Bild 3 (TVO - Finnland), zeigt sich, nur den Vibrationseinfluss des Risses betrachtet, ein sehr ähnliches Bild. Der Umstand, dass in Finnland von einer starken Phasenwinkeländerung, aber nur einer geringfügigen Amplitudenänderung (sogar Reduktion!) gesprochen wurde, ist darauf zurückzuführen, dass bei diesem Rotor der Riss von einer völlig anderen Restunwuchtsverteilung ausging.

Bild 3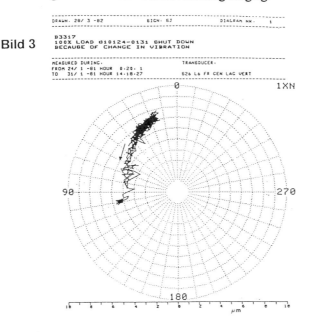

Tabelle 2

POSIT	TOTAL	AMP 1X	ANG 1X	AMP 2X	ANG 2X	GAP
S1L	22.0	14.8	95.0	1.7	191.0	0.0
S1R	26.0	15.9	124.0	2.1	58.0	0.0
S2L	28.0	9.8	63.0	2.8	255.0	0.0
S2R	18.0	3.4	104.0	2.7	55.0	0.0
S3L	24.0	13.5	176.0	3.9	74.0	0.0
S3R	29.0	17.6	199.0	.9	350.0	0.0
S4L	37.0	23.6	240.0	8.2	44.0	0.0
S4R	33.0	15.1	267.0	4.8	211.0	0.0
S5L	142.0	132.2	231.0	2.5	90.0	0.0
S5R	102.0	95.7	284.0	1.6	313.0	0.0
S6L	22.0	7.9	216.0	6.6	113.0	0.0
S6R	19.0	15.2	132.0	5.2	238.0	0.0
S7L	86.0	78.1	251.0	5.3	305.0	0.0
S7R	94.0	86.7	353.0	10.6	32.0	0.0
ECC	91.0	65.1	103.0	24.5	23.0	0.0
***	59.0	40.2	111.0	17.8	21.0	0.0

06:53:08   8 Mar 1990   1799 rpm

Tabelle 2 zeigt Vibrationsablesungen, davon die letzte vor dem Trip.Daraus ist zu entnehmen dass sich neben der drehfrequenten auch die doppelfrequente Schwingungskomponente stark erhöhte (ebenfalls ein Faktor 5 bei S7L = shaft 7 left).

Eine Wellenschwingungsmesseinrichtung war wohl vorhanden, wurde aber nicht permanent, sondern zu Diagnosezwecken nur fakultativ betrieben. Die Lagerbockschwingung wurde zur permanenten Dauerüberwachung herangezogen, diese war aber wegen der hohen Lagerbocksteifigkeiten nicht sehr sensitiv.

Aus der jetzigen Erfahrung heraus scheint mir das beste **Risserkennungskriterium für ein einfaches Vibrationsmonitoringsystem die Tatsache der progressiven Schwingungszunahme der f b.z.w. 2f Komponente der Wellenschwingung.**Andere störende Schwingungsänderungen (z.B. durch Dampftemperatur, Erregerstrom etc.) können durch Mittelwertbildung über meherere Messungen auskompensiert werden).

2.2 Vibrationen bei ablaufender Maschine

Bei allen folgenden Bode-Plots der Auslaufvibrationen sind die Amplitudenkurven durchgezogen und die Phasenkurven punktiert.Bei den Amplitudenkurven entspricht die stärker ausgezogene dem Summenschwingungspegel, der schwaechere Kurvenzug entspricht dem drehfrequenten Anteil.

Aus Bild 4 und 5 ist ein normaler Ablauf der Turbogruppe an den Wellenschwingungsmesstellen des Generators ersichtlich..

Bild 4

ohne Riss

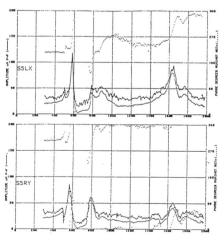

Bild 5

ohne Riss

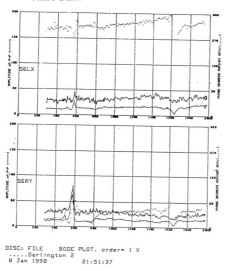

Knapp unter 600 r.p.m.liegt die 1.Kritische des Generators,bei ca.1650 rpm liegt die 2.Kritische.

Die ebenfalls ausgepraegte Kritische um 800 r.p.m.ist den LP-Rotoren zuzuordnen.

Das Auslaufverhalten muss als sehr gut bezeichnet werden,die Gruppe ist in einem guten Balancierzustand.

Vergleicht man diese Auslaufvibrationen mit den Ausläufen nach dem Trip am 8.3., entsprechend Bild 6 und 7, so ergeben sich vor allem 3 markante Erkennungskriterien für einen Wellenriss:

a) vor allem die 1.Genokritische ist nun wesentlich höher in Amplitude und aufgespalten (nicht mehr eine sondern mehrere knapp nebeneinanderliegende Spitzen)

b) in der Summenschwingung taucht jetzt bei der halben 1.Kritischen (knapp 300 r.p.m.)eine Resonanzspitze auf

c) die Kritischen Drehzahlen sinken frequenzmässig ab

Bild 6
mit Riss

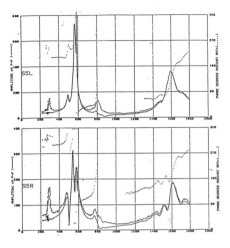

Bild 7
mit Riss

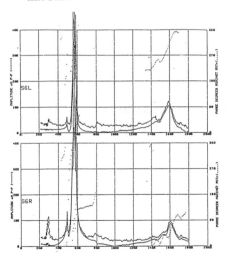

zu a)

Die Bilder 8 und 9 zeigen wieder einen Vergleich eines Auslaufes im guten Zustand mit dem gerissenen Zustand, wobei der Frequenzbereich um die 1.Genokritische gezoomt wurde.

Bild 8   mit Riss

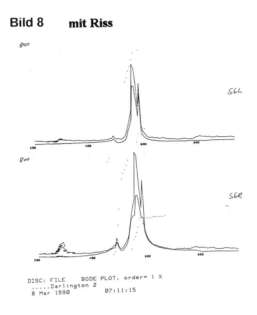

Bild 9   ohne Riss

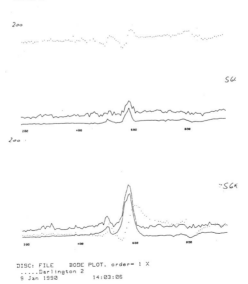

Deutlich ist nun zu erkennen wie durch den Wellenriss die 1. Kritische aufgespalten wird.(Ich möchte darauf hinweisen, dass dieses Verhalten der Welle in der Fachliteratur ebenfalls kaum erwähnt wird).
Zu erklären ist diese Tatsache mit einem nichtlinearen Verhalten der Welle in Bezug auf ihre Federzahl:.Biegt sich die Welle in der Kritischen stark aus, so sinkt infolge der Querschnittsreduktion im atmenden Riss die Federzahl, was eine Resonanzverstimmung zur Folge hat, d.h. die Amplitude nimmt rasch ab.Die abnehmende Amplitude schliesst den Riss wieder.Dies hat den umgekehrten Vorgang zur Folge , die Resonanzfrequenz wird wieder "höhergestimmt". Dazu überlagert sich die kontinuierlich sinkenden Anregefrequenz (Drehzahl), somit kann sich kein quasi-stationärer Zustand des Schwingungsausschlages einstellen, und es kommt zum An - und Abklingen der Wellenresonanz bei deren langsamen Durchlauf, was im Ablaufdiagramm als "Aufspaltung" sichtbar wird.

zu b)
In den Bildern 10 u. 11 ist der 2f - Anteil der Auslaufvibrationen dargestellt.Deutlich ist ein Schwingungsanstieg bei der halben 1.Kritischen (ca. 290 r.p.m.) und bei der halben 2.Kritischen (ca. 580 r.p.m.)des Genorotors zu beobachten.

Bild 10

mit Riss

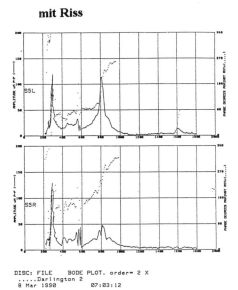

Bild 11

mit Riss

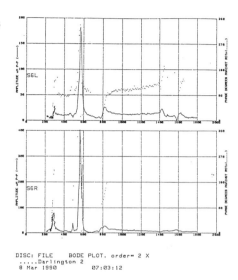

Dies ist eine durchhangerregte doppelfrequente Schwingung angefacht durch die Steifigkeitsanisotropie im Rotorquerschnitt, die der Riss hervorruft.Die jeweiligen Kritischen werden dabei bei halber Drehzahl noch einmal erregt.(Erregerfrequenz = 2F!)

zu c)
Vergleicht man den guten Auslauf mit dem gerissenen Zustand, so ist vor allem bei der 2. Kritischen (um 1600 r.p.m.) eine Frequenzabsenkung von 60 - 70 r.p.m festzustellen.

Rückschluss auf die achsiale Position des Risses aufgrund des Vibrationsbildes:
Betrachtet man die Vibrationsverteilung bei stationärem Betrieb ist man zunächst geneigt anzunehmen, der Riss befindet sich in der Nähe des Geno -AS-Lagers, da dort die grössten drehfrequenten Schwingungen auftreten. Die grösste Amplitude der doppelfrequenten Schwingung lässt den Riss hingegen in der Naehe des Lagers 7 vermuten.
Konsultiert man jedoch die Nyquist-Diagramme, die während des Auslaufes für die f und 2f Schwingung stellt man folgendes fest:
   Nyquist-Plot F-Schwingung:
Das Bild 12 zeigt den Durchgang durch die 1.Kritische an den Genohauptlagern. Beide Lager sind in Phase.

Bild 12

mit Riss

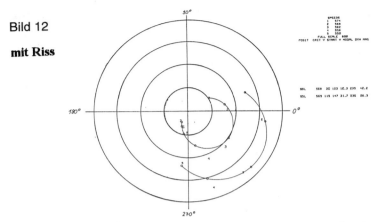

Bild 13 zeigt den Durchgang durch die 2.Kritische.Lager 6 (NS) behält die Phase bei Lager 5 (AS) zeigt Phasenumschlag um 180 Grad sodass zwischen AS u.NS Gegenphase eintritt.

Bild 13

mit Riss

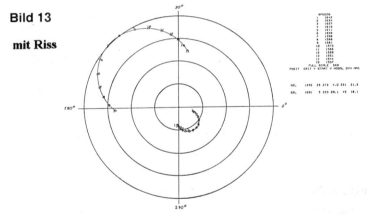

Dies ist ein Verhalten, wie es durch eine Unwucht auf der NS-Seite eintreten würde. Bei 1. und 2. Kritischen wird auf der Seite (NS) die gleiche Phase erzwungen auf der die schwinungserregende Kraft (wie z.B. eine Unwucht) sitzt, während "kräftefreie" die Gegenseite (AS) die Phase wechseln kann, um von der gleichphasigen in die gegenphasige Kritische zu wechseln.

Nyquist-Plot 2F-Schwingung:

Für den Durchgang durch die halbe 1.Kritische bzw. den Durchgang durch die halbe 2.Kritische lässt sich ebenso belegen, dass sich die Phasenbeziehung der doppelfrequenten Schwingung identisch verhält wie die der drehfrequenten Schwingung.

Schlussfolgerung daraus:

Sowohl die Anregung der F-Schwingung als auch die Anregung der 2F-Schwingung müssen ihre Ursachen in der Nähe des Generator-NS Lagers haben.

Die visuelle Kontrolle zeigte dann auch, dass sich der Wellenriss zwischen NS-Kappe und NS-Lager beim Zuleitungsbolzen befand. Dies ist in Bild 14 dokumentiert.

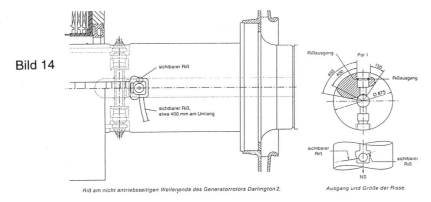

Bild 14

Riß am nicht antriebsseitigen Wellenende des Generatorrotors Darlington 2.   Ausgang und Größe der Risse.

3 Schlussfolgerungen

Als die wichtigsten Risserkennungskriterien aus dem Vibrationsbild des vorliegenden Beispiels möchte ich folgendes zusammenfassen:

- progressive Schwingungszunahme der dreh - und doppelfrequenten Schwingung

- die Amplitudenkurven (An - bzw. Ablauf) sind "aufgespalten"

- das Auftreten einer doppeldrehfrequenten Komponente , vor allem im An - und Ablauf , hier treten bei den halben Frequenzen der Kritischen (wegen der 2F - Anregung) Amplitudenspitzen auf

- die Frequenzen der Kritischen sinken ab

- zur achsialen Lokalisierung des Risses ist die registrierte Schwingstärke irreführend, bessere Ergebnisse liefert die Beurteilung der Niquist - Plots die beim AN - bzw. Ablauf aufgenommen wurden

Weitere Schlussfolgerungen die sich aus dem obigen Ereignis ergeben, beziehen sich auf die Schwingungsüberwachung von Turbogruppen und zwar:

- Die Dauerüberwachung der Vibrationen zum Schutz der Turbogruppe ist auf der Basis der Lagerbockschwingung weniger geeignet.Die Vibrationssignatur der Wellenschwingung ist hier wesentlich aussagekräftiger.

- Die doppeldrehfrequente Schwingung ist ein besserer Indikator, da diese unabhängiger von Unwuchten und anderen Betriebsparametern der Turbogruppe ist.

- Eine Auswertung der Vibrationen während des Ab - bzw. Anlaufes ermöglicht eine wesentlich sicherere Rissdiagnose als das Schwingungsbild des stationären Zustandes.

- Eine einmalige "Spot - light" Messung genügt nicht zur Rissdedektion. Ein Wellenriss ist am besten mit einem Vergleich von Basismessung (Wellenstrang war dabei i.O.) zur aktuellen Situation (in Form von Trends) dedektieren.

Modellgestützte Verfahren zur Diagnose von Rissen in Rotoren

von S. Seibold, C.-P. Fritzen, D. Wagner

1 Einleitung

In den letzten Jahren haben Verfahren zur Überwachung und Diagnose von Rotoren weitreichendes Interesse gefunden. Ein Schwerpunkt der Forschungen ist die Detektion von Wellenrissen. Dies liegt wohl darin begründet, daß vermehrt Schäden gerade an großen Turbinenläufern auftraten und in der Folge ganze Anlagen abgeschaltet werden mußten, *Höxtermann (1988)*. Wünschenswert ist eine frühzeitige Diagnose noch kleiner Risse, und damit eine gesicherte Abschätzung der Restlaufzeit des Rotors, damit katastrophale Folgeschäden vermieden und die notwendigen Ersatzteile rechtzeitig beschafft werden können. Zerstörungsfreie Werkstoffprüfverfahren, wie z.B. die Ultraschallmethode, liefern dazu einen wichtigen Beitrag. Allerdings stößt ihre Anwendung schnell auf Grenzen, wenn etwa der Rotor während des normalen Betriebs überwacht werden soll. Auch ist es bei komplizierten Rotorgeometrien nicht immer möglich, einen ungünstig gelegenen Riß mit diesen Verfahren zu detektieren.

Um diese Lücke zu schließen, wurden auf der Grundlage der elementaren Balkenbiegetheorie verschiedenste Modelle für Rotoren mit Wellenriß entwickelt, die Erkenntnisse über das dynamische Verhalten liefern sollten. Man erhielt dadurch wichtige Hinweise für die Detektion von Rissen auf der Basis von Schwingungsmessungen während des normalen Betriebs. So manifestiert sich ein Wellenriß vor allem in der Vergrößerung der Amplituden der zweiten und dritten Harmonischen, sowie in einer Veränderung des Phasenwinkels. Signalanalytische Verfahren wurden anhand der gewonnenen Erkenntnisse zur Überwachung von Rotoren während des normalen Betriebs entwickelt, um z.B. durch eine Überwachung der höheren Harmonischen und einer darauf aufbauenden Trendanalyse Wellenrisse diagnostizieren zu können. Allerdings ist damit kein eindeutiger Zusammenhang mit der jeweiligen Rißtiefe herstellbar. Modellgestützte Verfahren dagegen bringen das Wissen über die Dynamik des Rotors in Form eines mathematischen Modells in eine Beziehung zu den Meßwerten, und stellen damit einen direkten Zusammenhang mit der jeweiligen Rißtiefe her.

In diesem Beitrag werden folgende modellgestützte Zeitbereichsverfahren zur Schadendiagnose vorgestellt, die für lineare und nichtlineare Systeme geeignet sind: das Erweiterte Kalman Filter (EKF), das Modale Kalman Filter (MOKF) und eine Kombination des EKF als reinem Zustandsschätzer mit der Methode der Instrumentellen Variablen (IV). Die Anwendung dieser Verfahren erfolgt auf einen simulierten Rotor mit Wellenriß nach dem Rißmodell von *Theis (1990)*, sowie auf einen Rotorprüfstand mit Wellenriß.

2 Identifikationsverfahren für die modellgestützte Schadendiagnose

2.1 Das Erweiterte Kalman Filter

Das Erweiterte Kalman Filter (EKF) basiert auf dem von *Kalman (1960)* entwickelten Kalman Filter (KF). Dieses ist nur für lineare Systeme geeignet, und besitzt dafür optimale Eigenschaften. Da viele Probleme aber nichtlinear sind und oft nicht global linearisiert werden können, mußten dafür geeignete Algorithmen entwickelt werden. *Jazwinski (1970)* beschreibt, wie das KF modifiziert werden muß, so daß es als EKF auch für nichtlineare Systeme geeignet ist. Die grundlegende Idee dabei ist, Nichtlinearitäten für jeden Schritt um eine Referenztrajektorie zu linearisieren, wobei der global nichtlineare Charakter des Problems erhalten bleibt.

Die Dynamik eines linearen, stochastischen Systems kann durch die diskrete Zustandsgleichung

$$\underline{z}_{k+1} = \underline{A}_k \underline{z}_k + \underline{B}_k \underline{u}_k + \underline{w}_k = \underline{f}(\underline{z}(t), \underline{u}(t), t, \underline{w}(t)) \tag{1}$$

dargestellt werden. Der Zustandsvektor $\underline{z}$ der Dimension n besteht im Fall mechanischer Systeme aus den Auslenkungen $\underline{x}$ und den Geschwindigkeiten $\underline{\dot{x}}$:

$$\underline{z} = \begin{bmatrix} \underline{x} \\ \underline{\dot{x}} \end{bmatrix}. \tag{2}$$

Die Meßgleichung

$$\underline{y}_k = \underline{C}_k \underline{z}_k + \underline{v}_k \tag{3}$$

gibt den Zusammenhang zwischen den Zuständen $\underline{z}$ und den Messungen $\underline{y}$ wieder. Dabei ist die Meßmatrix $\underline{C}_k$ in den meisten Fällen nicht gleich der Einheitsmatrix, da normalerweise nicht sämtliche Zustände gemessen werden können. Auf das System wirken die deterministischen Eingänge $\underline{u}$ über die Eingangsmatrix $\underline{B}$. Die stochastischen Störeinflüsse $\underline{w}$ bzw. $\underline{v}$ sind normalverteilt mit Mittelwert $\underline{0}$ und Kovarianzen $\underline{Q}_k$ bzw. $\underline{R}_k$:

$$\underline{w}_k \sim N(\underline{0}, \underline{Q}_k), \quad \underline{v}_k \sim N(\underline{0}, \underline{R}_k). \tag{4}$$

Sie beschreiben Systemstörungen wie Modellierungsfehler bzw. Meßfehler. Der stochastische Prozeß (1) ist normalverteilt.

Das EKF hat neben seiner linearen Struktur noch den weiteren Vorteil, daß es zur parallelen Zustands- und Parameterschätzung geeignet ist. Damit erfüllt es auch die Forderung von *Kalman (1960)*, daß Modelloptimierung und Zustandsschätzung gemeinsam behandelt werden sollten. Dazu wird der Zustand $\underline{z}$ um die gesuchten Parameter $\underline{p}$ erweitert:

$$\underline{z} = \begin{bmatrix} \underline{x} \\ \underline{\dot{x}} \\ \underline{p} \end{bmatrix} . \tag{5}$$

Dadurch liegt auch bei linearer Systemdynamik aufgrund der Kopplung zwischen Zuständen und Parametern ein nichtlineares Schätzproblem vor. Die Aufgabe des EKF ist nun, den Schätzwert $\hat{\underline{z}}_{k+1}$ des Zustandes $\underline{z}_{k+1}$ für den jeweiligen Zeitpunkt t_{k+1} zu berechnen. Eine direkte Anwendung des EKF, z.B. auf ein Rotorsystem, welches mit der Finite-Element-Methode modelliert wurde, kann bei einer großen Anzahl von Freiheitsgraden zu Speicherplatzproblemen und zu langen, nicht mehr praktikablen Rechenzeiten führen. Deswegen erscheint es sinnvoll, mit Kondensationsverfahren die Dimension des Problems zu verkleinern. Um ein modales EKF (MOKF) in Analogie zum modalen Beobachter nach *Litz (1979)* und *Schmidt (1988)* zu entwerfen, werden zunächst die Systemgleichungen mit Hilfe der Modalmatrix $\underline{\Phi}_{mod}$ in reelle modale Gleichungen übergeführt. Die Transformationsvorschrift zwischen dem Zustandsvektor $\underline{z}$ und dem Vektor der modalen Koordinaten $\underline{\eta}$ lautet dabei:

$$\underline{\eta}_k = \underline{\Phi}_{mod}^{-1} \underline{z}_k . \tag{6}$$

Der Index „mod" bezeichnet dabei die modalen Größen. Durch Vernachlässigung der nicht relevanten höheren Eigenformen erhält man mit (1) und (6), und durch Streichen der entsprechenden Spalten und Zeilen der Modalmatrix $\underline{\Phi}_{mod}$ die reduzierte modale Zustandsraumgleichung:

$$\underline{\eta}_{Rk+1} = \underline{\Phi}_{mod,R}^{-1} \underline{A}_k \underline{\eta}_{Rk} + \underline{\Phi}_{mod,R}^{-1} \underline{B}_k \underline{u}_k + \underline{\Phi}_{mod,R}^{-1} \underline{w}_k = \underline{f}\left(\underline{\eta}_R(t), \underline{u}(t), t, \underline{w}(t)\right), \tag{7}$$

mit R<n. Der Index „R" kennzeichnet die reduzierten Größen. Das MOKF muß nun lediglich den Vektor der reduzierten modalen Koordinaten $\underline{\eta}_R$ berechnen, der deutlich kleiner als der Zustandsvektor $\underline{z}$ ist. Dazu muß ausgehend von Gleichung (3) unter Berücksichtigung der Transformationsvorschriften noch eine modale reduzierte Meßmatrix eingeführt werden:

$$\underline{y}_k = \underline{C}_{mod,R} \underline{\eta}_{Rk} + \underline{v}_k . \tag{8}$$

Für das reduzierte System kann nun ein MOKF entworfen werden. Es besteht aus der Modellvorhersage für den Zeitschritt t_{k+1}

$$\hat{\underline{\eta}}_{Rk+1/k} = \hat{\underline{\eta}}_{Rk} + \int_{t_k}^{t_{k+1}} \underline{f}\left(\hat{\underline{\eta}}_{Rk}, t_k, \underline{u}_k\right) dt = \underline{\Phi}_{mod,R}^{-1} \underline{A}_k \hat{\underline{\eta}}_{Rk} + \underline{\Phi}_{mod,R}^{-1} \underline{B}_k \underline{u}_k \tag{9}$$

aufgrund der Modellgleichungen $\underline{f}$. Die zugehörige Kovarianzmatrix ist

$$\underline{P}_{\text{mod},R_{k+1}/k} = \underline{A}^*_{\text{mod},R_k} \underline{P}_{\text{mod},R_k} \underline{A}^{*T}_{\text{mod},R_k} + \underline{Q}^*_{\text{mod},R_k}. \tag{10}$$

Diese Vorhersage wird durch neue Meßwerte $\underline{y}_{k+1}$ korrigiert:

$$\hat{\underline{\eta}}_{R_{k+1}} = \hat{\underline{\eta}}_{R_{k+1}/k} + \underline{K}_{g,\text{mod},R_{k+1}} (\underline{y}_{k+1} - \underline{C}_{\text{mod},R} \underline{\eta}_{R_k}), \tag{11}$$

und die zugehörige Kovarianzmatrix ist

$$\underline{P}_{\text{mod},R_{k+1}} = \left(\underline{I} - \underline{K}_{g,\text{mod},R_{k+1}} \underline{C}_{\text{mod},R}\right) \underline{P}_{\text{mod},R_{k+1}/k}$$
$$\left(\underline{I} - \underline{K}_{g,\text{mod},R_{k+1}} \underline{C}_{\text{mod},R}\right)^T + \underline{K}_{g,\text{mod},R_{k+1}} \underline{R}_{\text{mod}} \underline{K}^T_{g,\text{mod},R_{k+1}}. \tag{12}$$

Die Kalman-Verstärkungsmatrix berechnet sich zu

$$\underline{K}_{g,\text{mod},R_{k+1}} = \underline{P}_{\text{mod},R_{k+1}/k} \underline{C}^T_{\text{mod},R} \left(\underline{C}_{\text{mod},R} \underline{P}_{\text{mod},R_{k+1}/k} \underline{C}^T_{\text{mod},R} + \underline{R}_{\text{mod}}\right)^{-1} \tag{13}$$

und die linearisierte, diskrete Abbildungsmatrix $\underline{A}^*_{\text{mod},R_k}$ wird über

$$\underline{A}_{\text{mod},R_k} = \left(\frac{\partial f_i(t, \underline{\eta}_R, \underline{u})}{\partial \eta_{R_j}}\right)\Bigg|_{\underline{\eta}_R = \hat{\underline{\eta}}_{R_k}}, \quad \underline{A}^*_{\text{mod},R_k} = \exp(\underline{A}_{\text{mod},R_k} \Delta t) \tag{14}$$

bestimmt mit $\Delta t_k = t_{k+1} - t_k$. Die Kovarianzmatrix der Systemstörungen $\underline{w}$ kann vereinfacht linearisiert zu

$$\underline{Q}^*_{\text{mod},R_k} = \underline{A}^*_{\text{mod},R_k} \underline{Q}_{\text{mod},R} \underline{A}^{*T}_{\text{mod},R_k} \Delta t \tag{15}$$

berechnet werden. Da die modalen Kovarianzen in (10)-(15) keine anschauliche Bedeutung haben, empfiehlt es sich, diese Größen vor der modalen Kalman-Filterung festzulegen, und dann zu transformieren. Die Kovarianz des Meßrauschens ergibt sich wegen (8) und (3) sofort zu

$$\underline{R}_{\text{mod}} = \underline{R}, \tag{16}$$

während die Kovarianzen der Systemstörungen und die der Anfangswerte der Zustände, sowie die Anfangswerte der Zustände selbst transformiert werden müssen:

$$\underline{Q}_{\text{mod},R} = \underline{\Phi}^{-1}_{\text{mod},R} \underline{Q}, \quad \underline{P}_{\text{mod},R,0} = \underline{\Phi}^{-1}_{\text{mod},R} \underline{P}_0, \quad \hat{\underline{\eta}}_{R,0} = \underline{\Phi}^{-1}_{\text{mod},R} \hat{\underline{z}}_0. \tag{17}$$

2.2 Die Methode der Instrumentellen Variablen

Die Methode der Instrumentellen Variablen (IV) wird auch Methode der Hilfsvariablen genannt. Sie kann aus der wohlbekannten Methode der kleinsten Fehlerquadrate (LS)

$$\hat{\underline{p}}_{LS} = \left(\underline{A}^T \underline{A}\right)^{-1} \underline{A}^T \underline{b} \tag{18}$$

abgeleitet werden. Die geschätzten Parameter $\hat{\underline{p}}_{LS}$ sind allerdings immer fehlerbehaftet, und der Erwartungswert ist

$$E\{\hat{\underline{p}}_{LS}\} = \underline{p} + E\left\{\left(\underline{A}^T \underline{A}\right)^{-1} \underline{A}^T \underline{\varepsilon}\right\} . \tag{19}$$

Dabei sind $\underline{p}$ die wahren Parameter. Der zweite Term der rechten Gleichungsseite ist der Schätzfehler oder Bias. Wenn nun eine Instrumentelle-Variablen-Matrix $\underline{W}$ erzeugt wird mit folgenden Bedingungen für die Erwartungswerte:

$$E\{\underline{W}^T \underline{\varepsilon}\} = \underline{0} \quad \text{und} \quad E\{\underline{W}^T \underline{A}\} \text{ existent und nichtsingulär,} \tag{20}$$

dann können biasfreie Schätzwerte $\hat{\underline{p}}_{IV}$ mit

$$\hat{\underline{p}}_{IV} = \left(\underline{W}^T \underline{A}\right)^{-1} \underline{W}^T \underline{b} \tag{21}$$

berechnet werden, *Young (1970)*. Die rekursive Version der IV-Methode (RIV) lautet:

$$\hat{\underline{p}}_{k+1} = \hat{\underline{p}}_k + \underline{\gamma}_k \left[\underline{y}_{k+1} - \underline{A}^T_{k+1} \hat{\underline{p}}_k\right], \tag{22}$$

$$\underline{\gamma}_k = \left[\underline{A}^T_{k+1} \underline{P}_k \underline{W}_{k+1} + \underline{I}\right]^{-1} \underline{P}_k \underline{W}_{k+1}, \tag{23}$$

$$\underline{P}_{k+1} = \left[\underline{I} - \underline{\gamma}_k \underline{W}^T_{k+1}\right] \underline{P}_k . \tag{24}$$

Die IV- bzw. RIV-Methode liefert auch bei vorhandenen Störungen konsistente Schätzwerte, d.h. die Parameter konvergieren gegen den wahren Wert. Besonders effektiv arbeitet die Methode, wenn die Instrumentellen Variablen mit einem geeigneten Hilfsmodell erzeugt werden. Allerdings muß der gesamte Zustand und die Beschleunigungen an jedem Freiheitsgrad vorliegen. Davon kann man in der Praxis jedoch nicht ausgehen. Es bietet sich deshalb an, den Zustand mit dem EKF und die Parameter mit der IV-Methode zu berechnen. Das EKF soll dabei auch die nicht gemessenen Zustandsgrößen rekonstruieren und die Instrumentellen Variablen (Hilfsvariablen) für die IV-Schätzung liefern. Diese wiederum stellt einen neuen Parametersatz für eine erneute Zustandsschätzung durch das EKF zur Verfügung. Dieses neuentwickelte kombinierte Verfahren REKFIV wird in *Seibold, Fritzen und Leifeld (1994)* beschrieben.

3 Modellierung eines Rotors mit Wellenriß

Das Rißmodell von *Theis (1990)* baut auf den Arbeiten von *Papadopoulus und Dimarogonas (1988)* auf, und erfaßt alle sechs Freiheitsgrade der Balkenbiegetheorie (in früheren Modellen wurden nur die Biegefreiheitsgrade berücksichtigt). Die zusätzliche Nachgiebigkeit aufgrund des Risses wird über eine bruchmechanische Formulierung der freigesetzten potentiellen Energie berechnet. Dabei wird neben den zwei Fällen „offener" bzw. „klaffender Riß" und „geschlossener Riß", auch der „halboffene Riß" berücksichtigt. Der Übergang zwischen diesen Zuständen wird durch heuristische Bewertungsfunktionen festgelegt, und die Beschreibung des Rißatmens erfolgt alleine in Abhängigkeit von der Lage des Biegeschnittmomentenvektors im Rißquerschnitt. Dabei wird Biegedominanz vorausgesetzt, d.h. das Rißatmen wird allein durch die Biegebewegungen bestimmt. Die Biegedynamik wirkt aber über Kopplungsterme auf die Längs- und Torsionsfreiheitsgrade. Das Rißmodell setzt keine Einschränkungen bei den Torsionsfreiheitsgraden voraus, allerdings können axiale Kräfte oder eine zusätzliche Längsdynamik wie z.B. Fluchtungsfehler nicht berücksichtigt werden. Es gilt deshalb nicht für Drehzahlbereiche, bei denen längs- und biegekritische Drehzahlen zusammenfallen. Die Länge des Rißelements muß mindestens doppelt so groß wie die Rißtiefe a sein. Damit ist sichergestellt, daß der Einfluß des Risses an den Endquerschnitten abgeklungen ist. Zusätzlich zur Voraussetzung von Biegedominanz kann bei den meisten Rotoren, die in technischen Anlagen Verwendung finden, von Gewichtsdominanz ausgegangen werden. Das bedeutet, daß die dynamischen Verformungen des Rotors klein gegenüber der statischen Verformung aufgrund des Eigengewichts sind. Die Steifigkeitsmatrix des Rotors mit Wellenriß ist dann allein als Funktion des Drehwinkels φ darstellbar, mit $\underline{K}_0$ als der Steifigkeitsmatrix des ungeschädigten Rotors:

$$\underline{K}(\varphi) = \underline{K}_0 + \Delta\underline{K}(\varphi) \ . \tag{25}$$

Auch die globalen Koordinaten $\underline{q}$ bestehen dann aus einem statischen Anteil $\underline{q}_S$ aufgrund der Gewichtskraft und einem dynamischen Anteil $\Delta\underline{q}(\varphi)$:

$$\underline{q}(\varphi) = \underline{q}_S + \Delta\underline{q}(\varphi) \ . \tag{26}$$

Eine weitere Vereinfachung ergibt sich, wenn Parameterinstabilitäten ausgeschlossen werden können. Man erhält dann eine lineare Differentialgleichung mit konstanten Koeffizienten:

$$\underline{M}\,\Delta\underline{\ddot{q}} + \underline{D}\,\Delta\underline{\dot{q}} + \underline{K}_0\,\Delta\underline{q} = \underline{F}_R + \underline{F}_U \ . \tag{27}$$

$\underline{F}_U$ ist dabei die Unwuchtanregung und der Riß wirkt wie eine äußere Kraft mit

$$\underline{F}_R = -\Delta\underline{K}(\varphi)\,\underline{q}_S \ . \tag{28}$$

$\underline{F}_R$ wird deshalb als Rißlastvektor bezeichnet. Zu seiner Bestimmung werden zunächst die zusätzlichen Nachgiebigkeiten („Residualnachgiebigkeiten") aufgrund des Risses berechnet, und zwar für das statische Problem beim offenen (klaffenden), und beim halboffenen Riß. Dies geschieht mit den Methoden der linear-elastischen Bruchmechanik. Die Übergänge vom geschlossenen zum halboffenen und offenen Riß werden durch heuristische Bewertungsfunktionen festgelegt. Diese sind bei gewichtsdominanten Schwingungen Funktionen des Drehwinkels φ.

Dieses Rißmodell bietet verschiedene Vorteile. So ist eine flexible Modellierung des Rotors mit Finiten Elementen möglich, in die auch die Längs- und Torsionsfreiheitsgrade miteinbezogen werden können. Deren Berücksichtigung kann für die Rißdetektion wesentlich sein, da ein Wellenriß Kopplungen zwischen Längs-, Torsions- und Biegedynamik zur Folge hat, *Theis (1990)*. Außerdem sind die Residualnachgiebigkeiten allein von der Rißtiefe a abhängig. Damit muß bei der Verwendung dieses Rißmodells zur Schadendiagnose lediglich ein signifikanter Parameter identifiziert werden, der eindeutig einer Rißtiefe zugeordnet werden kann.

4 Anwendungen

4.1 Simulationsbeispiel

In diesem Beispiel sollen EKF und MOKF zur Bestimmung der Rißtiefe a eines simulierten Rotors eingesetzt werden. Bild 1 zeigt das FE-Modell. Es besteht aus acht runden Balkenelementen mit einem Radius von 6 mm und einer mittig angebrachten Scheibe, an der Unwuchtkräfte angreifen. Der Querriß befindet sich zwischen den Knoten 5 und 6, und wird nach *Theis (1990)* modelliert. Simuliert werden stationäre Schwingungen bei einer Drehzahl $\Omega = 90/s$ und verschiedenen Rißtiefen a. „Gemessen" werden die Auslenkungen q_{15} und q_{17} der Scheibe, denen gaußverteiltes Meßrauschen mit einem Rauschpegel von 1% überlagert wird. Die Identifikation mit dem EKF erfolgte auf der Basis des vollständigen FE-Modells mit 32 Freiheitsgraden. Den Berechnungen des MOKF lag lediglich das auf die beiden ersten Biegeeigenformen reduzierte Modell zugrunde. Im Vergleich zum EKF war der Rechenaufwand um ca. 95 % geringer. Tabelle 1 zeigt die sehr guten Ergebnisse.

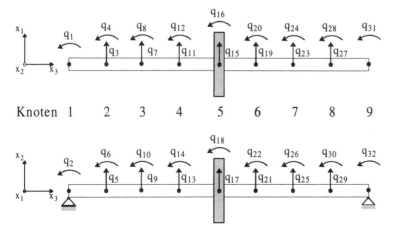

Bild 1: Finite-Element-Modell eines Rotors

Tabelle 1: Identifizierte Rißtiefen a im Vergleich mit den wahren Werten

Tatsächliche Rißtiefe [mm]	MOKF mit 2 EF		EKF mit 32 EF	
	geschätzte Rißtiefe a [mm]	relative Abweichung [%]	geschätzte Rißtiefe a [mm]	relative Abweichung [%]
1	0.929	7.1	0.903	9.7
2	1.980	1	2.059	2.95
3	2.989	0.367	3.011	0.367
5	4.996	0.08	5.022	0.44

4.2 Schadendiagnose an einem Rotorprüfstand

Zur praktischen Umsetzung wurde am Lehrstuhl für Technische Mechanik der Universität Kaiserslautern ein Rotorprüfstand entwickelt. Er besteht aus einer langen, dünnen Welle, die gelenkig gelagert und mit einer mittig angebrachten Scheibe besetzt ist. Der Lagerabstand beträgt 1 m und der Wellendurchmesser 18 mm. Das System kann durch Anbringen von Zusatzgewichten an der Scheibe ausgewuchtet werden. Ausgehend von einer Quernut mit einer Tiefe von 1 mm wurden in der Welle neben der Scheibe Querrisse verschiedener Tiefe mit einem Belastungslager erzeugt, das die Welle gegenüber ihrem Gestell verspannt. Durch Überlasten entstehen Rastlinien, die nach dem Bruch der Welle eine Zuordnung der Messungen zu den jeweiligen Rißtiefen ermöglichen, Bild 2. Damit kann die Genauigkeit der identifizierten Größen überprüft werden. Gemessen werden die Auslenkungen der Scheibe bei einer konstanten Drehzahl von 1200 U/min. Die Verfahren EKF und REKFIV berechnen auf Basis dieser Messungen und dem in *Fritzen und Seibold (1993)* beschriebenen Modell einer Lavalwelle mit Querriß eine Rißeinflußzahl r. Der Riß wird in diesem Fall als ein modifiziertes Scharnier abgebildet, und r kann deshalb nach *Mayes und Davies (1984)* in die Rißtiefe a umgerechnet werden. Das MOKF identifiziert direkt die Rißtiefe a. Dies geschieht anhand des FE-Modells aus Bild 1, das auf die beiden ersten Biegeeigenformen kondensiert wird und des Rißmodells von *Theis (1990)*.

Bild 2: Rißgesicht mit Rastlinien

In Tabelle 2 werden die identifizierten Rißtiefen a mit den nachträglich anhand der Rastlinien ermittelten Werten verglichen. Bild 3 zeigt die Identifikation der Rißeinflußzahl r mit EKF und REKFIV bei einer Rißtiefe von a=4,3 mm.

Tabelle 2: Identifikation der Rißtiefe mit EKF, REKFIV und MOKF.

Rastlinien		EKF		REKFIV		MOKF
Rißeinfluß-zahl r	Rißtiefe a [mm]	Rißeinfluß-zahl r	Rißtiefe a [mm]	Rißeinfluß-zahl r	Rißtiefe a [mm]	Rißtiefe a [mm]
0.002826	2.05	0.004675	2.43	0.005754	2.7	3.6
0.0197	4.3	0.0146	3.735	0.01546	3.825	4.1
0.0418	5.9	0.08246	7.74	0.0677	7.11	5.6
0.103	8.1	0.1265	8.64	0.1306	8.82	8.0

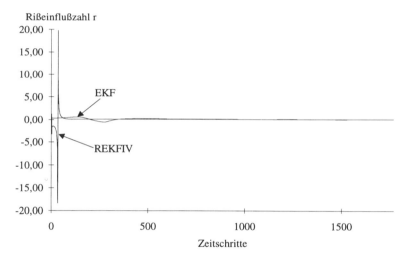

Bild 3: Identifikation der Rißeinflußzahl r mit EKF und REKFIV

5 Zusammenfassung und Diskussion

In diesem Beitrag wurden modellgestützte Verfahren vorgestellt, die zur Schadendiagnose von Rotoren eingesetzt werden können:

- das Erweiterte Kalman Filter (EKF) als Zustands- und Parameterschätzer,
- das Modale Erweiterte Kalman Filter (MOKF), mit dem durch modale Kondensation auf die relevanten Eigenformen eine deutliche Reduzierung des Rechenaufwandes erreicht wurde und
- eine Kombination des EKF mit der Methode der Instrumentellen Variablen (REKFIV), bei der das EKF als reiner Zustandsschätzer und die Methode der Instrumentellen Variablen zur Berechnung der signifikanten Schadensparameter eingesetzt wurde.

Im Gegensatz zu den signalgestützten Verfahren, die lediglich eine qualitative Bewertung vornehmen können, liefern die vorgestellten Verfahren eine eindeutige quantitative Aussage über die Größe des Schadens. Wie bei den Anwendungen auf einen simulierten Rotor und einen Rotorprüfstand gezeigt wurde, kann die Tiefe eines Wellenrisses sehr genau ermittelt werden.

Die Entwicklung der modellgestützten Detektionsverfahren EKF, REKFIV und MOKF und des Rotorprüfstandes sind Teil des von der Deutschen Forschungsgemeinschaft geförderten Projektes Ha 1487/3-2. Die AutorInnen bedanken sich für die Unterstützung.

6 Literatur

Fritzen, C.-P., Seibold, S., 1993: „Bestimmung von Rotor- und Dichtspaltparametern mittels Identifikation", In: Schwingungen in rotierenden Maschinen, Irretier, Nordmann, Springer (Hrsg.), Vieweg Verlag, Braunschweig, Wiesbaden, pp. 160-167.

Höxtermann, E., 1988: „Erfahrungen mit Schäden in Form von Anrissen und Brüchen an Dampfturbinenwellen, Radscheiben und Generatorläufern", VGB Technisch-Wissenschaftliche Berichte Wärmekraftwerke - VGB-TW 107.

Jazwinski, A.H., 1970: Stochastic Processes and Filtering Theory, Academic Press, New York.

Kalman, R.E., 1960: „A new Approach to Linear Filtering and Prediction Problems", Trans. ASME, Series D, Journal of Basic Engineering, Vol. 82, pp. 35-45.

Litz, L., 1979: „Ordnungsreduktion linearer Zustandsraummodelle durch Beibehaltung der dominanten Eigenbewegungen", Regelungstechnik 3, pp. 80-86.

Mayes, I.W., Davies, W.G.R., 1984: „Analysis of the Response of a Multi-Rotor-Bearing System Containing a Transverse Crack in a Rotor", ASME Design Engineering Technical Conference, Dearborn, Michigan, paper 83-DET-84.

Papadopoulos, C.A., Dimarogonas, A.D., 1988: „Coupled longitudinal and bending vibrations of a cracked shaft", J. Vibration, Acoustics, Stress and Reliability in Design, Vol. 110, pp.1-8.

Schmidt, R., 1988: Die Anwendung von Zustandsbeobachtern zur Schwingungsüberwachung und Schadensfrüherkennung auf mechanische Konstruktionen, VDI-Verlag, Reihe 11, Nr. 109, Düsseldorf.

Seibold, S., Fritzen, C.-P., Leifeld, A., 1994: "A Combined State and Parameter Estimator Applied to Fault Detection", IUTAM-Symposium on Identification of Mechanical Systems, Universität Wuppertal, erscheint demnächst im Springer Verlag, P.C. Müller (Hrsg.).

Theis, W., 1990: Längs- und Torsionsschwingungen bei quer angerissenen Rotoren - Untersuchungen auf der Grundlage eines Rißmodells mit 6 Balkenfreiheitsgraden, VDI-Verlag, Düsseldorf, Reihe 11, Nr. 131.

Young, P.C., 1970: „An Instrumental Variables Method for Real-Time Identification of a noisy Process", Automatica 6, pp. 271-287.

Laserholographische Messung der Änderung des Schwingungsverhaltens von Gasturbinenschaufeln infolge Erosion

von J.Woisetschläger, H.Jericha

Zusammenfassung

Es wird eine Untersuchung der Änderung des Schwingungsverhaltens von Gasturbinenschaufeln einer 3MW Energierückgewinnungsanlage infolge Erosion vorgestellt. Hierzu wird eine, in heißen, erosiven Abgasen einer petrochemischen Krackanlage 75.000 h gelaufene Gasturbinenschaufel mit einer Orginalschaufel gleicher Länge verglichen. Die experimentelle Untersuchung der durch Erosion bedingte Veränderung von Eigenfrequenzen und Eigenmoden erfolgte mittels Laservibrometer und hochauflösender holographischer Echtzeitinterferometrie. Hierbei zeigt sich ein aufgrund des Masseverlustes deutliches Ansteigen der Resonanzfrequenzen, sowie eine, in den von der Erosion besonders angegriffenen Zonen, Änderung der Modenstruktur.

1 Einleitung

Um die Energie der in katalytischen Krackanlagen der Petrochemie anfallenden heißen, unter Druck stehenden Abgase rückgewinnen zu können, wurden in der Raffinerie Schwechat (Niederösterreich) bereits im Jahre 1969 ein Gasturbine in Betrieb genommen [1], wobei diese Einschaltung einer Gasturbine durch den Staubgehalt der Gase und der damit auftretenden Erosion erschwert wurde. Diese Anlage erreichte ein Rekordlebensdauer von 75.000 h [2]. Nachdem diese Maschine durch eine höherer Leistung ersetzt worden war, wurden am Institut für Thermische Turbomaschinen und Maschinendynamik der Technischen Universität Graz ausführliche Erosionsuntersuchungen an dieser unter realistischen Bedingungen im Einsatz gewesenen Maschinen durchgeführt. Aufgrund dieser Erosionsuntersuchungen wurde ein analytisches Erosionmodell entwickelt, das gute Übereinstimmung mit der beobachteten Erosion zeigt [3,4] (Bild 1a,b).

Solche erosiven Gase treten nicht nur bei modernen FCC Anlagen (Fluid Catalytic Cracking), sondern auch bei in Entwicklung befindlichen Biomassegasturbinen auf, die mit ungekühlten Schaufeln bei Gastemperaturen von 500-700° C betrieben werden. Bei Biomasse verbrennenden Gasturbinen entstehen agressive (erosive und korrosive) Ascheteilchen, die das Material in vielfacher Hinsicht schädigen.

Das Ziel dieser Arbeiten ist es, konstruktive Verbesserungsmöglichkeiten anzugeben, um die Lebensdauer von Turbomaschinen in erosiven Medien zu verlängern. Hierzu gehört ebenfalls eine Erfassung der Änderung des Schwingungsverhaltens der Gasturbinenschaufel. In dieser Arbeit werden nun anhand eines direkten experimentellen Vergleichs einer nichterodierten Orginalschaufel und der erodierten Beschaufelung die Änderungen des Schwingungsverhaltens experimentell untersucht, wobei hier die Ergebnisse und insbesondere die am Institut für Thermische Turbomaschinen und Maschinendynamik verwendete optische Meßtechnik beschrieben werden soll, die eine Modalanalyse mit Submikrometer-Auflösung der Schwingungsamplitude von 20-60 nm gestattet.

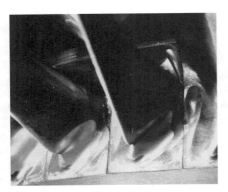 

a b

Bild 1a,b Bilder der erodierten Beschaufelung einer 75.000h in 500-700°C heißen, erosiven Abgasen einer petrochemischen Krackanlage gelaufenen Gasturbine. Zu sehen sind a) die Erosionsstellen am Schaufelfuß (Vorderkante) und b) Schaufelspitze (Hinterkante).

2 Durchführung der Messungen

2.1 Aufbau

Die Untersuchung der *nichterodierten Gasturbinenschaufeln* erfolgte in einem eigens für die Schwingungsprüfung von Turbinenschaufel am Institut für Thermische Turbomaschinen und Maschinendynamik der Technischen Universität Graz konstruierten Prüfstand. In diesem wird der Fuß der Schaufel in einer mehr als 200kg schweren Masse eingespannt, wo sie dann elektromagnetisch oder durch Schwingungserregung mit einem Brühl und Kjaer Vibration Exciter 4801 in Resonanz gebracht werden kann. Die Aufnahme des Frequenzspektrums der Schaufeleigenfrequenzen erfolgte berührungslos mittels Laservibrometer (Brüehl und Kjaer Laser Velocity Transducer 3544) und darauffolgender Frequenzanalyse mittels FFT-Analysator (Fast-Fourier-Transform, Schlumberger Spectrum Analyser 1220).

Zur Identifikation der Moden und zur absoluten Bestimmung der Verschiebung der Schaufeloberfläche kam bei dieser Untersuchung die Technik der holographischen Interferometrie zur Anwendung [5]. Hierfür steht am Institut für Thermische Turbomaschinen und Maschinendynamik ein schwingungsisolierter optischer Tisch mit einer Arbeitsfläche von 3m x 1,5m zur Verfügung, auf dem der oben beschriebene Schwingprüfstand aufgebaut wurde.

Zum Zweck der holographischen Messung wurde die nichterodierte Schaufel von einem Helium-Neon-Laser beleuchtet, und ein Hologramm dieser Schaufel im unbewegten Zustand aufgezeichnet. Dieses Hologramm rekonstruiert nun die von der Schaufel reflektierte Laserlichtwelle in allen ihren Eigenschaften, sodaß nach exakter Repositionierung des Hologramms sich nun das holographisch gespeicherte Bild des Ruhezustandes der Schaufel und die vom Laser noch immer beleuchtete Schaufel überlagern. Verschiebt sich nun ein Oberflächenelement der Schaufel um die halbe Lichtwellenlänge des verwendeten Helium-Neon-Laserlichts (0,633 µm), so kommt es zur Interferenz zwischen der holographisch gespeicherten Bildwelle und der momentan von der Schaufel reflektierten Laserlichtwelle - es kommt zur Auslöschung beider von diesem Objektpunkt stammenden Lichtwellen, das Objekt erscheint an diesen Stellen von dunklen Streifen bedeckt (holographische Echtzeitinterferometrie).

Um im Falle einer periodischen Schwingung der Schaufel die Oberflächenverschiebung auch noch bei hohen Frequenzen sicher messen zu können, wurde der Laserstrahl mit der Erregerfrequenz periodisch unterbrochen, wobei sich die Phasenlage wie auch die Frequenz dieses Unterbrechers gegenüber der Erregerfrequenz verschieben ließ, um eine stroboskopische Beleuchtung der Schaufel bei kontinuierlicher Veränderung der Erregerfrequenz zu gestatten. Im Falle eines leichten Frequenzunterschiedes von wenigen Hz zwischen Beleuchtung und Erregung kann man den Bewegungsablauf der Schaufel im µm-Bereich und darunter unmittelbar mit der eingestellten Schwebungsfrequenz mitverfolgen.

Die *erodierten Schaufeln* waren fest im Turbinenläufer einkorrodiert. Da Gefahr bestand die Schaufel beim Ausbau zu beschädigen, wurde der gesamte Läufer (2,5t) untersucht. Der optische Meßaufbau wurde hierzu auf einem der auf 5Hz abgestimmten Federfundamente des Institutes errichtet, lediglich der Schwingungserreger selbst befand sich außerhalb des Fundaments (Bild 2).

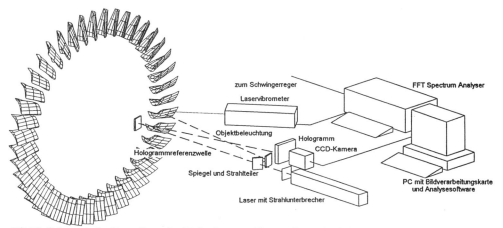

Bild 2 Schematische Darstellung des Meßaufbaus zur Untersuchung des Schwingungsverhaltens der fest im Turbinenläufer einkorrodierten, erodierten Gasturbinenschaufeln mittels hochauflösender holographischer Echtzeitinterferometrie. Der gesamte Meßaufbau wurde auf einem schwingungsisolierten Federfundament errichtet, lediglich der Schwingungserreger (Bruehl und Kjaer Vibration exciter 410) befand sich außerhalb.

1.2 Computerunterstützte Auswertung der holographischen Interferogramme zur vorzeichenrichtigen Detektion der Oberflächenverschiebung

Bild 3 zeigt ein holographisches Interferogramm der nichterodierten Gasturbinenschaufel in Ruhe. Um eine vorzeichenrichtige Detektion der Objektverschiebung zu gewährleisten, wurde dem Objekt ein paralleles System heller und dunkler Interferenzstreifen überlagert. Dies geschah durch Verkippen der die Schaufel beleuchtenden Lichtwelle, und hatte somit auch eine scheinbare Verkippung des holographischen Bildes der ruhenden Schaufel gegenüber der in Echtzeit durch das Hologramm beobachteten Schaufel zur Folge.

Verschieben sich nun zusätzlich einzelne Punkte der Schaufeloberfläche bei einer resonanten Anregung der Schaufel, so kommt es lokal zu einer Erhöhung oder Verringerung der Frequenz des in Bild 3 gezeigten Trägerstreifensystems. Hierbei ist die Frequenzänderung dieses Trägerstreifensystems (die Zu- oder Abnahme des Interferenzstreifenabstandes) vom Vorzeichen der Verkippung der Schaufeloberfläche in Bezug auf die vorgegebene Verschiebung des holographischen Bildes gegenüber der untersuchten Schaufel abhängig.

Um ein stehendes Bild bei maximaler Schwingungsamplitude zu erhalten, wurde - wie oben beschrieben - das Objekt stroboskopisch vom Laser beleuchtet.

Für die Intensitätsverteilung I(x,y) (mit x,y den Bildkoordinaten) in einem solchen Interferogramm gilt nun

$$I(x,y) = I_0(x,y) + m(x,y) \cdot \cos(\phi(x,y) + \Phi(x,y)) \quad (1)$$

Bild 3
Holographisches Echtzeitinterferogramm der im Schaufelprüfstand eingespannten, nichterodierten Schaufel mit überlagertem Trägerstreifensystem

mit $\Phi(x,y)$ der - durch die Verkippung vorgegebenen - Verschiebung zwischen Objekt und holographischen Bild, $\phi(x,y)$ der durch die Schwingung hervorgerufenen Verschiebung der Objektoberfläche bei stroboskopischer Beleuchtung, $m(x,y)$ der durch den Kontrast im Hologramm bestimmten Modulationstiefe der holographischen Interferenzstreifen und $I_0(x,y)$ der z.B. durch die Ausleuchtung bedingten globalen Intensitätsverteilung im Bild.

Eine zweidimensionale Fourieranalyse erlaubt nun die Trennung dieser Anteile im Frequenzbereich, da die Modulationstiefe und die Hintergrundausleuchtung im Bild niederfrequent gegenüber den Interferenzstreifen sind. Eine selektive Filterung des hochfrequenten cos-Anteils der holographischen Interferenzstreifen und anschließende Rücktransformation der Bilder erlaubt eine Bestimmung der Phasenverschiebung ($\phi(x,y) + \Phi(x,y)$) zwischen der vom holographischen Bild stammenden und der von der schwingenden Schaufel reflektierten Lichtwelle. [6]. Nach Abzug des linearen Trägerfrequenzanteils der $\Phi(x,y)$ Phase errechnet sich bei bekannter Laserwellenlänge des He-Ne-Lasers (0,633 μm) die Verschiebung Δ (in μm) zu

$$\Delta(x,y) = \phi(x,y) / (2\pi) \cdot 0{,}633 \quad (2)$$

Der absolute Fehler ermittelt sich aus der Höhe des Signals im räumlichen Fourierspektrum der Bilddaten relativ zu der Intensität des Untergrundrauschens und lag bei dieser Untersuchung bei 1/10 bis 1/20 der Laserwellenlänge (63 nm bei Untersuchung der erodierten, und 32 nm bei den Orginalschaufeln)

Die computerunterstützte Auswertung dieser Interferogramme erfolgte nach Digitalisierung mittels Hitachi KP-110 CCD-Videokamera und Image Technologies PCVISIONplus Bildverarbeitungskarte an einem PC 486 - 55MHz.

Da - wie bei allen auf Längenänderungen beruhenden Lasermeßverfahren - auch bei der holographische Interferometrie die Empfindlichkeit durch Beobachtungs- und Beleuchtungsrichtung vorgegeben ist, müssen für eine Detektion des räumlichen Verschiebungsvektors drei Messungen durchgeführt werden [7]. Im vorliegenden Fall wurden pro Oberflächenpunkt zwei orthogonale Projektionen gewonnen, um die Verschiebung in drei Schaufelschnittebenen vollständig zu bestimmen.

3 Veränderung der Schaufeleigenfrequenzen infolge Erosion

3.1 Ergebnisse der Frequenzmessungen mittels Laservibrometer und FFT-Analysator an erodierter und nichterodierter Schaufel

Bild 4 zeigt die mit Hilfe des Laservibrometers an der Schaufelspitze (Hinterkante) gewonnen Schwingungspektren. Während es bei der Grundfrequenz (1.Biege 710Hz im Falle der nichterodierten Schaufel) zu einer lediglich geringfügigen Erhöhung der Frequenz kommt,

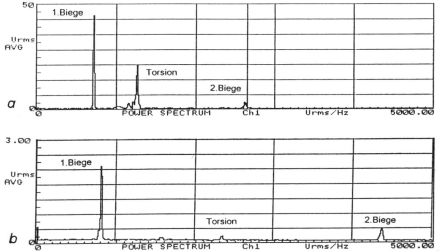

Bild 4   Schwingungsspektren der Schaufelspitze (Hinterkante) **a)** im Falle der nichterodierten Vergleichschaufel im Schaufelschwingungsprüfstand **b)** im Falle der erodierten Laufschaufel gleicher Länge

treten bei den höheren Biegemoden, sowie bei der Torsionsschwingung durch den lokalen Masseverlust und die Querschnittsänderungen signifikante Änderungen der Frequenz auf. Für die Identifikation der einzelnen Moden wurde die Technik der holographischen Interferometrie verwendet.

3.2 Holographisch ermittelte Veränderung der Schwingungseigenformen

Nach der Aufnahme des Schwingungsspektrums erfolgte eine Untersuchung der Moden mittels hochauflösender holographischer Interferometrie. Zuerst wurde die nichterodierte Schaufel untersucht. Als Ergebnis ist in Bild 5 die maximale Schwingungsamplitude der Schaufeloberfläche (Saugseite) für die ersten drei Frequenzen dargestellt. Für eine solche absolute Bestimmung der ebenen Auslenkung der Schaufeloberfläche war es notwendig, für jeden Punkt zwei möglichst orthogonale Projektionen der Verschiebung zu erhalten. Aufgrund der starken Krümmung der Schaufeloberfläche insbesondere im Fußbereich waren drei Projektionen über einen Winkelbereich von 200° nötig.

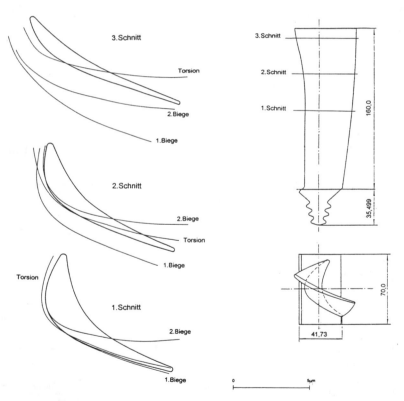

Bild 5 Ebene Verschiebung der Schaufeloberfläche (Saugseite) bei gleicher Erregerkraft für die ersten drei Frequenzen des Schwingungsspektrums in drei übereinanderliegenden Schnittbenen. Der aufgetragene Maßstab gilt für die (übertrieben) eingezeichnete Verschiebung der Schaufeloberfläche.

Die Punkte minimaler Verschiebung der Schaufeloberfläche liegen bei dieser Art der Darstellung für die 2.Biegeform an der Hinterkante zwischen dem dritten und zweiten Schnitt, für die Torsion in allen Schnitten zwischen erstem Drittel und der Mitte der Schaufeloberfläche (Saugseite).

Um eine bessere Vorstellung von der Schwingungsamplitude und deren Änderung infolge der Erosion geben zu können, sind in Bild 6 die Verschiebungen in einer Beobachtungsrichtung, und zwar jener senkrecht auf die Stirnfläche des Schaufelfußes (Schaufelhinterkante) dargestellt. Diese Projektion ist ident mit dem in Bild 5 gezeichnetem Aufriß. Dargestellt sind die Verschiebungsamplituden der erodierten Schaufel - Bild 6a, b, c, d entsprechend 1.Biegeschwingung, Torsion, 2.Biegeschwingung sowie der im Falle der erodierten Schaufel

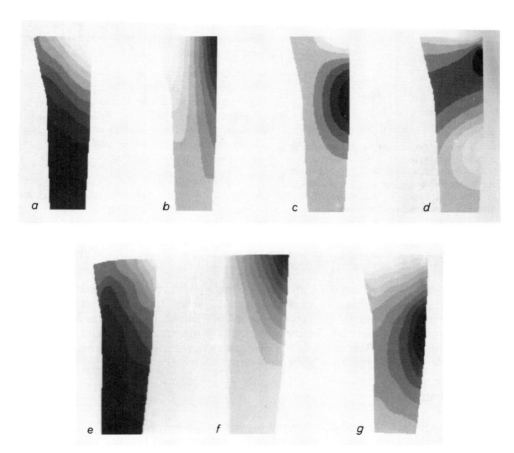

Bild 6 Schwingungsformen der 1.Biegeschwingung (6a), Torsion (6b), 2.und 3. Biegschwingung (6c,d) der erodierten Gasturbinenlaufschaufel, sowie der 1.Biegeschwingung (6e), Torsion (6f) und der 2.Biegschwingung (6g) der nichterodierten Vergleichsschaufel. Dargestellt ist die Verschiebung der Objektoberfläche bei maximaler Schwingungsamplitude in einer Projektionsrichtung senkrecht zur Stirnfläche des Schaufelfußes (Schaufelhinterkante) mit auf 1 normierten Amplituden

stark in Erscheinung tretenden 3. Biegeschwingung bei über 5000Hz - Bild 6 e, f, g zeigt entsprechend 1.Biegeschwingung, Torsion und 2. Biegeschwingung der nichterodierten Vergleichsschaufel.

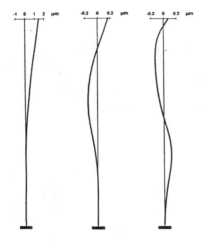

Die maximalen Amplituden dieser Schwingungsmoden sind in dieser Abbildung auf 1 normiert.

Trägt man die Verschiebung in diesen Projektionen als Funktion der Höhe für eine Linie entlang der Schaufelhinterkante auf, so ergeben sich für die drei Biegeformen die in Bild 7 dargestellte Bieglinien. Diese enthalten auch den besonders relevanten Teil der Schaufelspitze mit deutlich ausgeprägter Erosion, die zu einer signifikanten Veränderung der höheren Biegformen führt.

Während es bei der 1.Biegschwingung also nur zu einer geringen Änderung von Frequenz und Schwingungsform kommt, treten bei den höheren Biegemoden, wie auch im Falle der Torsion deutliche Unterschiede auf, die offensichtlich auf den Masseabtrag insbesondere an der Schaufelspitze zurückzuführen sind.

Bild 7
Biegelinien der Biegeformen entlang der Schaufelhinterkante im Falle der erodierten Gasturbinenschaufel aus den Projektionsdaten des Bildes 6 (Verschiebung in μm bei gleicher Erregerkraft). Links 1. Biegeform, Mitte 2. Biegeform, sowie rechts 3.Biegeform.

Das Vorhandensein einer so stark ausgeprägten 3. Biegeform - sie war im Spektrum der nichterodierten Schaufel nicht erkennbar - ist insoweit von Bedeutung, da in der untersuchten Gasturbine bei einer Drehzahl von 6000 U/min und 52 Leitschaufeln eine durch die Nachlaufdellen hervorgerufene Schwingungserregung bei einer Frequenz von etwa 5200 Hz möglich wird.

Eine numerische Modellierung des Einflußes der Erosion auf das Schwingungsverhalten von - in erosiven Gasen laufenden - Turbinenschaufeln sollte bei genauer Kenntnis der Strömungsverhältnisse und der Erosion in einer solchen Turbine möglich sein, wobei an der numerischen Beschreibung der Teilchenströmung und deren erosiven Wirkung auf die Schaufeln zur Zeit im Rahmen eines Forschungsprojektes des österreichischen Fonds zur Förderung der wissenschaftlichen Forschung gearbeitet wird.

Danksagung

Die Autoren möchten an dieser Stelle dem österreichischen Fonds zur Förderung der wissenschaftlichen Forschung danken, der im Rahmen des Forschungsschwerpunktes "Thermische Energierzeugung - Wirkungsgradsteigerung von Wärmekraftwerken" die Untersuchung der Auswirkungen der Erosion in Gasturbinen fördert. Weiters sei den Herrn Prof. Oser und Dr. Kartnig vom Institut für Allgemeine Maschinenlehre und Fördertechnik für die Möglichkeit zur Mitbenutzung des Laservibrometers gedankt.

Literatur

[1] H.Jericha, "Einsatz von Abgasturbinen zur Energierückgewinnung bei katalytischen Krackanalgen", Elin-Z, Jhg. XXIV, Heft2, 1972

[2] E.Bauer, H.Jericha, "Refinery FCC Plant Energy Recovery 75000h of cyclone and expanding gas turbine", CIMAC Warsaw, T-1, 1987

[3] H.Jericha, T.Göttfried, W.Sanz, "Industrial gas turbine blade erosion", ASME Cogen Turbo, IGTI 4, 193-200, 1989

[4] H,Jericha, "Minimizing blade erosion in gas turbines expanding flue gas from fluidized bed reactors", CIMAC Helsinki, GT 11, 1981

[5] Erf, "Holographic Nondestructiv Testing", Academic Press, New York, 1974

[6] M.Takeda, H.Ina, S.Kobayashi, "Fourier-Transform Method of Fringe Pattern Analysis for Computerbased Topography and Interferometry", J.Opt.Soc.Am.72, 156 (1982)

[7] R.Pryputniewicz, K.Steston, "Holographic strain analysis: extension of fringe-vector method to include perspective", Appl.Opt., Vol 15, 725 (1976)

Optische Überwachung von Turbinenschaufelschwingungen im Betrieb

von D. Bloemers, M. Heinen, E. Krämer, C. Wüthrich

1 Einleitung

Dampfturbinenschaufeln setzen die Wärmeenergie des Dampfes zunächst in Strömungsenergie und dann in mechanische Energie um. Festigkeitsmäßig von Interesse sind hauptsächlich die rotierenden Laufschaufeln, die neben den Fliehkräften auch den Strömungskräften standhalten müssen. Die Behebung von Schäden, die durch einen Schaufelabriß entstanden sind, ist in der Regel bei einem Turbosatz sehr kostenintensiv. Ziel ist es daher, einen Schaufelanriß im Frühstadium zu erkennen, lange bevor dieser die kritische Rißtiefe erreicht. Dazu muß die mechanische Integrität der gefährdeten Laufschaufeln eines Turbosatzes periodisch, das heißt in gewissen Zeitabständen (Turbinenrevisionen) kontrolliert werden. An die Stelle der periodischen Kontrolle kann eine kontinuierliche Überwachung während des Turbinenbetriebes treten. Dabei werden die Schwingungen aller Laufschaufeln einer Reihe in relativ kurzen Intervallen erfaßt. Mit Hilfe von Trendanalysen der Schaufelschwingungen erscheint es möglich, unter anderem auch auf Schaufelanrisse schliessen zu können.

In Zusammenarbeit der Firmen ABB und RWE Energie wurde ein optisches Schaufelschwingungs-Meßsystem (OSS) zur Kraftwerkstauglichkeit weiterentwickelt. Mit dem OSS-System können während des Betriebs der Turbinen die Schwingungen aller Laufschaufeln einer Reihe überwacht werden. Das OSS-System ist zur Zeit an der Endstufe eines 300 MW Dampfturbosatzes (Schaufellänge ca. 800 mm) im Kraftwerk Neurath installiert. Ziel dieser Zusammenarbeit ist es, nachzuweisen, daß das OSS-Verfahren für die kontinuierliche Schaufelüberwachung geeignet ist und die Genauigkeit des Verfahrens ausreicht, Risse bereits im nichtkritischen Stadium nachzuweisen.

2 Meßprinzip

Das Prinzip der optischen Schaufelschwingungsmessung beruht auf der Messung der Zeitdifferenz, die die Spitze einer schwingenden Schaufel im Vergleich zu einer nicht schwingenden Schaufel zum Durchlaufen eines bestimmten Umfangswinkels benötigt. Dies erfolgt mit Hilfe von zwei über dem Umfang der Laufschaufelreihe montierten optischen Sonden, die Laserlicht auf die Schaufelspitze senden. Das von der Schaufelspitze reflektierte Lichtsignal wird von den Sonden empfangen und via Lichtwellenleiter an ein Aufnahmegerät (Photomultiplier) weitergeleitet. Die Zeitabstände zwischen den reflektierten Lichtimpulsen sind ein Maß für die Schwingung der Schaufel, aus dem sich die speziellen Schwingungseigenschaften ableiten lassen. Mit einem weiteren Signalgeber (Keyphazor) wird die Drehzahl und ein Referenzsignal generiert, das die Zuordnung der Signale zu den einzelnen Schaufeln ermöglicht. Die gemessenen Zeitdifferenzen werden in einem Auswerterechner für alle Schaufeln fortlaufend berechnet, auf einem Farbbildschirm dargestellt und gleichzeitig abgespeichert. Auf diese Weise können während der Messung alle Schaufeln kontinuierlich überwacht werden. Die gespeicherten Daten erlauben es, das Verhalten sämtlicher Schaufeln zu einem späteren Zeitpunkt genauer zu analysieren (Bild 1).

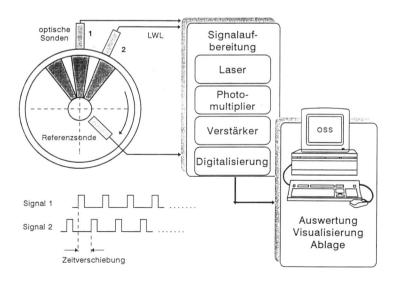

Bild 1: Prinzipskizze OSS (2-Sonden-Verfahren)

Die Zeit, die eine Schaufel benötigt, um den Weg zwischen zwei Sonden zurückzulegen, wird mit hoher Genauigkeit gemessen, wobei bei einer Drehzahl von 3000 1/min jede Rotorumdrehung in $6 \cdot 10^5$ Zeitschritte aufgelöst wird, was einer Winkelauflösung von etwa 0,6 mGrad entspricht.

Zur Beurteilung der Schwingungseigenschaften kommen die Amplitude der Schwingung, die Schaufeleigenfrequenz und die Breite der Resonanzkurve in Frage. Bei den Turbinenschaufeln sind die Eigenfrequenzen vom Hersteller so abgestimmt, daß im normalen Leistungsbetrieb der Turbine keine Resonanzen von Drehzahlvielfachen mit niedrigen Schaufelordnungen auftreten. Die Schaufeln werden nur stochastisch zum Schwingen angeregt. Die Schwingungsamplituden (Bild 2) sind in der Regel gering und lassen sich aus diesem Grunde nicht direkt zur Beurteilung nutzen. Aus der Fourieranalyse der stochastischen Schwingungen erhält man Informationen über die Eigenfrequenzen der Schaufeln (Bild 3). Bei der Erstellung des im Bild 3 beispielhaft gezeigten Frequenzspektrums ist eine angemessene Mittelung verschiedener FFT-Analysen erforderlich, um die statistische Genauigkeit zu erhöhen. Nach dem heutigen Stand der Technik sollten sich vor allem Verschiebungen der Eigenfrequenzlage als Maß für Änderungen des Schaufelzustandes eignen. Eine weitere Beurteilungsgröße kann die Breite der Resonanzkurve sein.

Das Verfahren der optischen Schaufelschwingungsmessungen wird seit langem bei der Messung der Schwingungen von Turbinenendstufenschaufeln eingesetzt. Gegenüber der herkömmlichen Methode, bei der die Signale von Dehnungsmeßstreifen telemetrisch aus der Maschine übertragen werden, besitzt die optische Methode einige Vorteile. Der Rotor selber muß nicht instrumentiert werden. Da im Turbinengehäuse keine elektrischen Komponenten benötigt werden, entfallen alle Probleme, die mit der Energieversorgung und elektromagnetischen Störungen verbunden sind. Die optischen Sonden können in eine bestehende Anlage mit sehr viel kleinerem Aufwand eingebaut werden als eine telemetrische Anlage. Ein Sondenwechsel kann ohne Störung des Betriebes vorgenommen werden. Gegenüber den Dehnungsmeßstreifen besitzt das optische Verfahren allerdings den Nachteil, daß pro Umdrehung nur ein Meßwert je Schaufel anfällt. Dies führt zu einer Unterabtastung der Schwingungssignale und erfordert einen etwas höheren Aufwand bei der Auswertung und der Interpretation der Resultate. Durch die Verwendung einer größeren Zahl von Sonden könnte dieser Mangel wettgemacht werden, wobei allerdings der Aufwand stark zunehmen würde.

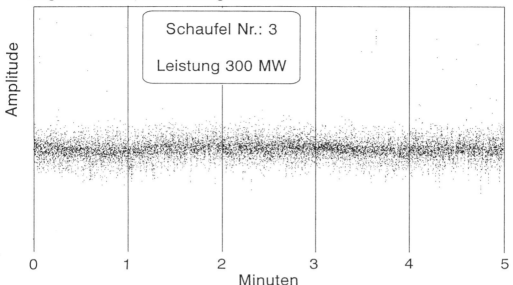

Bild 2: Stochastische Schaufelschwingungen bei Nenndrehzahl 50 Hz und Leistung 300 MW

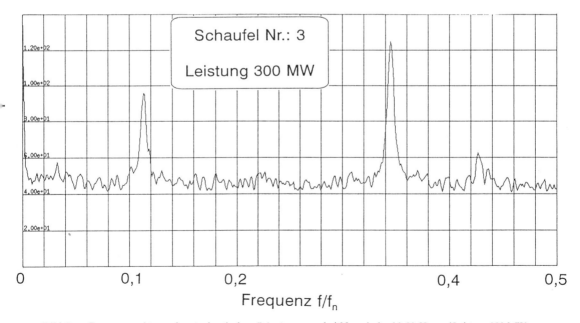

Bild 3: Frequenzspektrum der stochastischen Schwingungen bei Nenndrehzahl 50 Hz und Leistung 300 MW.
(Die Frequenz f ist normiert mit der aktuellen Drehzahl f_n)

3 Langzeitmessungen an einem 300 MW-Dampfturbosatz

Bisher wurde die optische Methode zur Schaufelschwingungsmessung vorwiegend bei zeitlich begrenzten Sondermessungen eingesetzt. Die kontinuierliche Betriebsüberwachung (Monitoring) von Schaufeln, über die hier berichtet werden soll, ist verglichen damit noch wenig erprobt. Für ein erfolgreiches Monitoring ist, abgesehen von der Standfestigkeit der Sonde in der Dampfatmosphäre, die Reproduzierbarkeit und die Genauigkeit der Meßergebnisse nachzuweisen. Einflußfaktoren auf die Eigenfrequenzen sind aufzuzeigen, denn Voraussetzung für die Erkennung fehlerbedingter Eigenfrequenzänderungen der Schaufel ist die Kenntnis der betriebspunktabhängigen Veränderungen dieser Eigenfrequenzen. Zu diesem Zweck wurde das OSS-System zur Überwachung der ND-Endschaufeln an einem 300 MW - Dampfturbosatz installiert.

3.1 Reproduzierbarkeit der Schaufeleigenfrequenzen

Im Untersuchungszeitraum (Okt. 93 bis Aug. 94) konnten vom OSS-System keine trendmäßigen Änderungen der Schaufeleigenfrequenzen festgestellt werden. Die gemessenen Schaufeleigenfrequenzen entsprechen nach entsprechender Auffaltung den Eigenfrequenzen, die vom Hersteller angegeben werden. Allerdings wurde eine relativ große Bandbreite für die einzelnen Frequenzlagen festgestellt. Jede einzelne Schaufel hat ihr charakteristisches Frequenzspektrum, das sich während der Beobachtungszeit nicht änderte. Die Konstanz der Frequenzspektren bedeutet aber auch, daß während der Betriebszeit keine Geometrieveränderungen an den Schaufeln auftraten. Diese Schlußfolgerung wurde durch Riß- und Sichtprüfungen während der anschließenden Revision bestätigt. Weiter wurde beobachtet, daß dieselbe Schaufel durch die stochastische Anregung nicht immer gleich stark zum Schwingen angeregt wurde. Oft sind im Frequenzspektrum die Eigenfrequenzen im Rauschen nicht oder nur sehr schwer zu erkennen.

3.2 Abhängigkeiten der Schaufeleigenfrequenzen

Schaufelschwingungen können durch Geometrieveränderungen, temperaturbedingte Änderungen der Materialeigenschaften und Änderungen des Strömungszustandes beeinflußt werden.

Geometrieveränderungen können zum Beispiel durch Risse, Ablagerungen oder Erosionen hervorgerufen werden. Die Materialeigenschaften sind hauptsächlich von der Dampftemperatur abhängig. Die Dichte des Dampfes beeinflußt die Dämpfung. Die Schwingungsanregung ist über den Dampfmassenstrom abhängig von der mechanischen Leistung der Turbine. Zur Ermittlung der Betriebseinflüsse wurden Versuche bei unterschiedlichen Dampftemperaturen (Dampfdrücken) und Dampfmassenströmen durchgeführt. Die betriebsbedingten Temperaturbereiche liegen in der Niederdruckendschaufelreihe bei 40 °C bis 60 °C, während die Dampfmassenströme von 600 t/h bis 900 t/h variieren. Die Auswertungen zeigen, daß die Lage der Frequenzmaxima in den untersuchten Bereichen (Variation der elektrischen Leistung, Blindleistung, Kondensatordruck) vom Betriebspunkt unabhängig ist. Allenfalls werden bestimmte Eigenfrequenzen in den verschiedenen Betriebspunkten unterschiedlich stark angeregt.

Zusammenfassend läßt sich sagen, daß die Eigenfrequenz jeder Schaufel während des Betriebes, aber betriebspunktunabhängig, mit einer Genauigkeit von ca. ± 0,10 bis ± 0,25 Hz gemessen werden kann. Daß eine solche Meßgenauigkeit zu einer erfolgreichen Rißerkennung ausreichend sein kann, wird in speziellen experimentellen und rechnerischen Untersuchungen ermittelt.

4 Der Einfluß von Rissen auf das Schwingungsverhalten

Eine Betriebsüberwachung von Endstufenschaufeln ist nur sinnvoll, wenn Änderungen an den Schaufeln so frühzeitig entdeckt werden, daß gegebenenfalls Maßnahmen ergriffen werden können, bevor ein ernsthafter Schaufelschaden eintritt. Um zu überprüfen, ob die Genauigkeit des OSS-Verfahrens hierzu ausreichend ist, wurde der Einfluß von Rissen auf die Eigenfrequenzen von Endstufenschaufeln genauer untersucht.

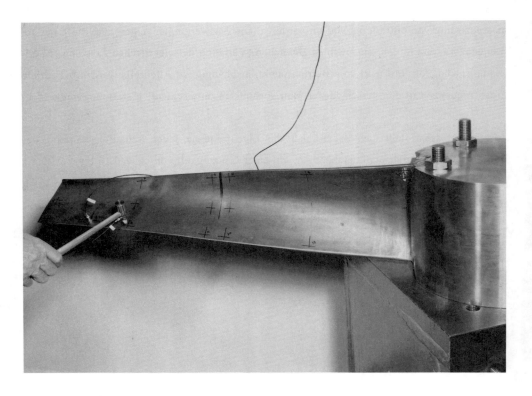

Bild 4: Schwingungsmessung an der Versuchsschaufel. Riß an Eintrittskante 390 mm über dem Fuß

Für die experimentelle Schwingungsuntersuchung wurden zwei Endstufenschaufeln jeweils in einen grossen Stahlblock eingeschweißt und mit diesem auf einem federnd aufgehängten Block festgeschraubt (Bild 4). Auf diese Weise konnten Störungen der Schwingungsmessungen durch Veränderung der Einspannbedingungen ausgeschlossen werden. An Stelle eines Ermüdungsrisses, dessen Rißufer sich ohne Fliehkraftbeanspruchung nicht öffnen würden, wurden mit einer Säge dünne Schlitze in die Schaufeln gesägt. Für zwei Schlitzpositionen (Eintrittskante: 30 mm und 390 mm über dem Fuß) wurden die ersten vier Eigenfrequenzen in Funktion der Schlitzlänge aus den gemessenen Transferfunktionen bestimmt. Ein typisches Resultat ist in Bild 5 dargestellt. Für die zweite Rißposition ergab sich ein ähnliches Ergebnis.

Zur Ergänzung der experimentellen Untersuchungen wurde der Einfluß von Rissen auf die Eigenfrequenzen auch mit der Methode der finiten Elemente numerisch untersucht. Da die gesuchten Effekte sehr klein sind, war es erforderlich, bei der Netzgenerierung sehr sorgfältig vorzugehen. Die Ergebnisse der Messungen wurden durch die Rechnungen quantitativ bestätigt. Auch für einen Riß an der Austrittskante (30 mm über dem Fuß) ergab die Rechnung mit finiten Elementen ein ähnliches Verhalten.

Es fällt auf, daß sich die Eigenfrequenzen mit der Länge der Risse oder Schlitze zunächst nur sehr wenig ändern. Erst bei Längen im Zentimeterbereich treten merkliche Frequenzänderungen auf, wie folgende Tabelle zeigt, in der die Ergebnisse von Messungen und Berechnungen zusammengefaßt sind.

Rißlänge [mm]	Frequenzänderung [Hz]		
	Δf_1	Δf_2	Δf_3
10	0,2 - 0,3	0,1 - 0,4	0,2 - 0,3
20	0,9 - 1,6	0,4 - 1,7	0,5 - 0,7
30	1,6 - 4,1	1,6 - 8,0	0,6 - 2,1

Geht man davon aus, daß die Lagen der Amplitudenmaxima mit einer Genauigkeit zwischen 0,2 bis 0,5 Hz gemessen werden können, so ist zu erwarten, daß die optische Methode Risse

Risse in einer großen Endstufenschaufel ab etwa 10 bis 20 mm Länge detektieren kann. Dies sollte ausreichen, um Maßnahmen zu ergreifen, bevor ein Riß zu einem Schaufelversagen führt. Liegen Anrisse an ungünstigen Stellen, zum Beispiel im Schaufelfuß oder in der Nähe der Schaufelspitze, so werden sich die Eigenfrequenzen nicht meßbar ändern. In diesen Fällen ist eine Detektion von Rissen mit Hilfe einer Eigenfrequenzmessung kaum möglich.

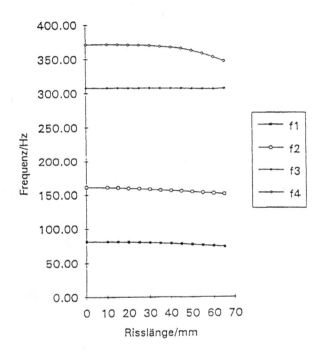

Bild 5: Gemessene Schaufelfrequenz als Funktion der Rißlänge, Rißposition: Eintrittskante, 30 mm über dem Fuß

Zusammenfassend kann gesagt werden, daß die Empfindlichkeit des optischen Verfahrens genügend hoch ist, um Anrisse rechtzeitig zu detektieren, sofern diese nicht sehr ungünstig liegen. Da eine Betriebsüberwachung automatisiert werden muß, sind für ein Schaufelmonitoring Algorithmen zu entwickeln, welche die Frequenzänderungen einzelner Schaufeln sicher erkennen und von den Einflüssen von Temperatur- und Drehzahländerungen, die sich auf alle Schaufeln gleich auswirken, zuverlässig trennen.

5 Betriebserfahrungen und Ausblick

Die OSS-Sonden ließen sich während des Betriebes der Turbine ein- und ausbauen. Das war besonders für die Sondenkontrolle wichtig. Die OSS-Sondenrohre waren insgesamt drei Jahre eingebaut, wobei für etwa ein Jahr optische Sonden eingebaut waren. Sowohl die Sondenrohre als auch die Sonden wiesen starke Spuren von Erosion auf. Der Bereich des Leitschaufelträgers, in dem die Sonden eingebaut war, wies keine erkennbaren Schädigungen auf.

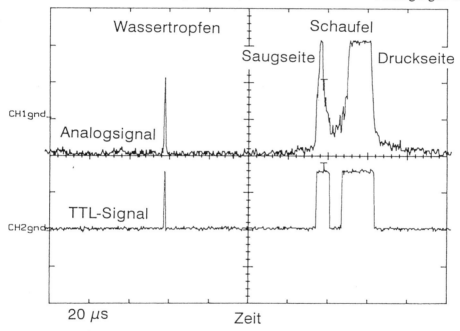

Bild 6: Analoge und digitalisierte Schaufelsignale

Signal-Analysen, die mit einem Transientenrekorder durchgeführt wurden, zeigten, daß manchmal kurz vor Passieren der Schaufel an der Sonde ein kurzer Signal-Peak auftrat (Bild 6). Diese Signalspitze war immer nur einige hundert Nanosekunden breit und die Signalform deutlich von den Schaufelsignalen zu unterscheiden. Die Ursache können Wassertröpfchen sein, die den Lichtweg zwischen Sonde und Schaufel durchqueren und dabei einen Teil des Senderlichtes in Richtung des Empfängers reflektieren. Da diese Signalspitzen zeitlich genügend weit entfernt von den Schaufelsignalen auftreten, wurde die Meßelektronik so modifiziert, daß nur Schaufelsignale weiterverarbeitet werden.

Um die Schaufelschwingungen möglichst genau zu messen, ist es wichtig, daß die Signalform beim Passieren der Schaufel einen starken Anstieg aufweist. Befindet sich auf der Schaufeloberfläche ein Wasserfilm, so kann sich das in einer Verschlechterung der Signalform äußern. Ist von der Verschlechterung nur eine der beiden Signalflanken betroffen, so ist die Erfassungshardware in der Lage, die bessere Signalflanke auszuwerten.

Um das Meßsystem zu einem vollwertigen Monitoringsystem auszubauen, müssen Algorithmen zur automatischen Identifikation und Verfolgung der Schaufeleigenfrequenzen aus den fortlaufend gemessenen Spektren entwickelt werden. Es sind ferner Kriterien aufzustellen, die es erlauben, Einflüsse von Schaufelschäden von anderen Faktoren zuverlässig zu trennen.

6 Anerkennungen

Die vorliegende Arbeit entstand in enger Zusammenarbeit von RWE Energie AG, ABB Kraftwerke AG und ABB Turbo Systems AG. Die Autoren bedanken sich bei Prof. Dr.-Ing. G. Dibelius, der wesentlich zur Entstehung dieses Projektes beigetragen hat und bei allen Mitarbeitern der genannten Firmen, die zum Gelingen des Vorhabens beigetragen haben.

Betriebsüberwachung und Schadensdiagnose an rotierenden Maschinen - Bewährte Methoden versus neue modellbasierte Ansätze

von D. Söffker, P.C. Müller

1 Problemstellung

Hohe Ausfallkosten und unter Umständen große Gefährdungspotentiale weisen der Betriebsüberwachung und Schadensdiagnose beim Einsatz von Turbomaschinen eine bedeutende Rolle bezüglich des Erfassens von Störungen und Schädigungen von Maschine und Bauteilen zu.

Zur Überwachung von Turbomaschinen sowie zum gezielten Zuordnen von Veränderungen im System zu (physikalischen) Fehlern stehen neben dem großen Erfahrungswissen von Betreibern und Herstellern eine große Anzahl von meist rechnergestützten Vibration Monitoring Systemen nebst herstellerspezifischen Diagnosephilosophien zur Verfügung, welche sich bezüglich einiger praktischer Fragestellungen bewährt haben.

Theoretische Grundlage der eingesetzten Systeme bilden Verfahren der Signalanalyse und auch der Mustererkennung, aus denen sich unter Einsatz moderner Rechnertechniken vielfache Kenngrößen ableiten lassen.

Durch die verbesserte Aufbereitung oder Verdichtung zu Kenngrößen wird jedoch das Kernproblem jeder Schadensdiagnose, das gezielte Auswerten der vorliegenden Informationen zur Benennung des konkreten physikalischen Schadens nicht in allen Schadensfällen hinreichend genau gelöst. Am Beispiel des konkreten Schadens Wellenquerriß und seinen vielfältigen Auswirkungen auf die Wellendynamik, läßt sich für den Fall 'atmender' Risse, also sich, auf Grund der Belastung und der Wellendrehung, öffnender und schließender Rißfronten, mit Methoden der Signalanalyse Änderungen der Dynamik sicher feststellen.

Der kausale Bezug zwischen ermittelter Änderung der Wellendynamik, resp. der Änderung errechneter Kennwerte und der physikalischen Ursache wird durch das Betriebs- und Überwachungspersonal hergestellt. Die Anzeigewerte klassischer und moderner Verfahren der Maschinenüberwachung müssen interpretiert werden, wie in Bild 1 plakativ dargestellt ist.

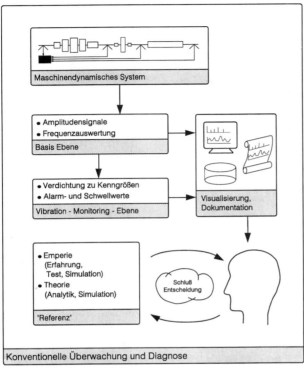

Bild 1: Konventionelle Überwachung und Diagnose

Seit einiger Zeit sind Methoden der modellgestützten Ermittlung und Überwachung von Systemparametern, z.B. [1,2], bekannt und nicht nur an theoretischen sondern auch an komplexen praktischen Problemen erprobt [2]. Grundlage derartiger Verfahren der Parameteridentifikation ist die Abbildung des mechanischen Systems auf ein parametrisches Modell, wobei die einzelnen (nichtphysikalischen) Parameter mit Hilfe von Schätzverfahren bestimmt werden. Die Anwendung zur Maschinenüberwachung erfolgt durch die laufende Ermittlung der Parameter, ggf. einer Rückrechnung zu mechanischen Parametern [1] und den Vergleich mit schadensfreien Werten. Hierbei sind auch modale Betrachtungen möglich, ggf. die Betrachtung nur einzelner 'modaler Signaturen' [2], die sich in Form von Einzel- oder Summenformulierungen auch zur Fehlerdetektion heranziehen lassen.

Eine andere Vorgehensweise der modellgestützten Überwachung und Diagnose liegt den Arbeiten [3,4,5,6,7] zu Grunde. Auf Basis eines linearen Modells der ungeschädigten Struktur, also der Kenntnis der mechanischen Systemparameter, z.B. in Form der M-D-K - Matrizen (Massen-, Dämpfungs-, Steifigkeitsmatrix), wie sie bei Turbomaschinen in der Regel für Dynamikrechnung benutzt werden und zur Verfügung stehen, wird eine Modellerweiterung derart vorgenommen, daß der zusätzliche Einfluß des Fehlers ebenfalls entweder in Form eines Modelles [3,4,5,6] oder allgemein ohne eine Modellstruktur prinzipiell [6,7,9] berücksichtigt wird. Die genaue Erläuterung der math. Vorgehensweise findet sich in den angegebenen Arbeiten und soll hier nur allgemein dargestellt werden. Für derart erweiterte Gesamtbeschreibungen (lineares Modell der ungeschädigten Struktur + Modell des Schadens, resp. Berücksichtigung des Schadens) lassen sich aus der Regelungstheorie bekannte Verfahren des Beobachterentwurfes (Nichtlinearitätenbeobachter [9], PI-Beobachter [10]), resp. der Filtertechnik [11]) anwenden.

Die Anwendung derartiger Techniken beinhaltet unter Nutzung der genannten mechanischen Parameter (M, D, K) und der zur Verfügung stehenden Messungen der Wellenschwingung in den Lagern neben der Rekonstruktion nicht meßbarer Verschiebungen (im

Inneren) des Rotors die Ermittlung von Parametern des Schadensmodelles [3,4], resp. von durch den Schaden auftretenden zusätzlichen Kräften und Momenten [5,6,7]. Die so erhaltenen Schadensmodellparameter [3,4], bzw. die ermittelten Kräfte und Momente [5,6,7] repräsentieren den konkreten Schaden, wie in Kapitel 3 erläutert werden wird.
Durch die erwähnte Systemerweiterung um ein Schadensmodell, resp. die Einführung von Freiheitsgraden für den Schaden und die Anwendung auf das, bedingt durch den Schaden (z.B. einen Wellenriß), u.U. nichtlineare System, unterscheiden sich diese beiden Vorgehensweisen von der Anwendung (modaler) Beobachter zur Schadensdetektion [8].
In den folgenden Abschnitten werden die Vor- und Nachteile von Methoden basierend auf Verfahren der Signalanalyse und der neuen, modellorientierten Ansätze dargestellt und verglichen. Hierbei wird zugunsten der konzeptionellen Darstellung der Methoden auf den Einsatz von Formeln verzichtet. Der mathematische Hintergrund ist in der zitierten Literatur ausreichend angegeben.

2 Klassische und moderne Methoden der Maschinenüberwachung und Schadensdiagnose

Die Anwendung klassischer Methoden der Maschinenüberwachung wird bereits in der VDI-Richtlinie 2059 beschrieben. Das Ziel nur einfache Messungen und Aufzeichnungen zu verwenden, führt zu einem auf den max. Wellenausschlag im Zusammenhang mit Drehzahlinformationen basierenden Kriterien- und Handlungskatalog mit Alarm- und Schwellwerten, sowie einer Zuordnung bekannter, einfacher Schäden zu resultierenden Phänomenen der Wellenschwingung.
Berichte aus der Praxis, z.B. [12], zeigen einerseits, daß bereits mit einfachen Messungen, z.B. der Lageröltemperatur, Veränderungen erfaßbar sind, andererseits wird auf erhebliche diagnostische Schwächen, z.B. bei der Rißerkennung, bei allgemein sich nur langsam verändernden Parametern sowie drehwinkelabhängigen Phänomenen hingewiesen, woraus die Forderung nach modernen EDV-gestützten (Vibration-Monitoring) Systemen abgeleitet wird. Der Vorteil dieser Systeme wird in den vielfältigen graphischen Ausgabemöglichkeiten, den Fähigkeiten zum Dokumentieren und moderneren Analyseverfahren gesehen.
Die Anbieter derartige Überwachungssysteme, z.B. [13], bieten eine kontinuierliche Überwachung von Wellenschwingungen weit unterhalb der Grenzwerte, die Anwendung verschiedenster Schwingungsanalyseverfahren im Zeit- und Frequenzbereich, die Speicherung von Ergebnissen, den Vergleich mit vergangenen Untersuchungen oder mit Referenzwerten, z.B. vom Einrichtzustand der Maschine. Mit derartigen Systemen kann der maschinendynamische Zustand sowie Änderungen des Zustandes gut erfaßt werden, so daß sie in der Tat ein sinnvolles Werkzeug zur Überwachung und zur Erfassung allgemeiner Änderungen darstellen.
Andere Systeme bieten neben den bekannten Signalanalyseverfahren herstellerspezifische Aufbereitungen an [14,15,16]. Typischerweise werden hier u.a. Zeigerdarstellungen

der ersten harmonischen Schwingungsanteile dargestellt, welche auf Grund der Phasenabhängigkeit sehr sensibel auf Änderungen der Wellendynamik sind. Wird nun ein maschinenspezifischer 'Gutbereich' um den Endpunkt einer derartigen Zeigerdarstellung herum definiert, so lassen sich leicht unzulässige Veränderungen rechentechnisch erfassen. Die Diagnosefähigkeiten derartiger Systeme beschränken sich jedoch auf die beschriebenen Auswertungen aller vorliegenden Informationen, z.T. werden jedoch auch weitergehende Aussagen bezüglich der Qualität der eingetreten Änderung gegenüber dem Normalverhalten ermittelt, resp. das aktuelle Schadensrisiko ermittelt, bzw. die Restlaufzeit abgeschätzt [14,17], mit dem Ziel einer planbaren Instandsetzung.
Wird jedoch unter Diagnose die Zuordnung von Änderungen zu konkreten physikalischen Schäden verstanden, so wird das in Bild 1 dargestellte Grundproblem zwar auf Grund einer wesentlich besser aufbereiteten Informationsbasis etwas entschärft, jedoch dennoch nicht gelöst.
Wie die Erfahrungsberichte [12,13] zeigen, obliegt die verantwortungsbewußte Diagnose dem erfahrenen Betriebspersonal. Im Fall spezieller Schäden müssen alle verfügbaren Informationen sehr genau interpretiert werden, letztlich bleibt als Beweis nur das kostenaufwendige Abfahren und Abdecken der Maschine. Das Betriebspersonal interpretiert alle Ergebnisse auf Grund seiner Erfahrungen mit der konkreten Maschine, jedoch immer auf Grund erworbenen theoretischen Wissens.
Die mit dem konkreten Schaden Wellenquerriß implizierte Rißdetektion beinhaltete lange Zeit die Entwicklung von Rißmodellen, welche das dynamische Verhalten von (atmenden) Wellenquerrissen beschrieb. Eine sehr ausführliche Übersicht finden sich bei [18]. Das prinzipielle Verhalten eines atmenden Risses ist jedoch seit langem bekannt [19] und wird mit einem Scharnier-Modell ausreichend beschrieben [20].
Durch den Einbau derartiger (Schadens-)Modelle in die bekannte Dynamikgleichung der Turbomaschine läßt sich die Auswirkung eines Wellenquerrisses auf die (in den Lagern) meßbare Schwingbewegung studieren, um dann im Umkehrschluß nach den derartig ermittelten Phänomenen im Schwingungsverhalten realer Rotoren zu suchen und bei Vorhandensein auf die Existenz eines Wellenrisses zu schließen. Eine derartig fundierte Vorgehensweise beinhaltet sicherlich grundlegende Erkenntnisse bezüglich des Rißeinflusses, andererseits erlaubt sie keinen eindeutigen Rückschluß vom (meßbaren) Phänomen zur kausalen Schadensursache, so daß das Kernproblem der Ermittlung der Schadensursache letztlich weiterhin der Interpretation des erfahrenen Betriebspersonals obliegt.
Aktuelle Arbeiten zu diesem Themenkomplex beinhalten einerseits das Ziel der Entwicklung eines realistischen Rißmodelles [21] als auch eines möglichst eindeutigen signalanalytischen Kennwertes [22]. Insbesondere aus den Simulationsstudien von [22] ist ersichtlich, daß die als relevant erachteten 1. und 2. Harmonischen des Schwingungssignales von zahlreichen weiteren Einflußfaktoren abhängen, und bei speziellen Konfigurationen von Unwucht- und Rißwinkel auch fallen können, was eine entsprechende Detektion im Sinne der vorstehenden Ausführungen zusätzlich erschwert.

Zusammenfassend bleibt festzuhalten, daß die Verdichtung der komplexen Wellendynamik einer Turbomaschine mit Hilfe von Verfahren der Signalanalyse zu Kennwerten aber auch die Verwendung von aufbereiteten Zeigerdarstellungen sehr gute Möglichkeiten der Überwachung im Sinne der kontinuierlichen Erfassung des Ist-Zustandes einer Maschine bietet. Auftretende Änderungen können auf verschiedenste Weise erfaßt werden.

Zur Schadensdiagnose bedarf es jedoch weiterhin der großen Erfahrung des Betriebspersonals. Derartige Systeme erleichtern hierbei jedoch auf Grund ihrer vielfachen Darstellungs- und Speichermöglichkeiten die Arbeit. Einen Anzeigeparameter für spezielle Schäden bieten derartige Systeme nicht.

3 Neue, modellbasierte Ansätze der Maschinenüberwachung und Schadendiagnose

Die hier prinzipiell zu erläuternden modelbasierten Verfahren der Überwachung und Diagnose sind jene, welche einen Schaden im (erweiterten) Modell berücksichtigen [3,4,5,6,7]. Modellbasierte Verfahren der Parameteridentifikation [1,2] werden hier nicht berücksichtigt, da mit derlei Verfahren ebenfalls analog zu den Ausführungen zur Signalanalyse zwar eindeutige Aussagen über die Änderung des Ist-Zustandes infolge eines Fehlers möglich ist, jedoch keine Zuordnung zu konkreten Schäden möglich ist.

Die Anwendung des Nichtlinearitätenbeobachters [5,6,9] liefert auf Basis der Wellenschwingungsmessung Schätzungen für die modellierten und nichtmeßbaren Schwingungen im Inneren des Rotors. Zusätzlich werden die in zu vorgegebenen Eingängen existieren äußeren Einflüsse (zum gegebenen Nominalmodell) in Form von Kräften und Momenten geschätzt.

Die gewonnenen Größen lassen sich klassisch, d.h. mit Hilfe von Methoden der Signalanalyse, auswerten. Vorteilhaft ist, das nun nicht nur die meßtechnisch verfügbaren Messungen herangezogen werden können, sondern zusätzlich Größen, welche dem physikalischen Problem an sich viel näher sind. In [23] wurden beispielsweise Lyapunovexponenten für die Verschiebungskoordinate des Risses inmitten des Rotors ermittelt, um die (chaotische) Komplexität der Wellendynamik in Folge eines Wellenrisses aufzuzeigen. Derartige Parameter lassen sich allerdings ebensowenig wie signalanalytische Kennwerte zur eindeutigen Schadensdetektion verwenden.

Erst die Verwendung der Schätzung äußerer Kräfte und Momente erlaubt weitergehende Aussagen. Der Rißeinfluß wird eine lokale Steifigkeitsänderung an der Rißposition zu Folge haben [18-22]. In Folge des Aufweichens kommt es zu einer zusätzlichen Verschiebung, wenn der Riß geöffnet ist. Wird nun ein ungerissenes System vorausgesetzt, kann die durch den Riß erzeugte zusätzliche Verschiebung auch von einer fiktiven äußeren Kraft erzeugt werden. Der Beobachter ermittelt nun diese fiktive Kraft, gleichzeitig aber auch die Verschiebung an der Rißposition. Der Quotient aus geschätzter, fiktiver Kraft und geschätzter Verschiebung entspricht exakt dem Steifigkeitsverlust in Folge des Risses. Da der atmende Riß wechselnde Steifigkeiten zur Folge hat, läßt sich das Atmen eines Risses mit Hilfe des erwähnten Quotienten als Anzeigeparameter bezüglich des Schadens Wellenriß anzeigen, wie in den Arbeiten [5,6,23] geschehen. Eine beispielhafte Darstellung ist in Bild 2 dargestellt. Hierbei handelt es sich um eine Simulationsrechnung unter Verwendung des Rißmodells nach Gasch [19], so daß auf Grund des benutzten Modells entsprechende (kantige) Kennlinien zu rekonstruieren waren. Da die Methodik keinerlei Kenntnisse über Struktur und Parameter des Risses voraussetzt, würde sie bei einer realen Anwendung entsprechende reale Nachgiebigkeitsverläufe ermitteln. Die theoretische Absicherung des zugrundeliegende regelungstechnischen Verfahrens ist zwischenzeitlich in [10] abgeschlossen worden und konnte methodisch auf die verwandte Vorgehensweise des erweiterten Kalman-Filters beispielhaft übertragen werden [7].

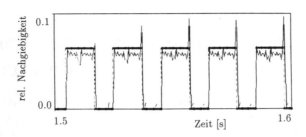

Bild 2: Atmender Wellenriß / Anzeigeparameter Nachgiebigkeitsverhältnis [5,6]

Die in [3,4] vorgestellte Detektionsmethodik unter Verwendung des erweiterten Kalman Filters benutzt ein Modell des Risses. Die zur vorgebenen Struktur des Modells zugehörigen Parameter, z.B. der Rißtiefe werden konkret geschätzt, und als Anzeigeparameter des Schadens aufgetragen, wie beispielhaft in Bild 3 dargestellt.

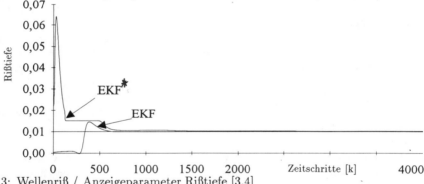

Bild 3: Wellenriß / Anzeigeparameter Rißtiefe [3,4]

Da die Methodik im Gegensatz zu [5,6,10] die Struktur eines Rißmodells voraussetzt (und damit auf Annahmen bezüglich des realen Rißverhaltens basiert), war es naheliegend, sie entsprechend der zugrundeliegenden Strukturidentität zwischen Nichtlinearitätenbeobachter und Erweitertem Kalman Filter (EKF) zu modifizieren [7], so daß mit einer nur im Detail anderen Methodik des EKF analoge Ergebnisse zu [5,6] ermittelbar sind.

Zusammenfassend läßt sich festhalten, daß bezüglich der Maschinenüberwachung modellgestützte Methoden basierend auf Verfahren der Parameteridentifikation [1,2] gleiche Vorteile wie Verfahren der Signalanalyse bieten. Die weitergehend betrachteten Verfahren der modellgestüzen Schadensdetektion [3-7] lassen sich zur Maschinenüberwachung zwar anwenden, bedürfen jedoch zusätzlich der klassischen Auswertung nach Abschnitt 2. Unter Umständen bietet jedoch die klassische Auswertung innerer, nicht meßbarer Größen gewisse Vorteile, hier sind jedoch weitere Grundsatzuntersuchungen notwendig. Ihren großen Vorteil besitzen die Verfahren bei der Schadensdetektion. Durch die Verwendung spezieller schadensspezifischer Kenngrößen, z.B. bei der Rißdetektion eines relativen Nachgiebigkeitsverhältnisses, oder der konkreten Ermittlung der Rißtiefe, läßt sich ein dem Schaden direkt zuordnenbarer Anzeigeparameter finden, der eine kausale Aussage entsprechend dem Anspruch der Schadensdetektion auch tatsächlich zuläßt.

4 Vergleich beider Vorgehensweisen

Wie erläutert, läßt sich das Schwingungsverhalten einer komplexen Struktur, bzw. Änderungen derselben, mit rechnerunterstützten Methoden der Signalanalyse gut beschreiben bzw. erfassen. Der meßtechnische Aufwand hierzu ist vergleichsweise gering, die üblicherweise benutzten Wellenschwingungsaufnehmer werden weiterverwendet. Modellkenntnisse werden direkt nicht vorausgesetzt, sind jedoch implizit im Erfahrungsschatz des Betriebspersonals enthalten, so daß auch Interpretationen von Änderungen der Dynamik hiermit möglich sind.

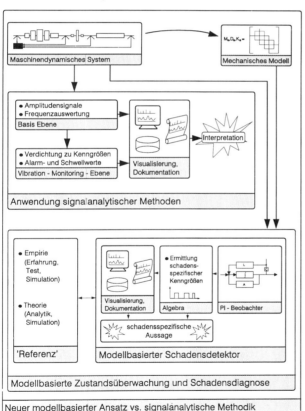

Die erläuterten Methoden der modellgestützten Schadensdetektion dürften bei der Überwachung nur minimale Vorteile dadurch bieten, daß nun weitere innere Meßgrößen zur klassischen Auswertung zur Verfügung stehen. Die Anwendung dieser Methoden erfordert allerdings die Kenntnis des mechanischen Modells des zugrundeliegenden Systems. Bezüglich der Messungen kann auf die Messungen welche der Signalanalyse zugrundeliegen, zurückgegriffen werden. Auf der Basis der dynamischen Modellbeschreibung werden nun erstmals schadensspezifische Parameter ermittelt, welche dem Betriebspersonal bei der Detektion spezieller Schäden den Interpretationsaufwand reduzieren helfen. Zusammenfassend ergibt sich daß in Bild 4 dargestellte Schema.

Bild 4: Neuer modellbasierter Ansatz vs. signalanalytische Methodik

5 Zusammenfassung und Ausblick

Die Methoden der Signalanalyse, z.B. in Form von Vibration Monitoring Systemen und die neuen Methoden der modellgestützten Überwachung und Schadensdetektion konkurieren nicht. Beide Methoden besitzen jeweils spezifische Stärken und Schwächen.
Signalanalytische orientierte Vibration Monitoring Systeme erfassen mit vergleichsweise einfachen mathematischen Mitteln die Komplexität der Wellendynamik von Turbomaschinen, bereiten diese graphisch auf und dokumentieren sie. Zur Detektion spezieller Schäden, z.B. des hier betrachteten Wellenrisses, bieten sie dem Bedienpersonal eine gute Grundlage, überlassen jedoch die eigentliche Schlußfolgerung bezüglich eines konkreten physikalischen Schadens dem interpretierendem Fachpersonal.
Bei der Interpretation kann die auf dem gleichen meßtechnischen Aufwand basierende, nur zusätzliche Rechnerkapazität erfordernde modellgestützte Detektion jedoch zusätzlich große Vorteile beinhalten. Die Ermittlung schadensspezifischer Kennwerte erlaubt die Anzeige eines dem physikalischen Schadensphänomen unmittelbar zugeordneten Anzeigeparameters, so daß im Idealfall keinerlei Interpretation mehr notwendig ist.
Auf Grund des nur geringen zusätzlichen Aufwandes (zusätzliches Modellwissen + zusätzliche Hardwarekapazität) ist ein praktischer Einsatz parallel zu einem bestehenden System entsprechend Abb. 4. problemlos möglich und im Sinne einer realistischen praktischen Erprobung gegenüber 'akademischen' Laborversuchsständen hinaus auch wünschenswert.

Literaturhinweise:

/1/ Rückwald, R.: Modellgestützte Überwachung mechanischer Systeme mittels differentieller Parameteridentifikation. VDI-Fortschrittsberichte, Reihe 8, Nr. 328, VDI-Verlag, Düsseldorf, 1993.

/2/ Basseville, M.; Benveniste, A.; et. al. (8 Autoren): In Situ Damage Monitoring in Vibration Mechanics. Diagnostics and Predictive Maintenance. Mechanical Systems and Signal Processing, Vol. 7, 1993, p. 401-423.

/3/ Fritzen, C.P.; Seibold, S.: Identification of Mechanical Systems by Means of the Extended Kalman Filter. Proc. 3rd Int. IFToMM Conf. Rotordyn., Lyon, p. 423-429.

/4/ Seibold, S; Fritzen, C.P.; Leifeld, A.: A Combined State and Parameter Estimator Applied to Fault Detection. IUTAM Symp. Ident. Mech. Syst., University of Wuppertal, Springer Verlag, 1993, to appear.

/5/ Söffker, D.; Bajkowski, J.: Crack Detection of a Rotor by State Observers. Proc. 8th IFToMM World Congress Th. Mach. Mechanism, Prague, p. 771-774.

/6/ Söffker, D.; Bajkowski, J.; Müller, P.C.: Detection of Cracks in Turbo Rotors - a New Observer Based Method. ASME J. Dyn.Syst., Meas. and Contr., 115, 1993, p. 518-524.

/7/ Seibold, S.; Söffker, D.; Fritzen, C.P.: Modellgestützte Detektion von Wellenrissen. in: Natke, H.G.; Tönshoff, H.K.; Meltzer, G.: Dynamische Probleme - Modellierung und Wirklichkeit - , Berichte aus dem Curt-Risch-Institut der Universität Hannover, Oktober 1993, Seiten 309-328.

/8/ Waller, H.; Schmidt, R.: The Application of State Observers in Structural Dynamics. Mechanical Systems and Signal Processing, Vol. 4, 1990, p. 195-213.

/9/ Müller, P.C.: Indirect Measurements of Nonlinear Effects by State Observers. IUTAM-Symp. Nonl. Dyn. Eng. Syst., Universtity of Stuttgart, Springer Verlag, 1990, p. 205-215.

/10/ Söffker, D; Yu, Tie-Jun; Müller, P.C.: State Estimation of Dynamical Systems with Nonlinearities by using Proportional- Integral Observer. International Journal of Systems Science, 1993, appears.

/11/ Ljung, L.: Asymptotic Behaviour of the Extended Kalman Filter as a Parameter Estimator for Linear Systems. IEEE Trans. Aut. Contr., AC-24, 1979, p. 36-50.

/12/ Peter, U.: Schwingungsüberwachung an großen Turbosätzen - Stand und sinnvolle Weiterentwicklung aus Betreibersicht. in: VDI-Berichte 568, 1985, Seiten 105-125.

/13/ Briendl, D.: Vibration Monitoring - Ein modernes System für die Zustandsüberwachung von Turbogruppen. in: VDI-Berichte 568, 1985, Seiten 305-317.

/14/ Weigel, M.: Ein neues System zur rechnergestützten diagnostischen Überwachung von Kraftwerksturbosätzen, Gasturbinen und Turboverdichtern. Carl Schenck AG, Darmstadt, 1991.

/15/ Muszynska, A.: Vibrational Diagnostics of Rotating Machinery Malfunctions. in: Course on 'Rotor Dynamics and Vibration in Turbomachinery', Karman Institute for Fluid Dynamics, Belgium, Sept. 21-25, 1992.

/16/ Muszynska, A.: Rotating Machinery Malfunctions Diagnostics through Vibration Monitoring. Bently Rotor Dynamics Research Corporation, Report No. 2, 1991.

/17/ Knuth, Th.: Schadenfrüherkennung durch Schwingungsanalysen - Neue Möglichkeiten in der Instandhaltung. Der Maschinenschaden, 61, 1988, Seiten 70-74.

/18/ Wauer, J.: On the Dynamics of Cracked Rotors: A Literature survey. Appl. Mech. Rev., Vol. 43, 1990, p. 13-17.

/19/ Gasch, R.: Kleiner Beitrag zur Behandlung des dynamischen Verhaltens einer rotierenden Welle mit angerissenem Querschnitt. ILR-Bericht 8, TU Berlin, 1975.

/20/ Gasch, R.: A Survey of the Dynamic Behaviour of a Simple Rotating Shaft with a Transverse Crack. J. Sound Vibr., 160, 1993, p. 313-332.

/21/ Rothkegel, W.: Rißerkennung bei Rotoren durch Schwingungsüberwachung. VDI-Fortschrittsberichte, Reihe 11, Nr. 180, VDI-Verlag, Düsseldorf, 1993.

/22/ Mühlenfeld, K.: Der Wellenriß im stationären Betrieb von Rotoren. Dissertation, TU Berlin, 1992.

/23/ Söffker, D.; Bajkowski, J.; Müller, P.C.: Crack Detection in Turbo Rotors - Vibrational Analysis and Fault Detection. ASME DE-Vol 60, 1993, p. 277-287.

Schwingungsmonitoring und Schadensfrüherkennung bei Wasserkraftwerken mit Hilfe von Zustandsbeobachtern

von A. Leifeld, R. Schmidt

Der Vortrag befasst sich mit der Entwicklung neuartiger Werkzeuge für die Schwingungsüberwachung des Rotorstrangs eines Wasserkraftwerks. Verglichen mit konventionellen Methoden bieten die neuen Module zusätzliche Analysemöglichkeiten und erlauben damit eine genauere, umfassendere und zuverlässigere Beurteilung des Maschinenzustandes.

Die neuen Module erlauben eine Aussage über den Belastungszustand jedes beliebigen Querschnittes des Wellenstrangs, also auch dort, wo Messungen nicht möglich sind. Damit lassen sich für alle gefährdeten Querschnitte die üblichen Beurteilungsverfahren (z.B. Bauteilwöhlerkurven) zur Abschätzung der Versagenswahrscheinlichkeit und der Restlebensdauer anwenden.

Weiterhin wurden Methoden zur Analyse von Torsionsmessungen eingesetzt und getestet, die es erlauben, Aussagen über die Erregungskräfte und den Zustand von Turbine und Wasserzuführung zu machen.

Die im Rahmen des vorgestellten Forschungsprojektes entwickelten Module bieten im einzelnen folgende Überwachungs- und Diagnosemöglichkeiten:

- Abschätzung der Beanspruchung des Rotors an jedem beliebigen Querschnitt als Basis für Lebensdauerberechnungen speziell bei stark belastenden Betriebszustände wie Hoch-, Auslauf, Ab-, Zuschalten des Generators oder bei Störfällen, z.B. Generatorkurzschluss.

- Reduzierung der Messstellen und damit Reduzierung der Kosten eines Monitoringsystems.

- Abschätzen des Ortes, der Phase sowie des Betrags einer Unwucht.

- Erkennung von Defekten an Leit- und Turbinenschaufeln.

- Entdecken von Fremdkörpern in der Turbine.

- Entdecken von Querschnittsschwächungen des Rotors, die sich im Biegeschwingungsverhalten nicht bemerkbar machen (rotationssymmetrische Risse).

- Frühzeitige Erkennung von Kavitation; dadurch kann der Lastbereich bei dem sicherer Betrieb ohne Kavitation gewährleistet ist, ausgedehnt werden.

- Erkennen von Störungen auf der hydraulischen Seite wie Druckpulsation in der Wasserzuführung.

In dem Forschungsprojekt wird ein modellgestütztes Schwingungsüberwachungsystem auf der Basis eines modellgestützten Zustandsbeobachters für den Rotorstrang eines Schweizer Wasserkraftwerkes entwickelt. Der Vorteil der modellgestützten Schwingungsüberwachung mit Zustandsbeobachtern ist die Reduzierung der benötigten Messstellen bei gleichzeitiger Schätzung der Beanspruchung an jedem beliebigen Rotorquerschnitt.

Unter Zustandsbeobachtern versteht man ein Rechenverfahren, das mit Hilfe von Simulationsrechnungen auf der Basis eines mathematischen Modells und von Messungen an wenigen Punkten den vollständigen Bewegungszustand eines dynamischen Systems schätzt. Durch den Beobachterfehler, d.h. den Vergleich der Messwerte mit den geschätzten Werten wird die Rechnung in jedem Schritt aktualisiert.

Eine Identifikation der Kräfte, bzw. Momente, die Torsionsschwingungen des Wellenstrangs anregen, erfolgt durch Minimierung der Differenz zwischen Messdaten und Simulationsdaten. Eine Überwachung des Beobachterfehlers gibt besonders bei Betriebszuständen mit variierender Drehzahl Hinweise auf Änderungen im Steifigkeitsverhalten des Rotors.

Voraussetzung für die erfolgreiche Anwendung von Zustandsbeobachtern ist ein genaues mathematisches Modell, sowie eine hohe Auflösung bei der Erfassung der Messwerte. Eine besondere Schwierigkeit stellt dabei die Messung der Torsionsschwingungen des Rotors dar, die bisher kaum überwacht werden und daher einen zusätzlichen Messaufbau erfordern, der aber mit heutiger Technik kostengünstig zu realisieren ist.

Anwendung eines neuen Konzepts zur vorbeugenden Maschinenüberwachung mittels Fuzzy-Logik

von J. Strackeljan, D. Behr, A. Schubert

1 Einleitung

In vielen chemischen Produktionsanlagen kann ein sicheres Betriebsverhalten und eine störungsfreie Prozeßführung nur durch eine automatische Überwachung der am Prozeß beteiligten relevanten Maschinen erreicht werden. In diesem Beitrag soll am Beispiel einiger kontinuierlich arbeitender Zentrifugen aus dem Bereich der chemischen Industrie speziell die Problematik der Überwachung rotierender Maschinen betrachtet werden. Zu diesem Problemkreis können aber auch ebenso Verdichter, Windsichter, Heißgasgebläse und Mühlen gezählt werden. Als besonders problematisch erweist sich hierbei der zumeist hohe Störpegel, der zu einem erheblichen Qualitätsverlust der Meßsignale führen kann, sowie das zusätzliche Auftreten stark schwankender Prozeßparameter, die unmittelbar auf das Schwingungsverhalten rückwirken. Als Ansatz zur Überwachung des Maschinenzustandes nutzt das hier vorzustellende Diagnosesystem die Messung der Maschinenschwingung im Frequenzbereich bis 50 kHz. Auf dieser Basis lassen sich unzulässige Rotorauslenkungen, Anbackungen, Schaufelanrisse, und Lagerschäden an Gleit- und Wälzlagern zuverlässig detektieren.

2 Mustererkennungsverfahren zur Schadensfrüherkennung an rotierenden Maschinen

Selbstverständlich werden sicherheits- oder produktionsrelevante Komponenten einer Anlage auch heute schon überwacht und zum Teil Schwingungssignale erfaßt, aber die meisten handelsüblichen Maschinenüberwachungssysteme sind nicht ausreichend geeignet, derartige Diagnoseaufgaben zu erfüllen, wobei vor allem unter Berücksichtigung starker Störeinflüsse folgende Mängel anzuführen sind:

- geringe Robustheit gegenüber Rauschbelastung und Störungen z.B. durch Kavitationseinflüsse,

- Verwendung nur eines oder sehr weniger Diagnoseparameter,

- Empfindlichkeit bei stark schwankenden Meßsignalen,

- grenzwertorientierte Überwachung eines eingeschränkten Frequenzbereiches durch Maskenverfahren,
- methodisch unzureichende Verfahren zur Klassifikation spezifisch verfahrenstechnischer Störfälle.

Eine deutliche Verbesserung der Diagnosesicherheit ist durch die gleichzeitige Berücksichtigung mehrerer Schwingungsmerkmale und der zusätzlichen Verarbeitung möglichst vieler Prozeßgrößen wie z.B. Drücken, Temperaturen etc. zu erzielen, wobei zum Einsatz von klassifizierenden Mustererkennungsverfahren zur automatischen Beurteilung eines technischen Objektes derzeit keine konkurrenzfähige Alternative verfügbar sein dürfte. Hierbei ergibt sich nun die Notwendigkeit, einen im Grunde genommen beliebig hochdimensionalen Merkmalsvektor, der alle Meßdaten als Komponenten enthält, auf einen skalaren Wert abzubilden. Über diese Größe wird dann entschieden, ob und in welche der zuvor definierten Schadensklasse der aktuelle Merkmalsvektor fällt. Diese Aufgabe kann von einem Rechner kontinuierlich und vollständig automatisiert durchgeführt werden, ohne daß ein menschlicher Experte für die Diagnoseerstellung benötigt wird.

Bei der Problemstellung der Maschinenüberwachung steht von vorneherein fest, daß für derart komplexe Verbindungen von vielen Maschinenteilen unter dem Einfluß äußerer Schwankungsgrößen ein modellhafter- und somit mathematisch beschreibbarer Zusammenhang zwischen Schadensursache und Schwingungssignal nur in seltenen Fällen erstellt werden kann. Die Leistungsfähigkeit des zugehörigen Klassifikationsalgorithmus wird also im wesentlichen durch einen dem eigentlichen Diagnoseprozeß vorgeschalteten "Lernvorgang" bestimmt, in dem auf der Basis von möglichst eindeutigen vorklassifizierten Repräsentanten verschiedener Klassen gewisse freie Größen des Klassifikators festzulegen sind. In der anschließenden Arbeitsphase werden dann unbekannte Objekte, die den zuvor aufgenommenen Lernbeispielen nur in einem noch zu präzisierenden Umfang "ähnlich" sind, selbständig einer der zuvor definierten Bedeutungsklasse zugeordnet. Als wesentliches Hilfsmittel beim Entwurf eines derartigen Klassifikators erweist sich die mathematische Formulierung unscharfer Mengen, die vor allem in Form der sogenannten Fuzzy- Logik schon heute in vielen Bereichen der Regelungstechnik zum Einsatz kommt.

Die Grundaufgabe des Klassifikators, ein durch den Merkmalsvektor $\underline{m}$ charakterisiertes Muster einer der K Entscheidungsklassen Ω_k zuzuordnen, ist für die Verwendung klassischer, d.h. scharfer Klassifikatoren und für unscharfe Mustererkennungsmethoden weitgehend identisch. Während bei scharfen Mustererkennungsverfahren allerdings eine Zuordnung zu exakt einer Klasse vorgenommen wird, erlauben unscharfe Methoden über die Berechnung sogenannter Klassenzugehörigkeiten die Zuordnung zu mehreren Zuständen. Bei komplexen Diagnoseaufgaben mit starkem Störpegel und bei Mehrfachschädigungen sind scharfe Klassifikationssysteme häufig mit erheblichen Fehlklassifikationen verbunden. Ebenso muß bei Verschleißvorgängen ohne klare Trennung zwischen den verschiedenen Fehlerklassen ein scharf klassifizierendes System zu einem Informationsverlust im Übergangsbereich führen.

Derartige Mängel können nach bisherigen Untersuchungen durch Verwendung eines unscharfen Klassifikationsalgorithmus deutlich verbessert werden.

3 Unscharfer Klassifikationsalgorithmus

Indiziert man die Anzahl der vorhanden Klassen mit $k = 1,\ldots,K$, die Anzahl der Merkmalsvektoren pro Klasse k mit $n = 1,\ldots,N$, und die Merkmale des Merkmalsvektors mit $j = 1,\ldots,J$, so kann mit dem Mittelwertvektor $\underline{r}_k$ der Lernmenge für die Klasse Ω_k ein gewichtetes Abstandsmaß

$$d_k = \sum_{j=1}^{J} \frac{1}{\lambda_{k,j}} \cdot [(\underline{m} - \underline{r}_k)^T \cdot \underline{e}_{k,j}]^2 \qquad (1)$$

eingeführt werden. Hierbei lassen sich Abstände in verschiedenen Koordinatenrichtungen durch die Eigenwerte λ einzeln gewichten, so daß randständige Stichprobenelemente auch bei unterschiedlichen euklidischen Abständen ähnlich beurteilt werden. Die Eigenvektoren $\underline{e}_k$ eines gedrehten Koordinatensystems lassen sich leicht durch Lösung des Eigenwertproblems

$$(\underline{\underline{C}}_k - \lambda_k \cdot \underline{\underline{E}}) \cdot \underline{e}_k = \underline{0} \qquad (2)$$

berechnen. Hierin stellt $\underline{\underline{C}}$ einen Schätzwert der klassenspezifischen Kovarianzmatrix

$$\underline{\underline{C}}_k = \frac{1}{N-1} \sum_{n=1}^{N} (\underline{m} - \underline{r}_k)^T (\underline{m} - \underline{r}_k). \qquad (3)$$

dar. Für unscharfe Verfahren erfolgt die Entscheidung über eine Klassenzugehörigkeit durch die Berechnung von spezifischen Klassenzugehörigkeitswerten. Eine einfache aber dennoch überaus leistungsfähige Berechnung dieser Werte kann durch eine mehrdimensionale Zugehörigkeitsfunktion (ZGF I) [5] der Art

$$\mu_k(\underline{m}) = \frac{1}{1 + c \cdot \displaystyle\sum_{j=1}^{J} \frac{1}{\lambda_{k,j}} \cdot [(\underline{m} - \underline{r}_k)^T \cdot \underline{e}_{k,j}]^2} \qquad (4)$$

erfolgen.

Dieser Klassifikator greift auf ein parametrisches Konzept der Zugehörigkeitsfunktionen [2] zurück, wobei sich in der Berücksichtigung der Hauptachsen durch Lösung des Eigenwertproblems nach Gl. 2 und dem mehrdimensionalen Ansatz ohne die Notwendigkeit der späteren Verknüpfung der Einzelzugehörigkeiten Unterschiede zu [2] ergeben.
Der noch freie Parameter c in Gl. 4 bestimmt als multiplikativer Faktor die Lage des Wendepunktes der Funktion in Richtung der Systemhauptachsen (s. Abb. 3). Der große Vorteil bei der Verwendung dieses Klassifikators liegt darin, daß über die freien Parameter nach Abschluß der Lernphase eine sehr gute Adaption der Zugehörigkeitsfunktion an die Lernmenge erreichbar ist. Für die Klassifikation werden nun die Zugehörigkeiten μ_k für jede der K Klassen entsprechend Gl. 4 berechnet und auf der Basis dieser Zugehörigkeitswerte eine Entscheidung über die Klassenzugehörigkeit getroffen.

Bei der bisher betrachteten Zugehörigkeitsfunktion erfolgt die Berechnung der Klassenzugehörigkeiten μ_k unter alleiniger Berücksichtigung der gewichteten Distanz d_k des Merkmalsvektors $\underline{m}$ zum Referenzvektor $\underline{r}_k$ der Klasse Ω_k. Natürlich besteht darüber hinausgehend auch die Möglichkeit, eine Zugehörigkeitsfunktion (ZGF II)

$$\mu_k = \left(\frac{d_k}{\sum_{l=1}^{K} d_l} \right)^{-1} \qquad (5)$$

abzuleiten, in die sämtliche Distanzen zwischen dem zu klassifizierenden Merkmalsvektor und den Klassenreferenzvektoren eingehen [1]. Während für die ZGF I die Summe der Klassenzugehörigkeiten einen beliebigen Wert annehmen kann, ist diese bei der ZGF II stets auf den Wert eins normiert. Hieraus kann sich ein gewisser Nachteil ergeben, wenn im Laufe des Klassifikationsvorganges Zustände, die in der Lernmenge nicht berücksichtigt waren, dennoch mit hohen Zugehörigkeitswerten versehen werden. Bei Verwendung der ZGF I würde eine solche Situation durch das Abfallen aller Klassenzugehörigkeitswerte unmittelbar angezeigt. Andererseits ist die Differenz der Zugehörigkeiten für die ZGF II durch den größeren Gradienten der Funktion im Bereich der Klassenübergänge deutlich höher. Bezüglich der Klassenentscheidung ergeben sich daraus allerdings noch keine Unterschiede, denn die Diskriminanten beider Klassifikatoren sind in jedem Fall identisch.

4 Bereitstellung von Lernmengen

Die Leistungsfähigkeit jedes Klassifikationssystems ist stark von der Qualität der in einem Lernprozeß definierten Zustandsklassen abhängig. Ein Überwachungskonzept, das sich zur Beurteilung des Maschinenzustandes auf einen wie auch immer konzipierten Klassifikationsalgorithmus stützt, sollte demnach weitreichende Möglichkeiten zum Aufbau einer Datenbasis mit umfangreichen Schadensbeispielen beinhalten. Bei aufwendigen, komplexen und in eine kontinuierliche Produktion eingebundenen Maschinen lassen sich Lernmengen für Schadenszustände natürlich nur in einem sehr begrenzten Umfang erfassen, denn es ist hierbei meist unmöglich, zur Beschreibung eines Maschinenschadens an einer Anlage eine echte Schädigung vorzunehmen. Dagegen sind Meßwerte, die einen Normalzustand charakterisieren, häufig ohne Probleme zu ermitteln. Viele Anlagenbetreiber verfügen zudem über ein im Laufe vieler Jahre angesammeltes Expertenwissen, das häufig auch detaillierte Aufzeichnungen verschiedener Maschinenschäden umfaßt. Dabei handelt es sich meist um Meßdaten einfacher Signalkenngrößen, z.B. Grenzwerte, bei deren Überschreitung eine Abschaltung der Anlage oder zumindest eine Alarmierung des Anlagenbetreibers erfolgt. Schließlich gibt es für einzelne Fehlzustände durchaus tragfähige mechanische Modelle, die Simulationsrechnungen und damit quasi eine Verlagerung des Schadens von der Maschine auf den Computer ermöglichen. Und selbst wenn keine exakte mechanische Beschreibung von Ursache-Wirkungs-Prinzipien angegeben werden kann, ist häufige zumindest eine vage Formulierung der möglichen

Schwingungsänderung als Folge eines veränderten Maschinenzustandes durch einen Experten erhältlich. So ist z.B. wahrscheinlich, daß beim Anstreifen von Rotoren an feststehende Komponenten spektrale Veränderungen bis in den hohen Frequenzbereich auftreten werden.

Das entwickelte System erlaubt daher die gleichzeitige Einbindung von:

- Messungen am zu überwachenden Objekt,
- Ergebnissen aus Simulationsrechnungen oder Modellgesetzen,
- eigenes Erfahrungswissen aus vorangegangen Zuständen oder allgemein bekannten Sachverhalten mit der Möglichkeit der unpräzisen Formulierung

als Lernmengen zu verschiedenen Zustandsklassen. So können z.B. die Daten für die Normalklasse anhand realer Messungen und die Angaben für Fehlzustände zunächst aus Simulationen ermittelt werden. Liegen nach Eintritt eines Schadens zu diesem Zustand ebenfalls Messungen vor, können diese mit den Simulationsdaten abgeglichen werden oder diese ersetzen.

5 Anwendung des Diagnosesystems

Als praktische Anwendung des Diagnosesystems soll in diesem Beitrag exemplarisch die Fehlerfrüherkennung an Wälzlagern vorgestellt werden. Das Anfangsstadium eines Lagerschadens ist dadurch gekennzeichnet, daß sich sehr kleine Werkstoffteilchen aus der Lauffläche lösen, sich oberflächennahe Ermüdungsrisse zeigen oder Teile des Lagers reißen oder bersten. Die Geometrieveränderung der Laufbahn äußert sich dadurch, daß der Wälzkörper beim Überrollen der Schadensstelle einen sehr kurzen Stoß mit einer Dauer um 10^{-5} sec erzeugt, der sich in Form einer etwa kugelförmigen Wellenfront vom Entstehungsort fortpflanzt und nahezu alle schwingungsfähigen Komponenten des Lagers im entsprechenden Frequenzbereich zu Eigenschwingungen anregt (Abb. 4).

Für die Beurteilung der Lagereinheit werden im Abstand von 1 min über einen in unmittelbarer Lagernähe installierten piezokeramischen Beschleunigungssensor die absoluten Lagerbockbeschleunigungen gemessen, in die Meßwarte übertragen und dann nach der A/D- Wandlung durch ein PC-gestütztes Meßwerterfassungssystem im Rechner insgesamt 24 Kennzahlen in verschiedenen Frequenzbändern als Sekundärmerkmale berechnet. Der implementierte Klassifikator berechnet die Zugehörigkeitswerte und liefert im Abstand von einer Minute eine komplette Beurteilung des aktuellen Lagerzustandes. Um das Bedienerpersonal nicht zu überlasten, erfolgt lediglich die Bestimmung der Zugehörigkeitswerte für die vier Globalklassen Ω_1 = „Stillstand", Ω_2 = „intaktes Lager", Ω_3 = „Wechsel im Lagerzustand", Ω_4 = „Defekt". Die Definition einer Stillstandsklasse mag zunächst verwundern, doch für das Klassifikationssystem ist es aber völlig unerheblich, welche semantische Bezeichnung einem gemessener Merkmalsvektor zugewiesen wird. Abb. 1 zeigt die Entwicklung der Zugehörigkeitswerte über einen Zeitraum von 19 h, wie er real an einer der zu überwachenden Zentrifugen aufgenommen wurde. Im oberen Teil des Bildes ist die Zugehörigkeit $\mu_1(\vec{x})$ zur Klasse Ω_1 dargestellt. Auch diese Zugehörigkeit wird unscharf bestimmt, aber zur Anzeige der Zugehörigkeit der Klasse „Stillstand" werden nur die Werte 0 und 1 benutzt, indem der Zugehörigkeitswert $\mu_1 = 1$ gesetzt wird, wenn die Zuweisung auf Grund der Maximalkomponente des Zugehörigkeitsvektors zur Klasse Ω_2 erfolgt, ansonsten ergeben sich Werte von $\mu_1 = 0$.

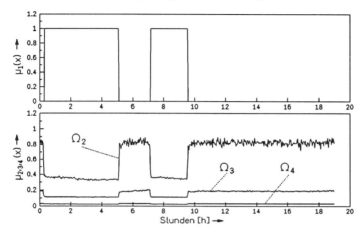

Abbildung 1: Zugehörigkeitswerte für die Klassen Ω_1 bis Ω_4

Diese Definition entsprach dem Wunsch des Anlagenbetreibers, bei dem trotz der prinzipiellen Einsicht der Vorteile einer unscharfen Klassifikation bezüglich der Definition einer unscharfen Stillstandsklasse Akzeptanzprobleme auftraten. Der untere Teil der Abb. 1 zeigt die Zugehörigkeiten für die Klassen Ω_1, Ω_2 und Ω_3. Der Nutzen, die 24 Lagerkennzahlen auf eine einzige Größe abzubilden, die problemlos über eine Trenddarstellung verfolgt werden kann, liegt auf der Hand. Selbstverständlich kann das System bei einer genaueren Betrachtung des Merkmalsvektors Informationen bereitstellen, die über die reine Darstellung der Klassenzugehörigkeit hinausgehen. Mußten bei der Erstinstallation noch alle Klassendefinitionen über Erfahrungswerte, Simulationen oder Versuche an Prüfständen vorgenommen werden, konnte der Klassifikator während des Betriebes durch das Auftreten echter Schäden permanent an realen Bedingungen adaptiert werden.

Abb. 2 zeigt die Lernmenge für die vier definierten Klassen bei alleiniger Betrachtung der Merkmale Kurtosis und dem KPF_I- Wert. Der Kurtosis-Wert stellt als Verhältnis zwischen dem vierten statistischen Moment und dem Quadrat der Standardabweichung (zweites Moment) eine dimensionslose Maßzahl dar, die die Wölbung einer Verteilung beschreibt. Die Kugelpassierfrequenz (KPF) ist eine aus Lagergeometrie und Wellendrehzahl für Außenringschäden KPF_A, Innenringschäden KPF_I und Wälzkörperschädigungen KPF_K berechnenbare charakteristische Schadensfrequenz. Der KPF- WERT stellt die zugehörige bezogene Amplitude im Leistungsdichtespektrum dar. Die Klassifikation erfolgt natürlich am installierten System nicht auf der Basis lediglich dieser beiden Werte, aber aus Gründen der Anschauung wird hier dennoch eine derartige graphische Darstellung in der Merkmalsebene gewählt.

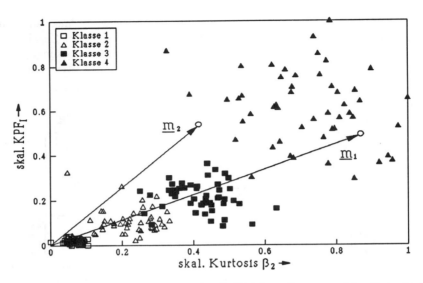

Abbildung 2: Lernstichprobe aller Klassen für die Wälzlagerdiagnose auf der Basis der Merkmale „Kurtosis" und „KPF_I-Wert"

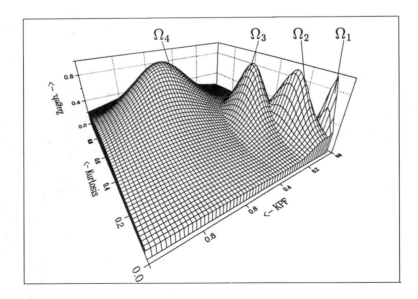

Abbildung 3: Hauptzugehörigkeitsfunktion für die vier Zustandsklassen bei Verwendung der Zugehörigkeitsfunktion I

Die entsprechende Umsetzung der Lernmenge in die klassenspezifischen Zugehörigkeitsfunktionen ist Abb. 3 zu entnehmen. Dargestellt ist die Hauptzugehörigkeit als die für jeden Punkt der Merkmalsebene berechnete maximale Zugehörigkeit aller vier Klassen. Es wird deutlich, daß die Darstellung des Hauptzugehörigkeitswertes klassenspezifische Streuung sehr unterschiedlich ausfällt. Während für die recht exakt zu definierende Stillstandsklasse nur sehr geringe Streuungen der Merkmalsvektoren auftreten, nehmen diese für die Klassen „Wechsel" und „Fehler" erheblich zu.

Einen Beweis, wie wichtig die Erfassung von mehr als einem Prozeßparameter bei der Diagnoseerstellung ist, liefert die Abb. 4,

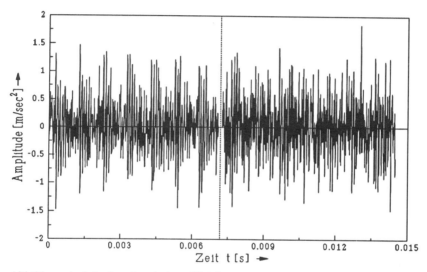

Abbildung 4: Schadenssignal eines Wälzlagers mit und ohne Kavitationseinfluß

bei dem das Schadenssignal eines Wälzlagers (linker Teil der Abb. 4) durch Kavitationseinflüsse (rechter Teil der Abb. 4) deutlich verändert erscheint. Der Kurtosis-Faktor fällt durch die starke Überlagerung der zusätzlichen Anregung durch Kavitation auf den Wert für ein nahezu intaktes Lager zurück und würde in diesem Fall keinerlei Aussagewert bezüglich des Maschinenzustandes besitzen. In Kombination mit den KPF-Werten kommt das Diagnosesystem allerdings zu einer korrekten Beurteilung, die weitgehend unabhängig von äußeren Einflüssen ist. In der Abb. 2 sind die zugehörigen Merkmalsvektoren $\underline{m}_1$ ohne Kaviatation und $\underline{m}_2$ mit Kavitation eingezeichnet.

Neben der Diagnose von Wälzlagern wurden auf der Basis des vorgestellten Klassifikationsalgorithmus Module zur Überwachung:

- von Getriebewellen,

- des Rotor-Welle Verhaltens an gleit- und wälzgelagerten Wellen (Unwuchtveränderungen, Instabilitäten, Anstreifvorgänge) installiert .

6 Merkmalsauswahl

Die für die Wälzlagerüberwachung benutzten Merkmale sind für diesen Bereich seit langem bekannte Diagnoseparameter. Nun stehen derartige Größen nicht für jede Überwachungsaufgabe zur Verfügung, oder mit dem Einsatz solcher Kennzahlen wird kein akzeptables Klassifikationsresultat erreicht. Dann stellt sich im wesentlichen die Aufgabe, aus den vielleicht insgesamt 400 spektralen Merkmalen, die üblicherweise nach der Transformation der Meßsignale in den Frequenzbereich vorliegen, diejenigen auszuwählen, die für die jeweilige Klassifikationsaufgabe geeignet sind.

Für die Notwendigkeit eine derartige Reduktion durchzuführen, können im wesentlichen folgende Gründe angeführt werden:

- Um eine Klassifikationsentscheidung zumindest quasi online auf einem Kleinrechner durchzuführen, können wegen des enormen Rechenaufwandes nicht alle 400 Merkmale verwendet werden.

- Der abgeleitete Klassifikationsalgorithmus bildet eine Lernmenge über die Zugehörigkeitsfunktion Gl. 4 in ein Hyperellipsoid ab. Die dabei verwendeten Stichproben führen zwar für jeden speziellen Anwendungsfall auch zu angepaßten Hyperellipsoiden, ohne allerdings die dem Klassifikator immanente Struktur zu verändern. Es ist nun vorstellbar, daß die Struktur der Lernstichproben für einzelne Merkmalskombinationen dieser vorgegebenen Funktion nicht genügt.

Gerade bei Stichproben mit stark schwankenden Meßwerten ist eine manuelle Sichtung der Daten unmöglich. Die Automatisierung der Merkmalsauswahl verlangt die Vorgabe eines oder mehrerer Gütemaße, anhand derer die jeweilige Merkmalskombination auf Ihre Eignung überprüft werden kann. Im hier entwickelten Auswahlverfahren werden als Gütemaße der Reklassierungsfehler G_R bei der erneuten Klassifikation der Lern- oder Teststichprobe und zwei Maße für die Entscheidungssicherheit G_D und G_T, die sich aus dem Abstand und dem Verhältnis der Klassenzugehörigkeiten ergeben, benutzt. Mit einem Auswahlprozeß, der schon mit der Elimination von Einzelmerkmalen beginnt, gelingt es im allgemeinen nicht, eine suboptimale Merkmalsmenge zu bestimmen, die auch nur annähernd die Leistungsfähigkeit der besten Untermenge mit gleicher Merkmalsanzahl besitzt. Mit der Forderung, nur Merkmalskombinationen auszuschließen und gleichzeitig die Rechenzeit in akzeptablen Grenzen zu halten, ergibt sich ein erhebliches softwaretechnisches Problem, denn es müssen für die Auswahl aus 400 Merkmalen alleine 79800 Zweierkombinationen betrachtet werden, für die jeweils die Eigenwertberechnung und die Reklassierung der Lernstichprobe durchzuführen ist. Es muß aber angemerkt werden, daß auch bei der Berücksichtigung aller Merkmalskombinationen die ausgewählte Merkmalsmenge nicht die absolut leistungsfähigste, sondern lediglich die für diesen Klassifikator optimale Merkmalsmenge darstellt. Somit ist ein Leistungsvergleich mit anderen Klassifikatoren auf der Basis identischer Merkmalsmengen nicht in jedem Fall aussagekräftig.

Bei der Nutzung einer Merkmalsmenge mit $N = 400$ ist es nach den Erfahrungen der eigenen Untersuchungen allerdings sehr unwahrscheinlich, daß sich aus dieser Menge nicht genügend geeignete Merkmale mit passender Struktur finden lassen.

7 Zusammenfassung

Das vorgestellte Beispiel zeigt die Eignung eines unscharfen Ansatzes gerade für den Aufbau eines Überwachungssystems für rotierende Komponenten, bei denen eine analytische Beschreibung der Ursache-Wirkungs-Prinzipien in der Regel nicht angegeben werden kann. Das System nutzt zur Diagnoseerstellung keinen Referenzvergleich der aktuell gemessenen Daten mit zuvor definierten Grenzwerten, sondern beurteilt den Maschinenzustand mittels eines Fuzzy-Klassifikationsalgorithmus, bei dem Störungen und Merkmalsschwankungen durch die unscharfe Klassenbeschreibung wesentlich einfacher berücksichtigt werden können. Durch die Verwendung einer geschlossenen, analytischen Funktion für dalle Zugehörigkeitsfunktionen grenzt sich das hier verwendete Verfahren von der regelbasierten Fuzzy-Logik ab. Die zur Gewinnung der Zugehörigkeitsfunktionen notwendigen Lernmengen lassen sich sowohl durch reale Messungen, als auch durch eine verbale Beschreibung verschiedener Zustände durch einen menschlichen Experten gewinnen, wobei durchaus unpräzise Formulierungen zugelassen sind.

In einem Betrieb der chemischen Grundstoffindustrie wird das entwickelte Diagnosesystem seit mehr als einem Jahr eingesetzt, und die Leistungsfähigkeit konnte durch die frühzeitige Detektion verschiedener Fehler wiederholt unter Beweis gestellt werden.

Literatur

[1] Bezdek, J. C *Pattern Recognition with Fuzzy Objektive Function Algorithm*. Plenum Press, New York, 1981.

[2] Bocklisch, S. *Prozeßanalyse mit unscharfen Verfahren*. VEB Verlag Technik, 1983.

[3] Kandal, A. *Fuzzy Techniques in Pattern Recognition*. John Wiley, New York, 1982.

[4] Niemann, H. *Klassifikation von Mustern*. Springer Verlag, Berlin, 1983.

[5] Strackeljan, J. *Klassifikation von Schwingungssignalen mit Methoden der unscharfen Mustererkennung*. Dissertation TU Clausthal, 1993.

[6] Strackeljan, J. und Behr, D. *Application of a Fuzzy Classification System for the Automatic Detection of Tooth Surface Structures*. Second European Congress on Inteligent Techniques and Soft Computing (EUFIT), Aachen, 1994, Sept. 20-23.

[7] Zimmermann, H.-J. *Fuzzy Set Theory and its Applikations*. Kluver Academic Publishers, 1991.

Einige praktische Beispiele zur Schwingungsdiagnose an rotierenden Maschinen

von B. Feuchte

1 Einleitung

Das Angebot von Bently Nevada umfaßt neben der Herstellung und dem weltweiten Vertrieb von Überwachungs- und Diagnosetechnik für Maschinen folgende Serviceleistungen:
> Den Maschinendiagnose Service (MDS),
> den Produktservice (Chefmontage, Abnahmen, Kalibrierungen, Fehlersuche),
> die Projektierung stationärer Überwachungsanlagen und ihre Einbindung in Prozeßleitsysteme,
> die Entwicklung und Fertigung schneller Prototypen zur Befriedigung spezieller Kundenwünsche,
> das technische Training, das den Kunden zur Selbsthilfe befähigt.

Der MDS befaßt sich mit nahezu allen in der Industrie eingesetzten Turbomaschinen einschließlich Elektromotoren und bietet folgende Leistungen:
> Maschinendiagnose vor Ort oder durch Fernzugriff auf Schwingungs- und Prozeßdaten als Teil eines Programms zur vorausschauenden Instandhaltung oder aus aktuellem Anlaß.
> Abnahmemessungen auf dem Prüffeld des Herstellers.
> Inbetriebnahmen am Einsatzort.
> Betriebswuchten.
> Die Messung des Runout nach API und wenn nötig seine Reduktion.
> Berichte und Gutachten.

Personell besteht der MDS aus einzelnen Ingenieuren oder kleinen Arbeitsgruppen, die den Verkaufs- und Servicebüros in aller Welt unterstehen, fachlich aber vom Stammhaus der Firma in Minden/Nevada geführt und beraten werden. Hier werden auch alle Informationen gesammelt, auf die jeder MDS-Ingenieur über moderne Kommunikationsmittel Zugriff hat. Die in der Maschinendiagnose eingesetzten Methoden und Verfahren wurden wesentlich durch die Bently Rotordynamics Research Corporation (BRDRC) geprägt.

2 Werkzeuge des MDS

Das System ADRE® for Windows mit maximal 16 frei programmierbaren Kanälen ist das Standardwerkzeug der MDS-Ingenieure. Es toleriert praktisch alle vor Ort vorkommenden Analogsignale, gleichgültig ob sie von Schwingungsaufnehmern herrühren oder von Transmitterausgängen für Prozeßgrößen (4-20 mA oder 1-5 Vdc). Signale zwischen 0 Hz und 10 kHz werden drehzahl- oder zeitabhängig erfaßt, on-line dargestellt, analysiert, dokumentiert und archiviert. Der automatische Zugriff von Software zum Auswuchten ist über eine Liste der erfaßten Vektordaten möglich, die auf ein ASCII-File geschrieben werden kann.

Wird vor Ort das stationäre Überwachungs- und Diagnosesystem Transient Data Manager® 2 (TDM 2) von Bently Nevada mit dem Transient Data Interface (TDIX) eingesetzt, so stehen über die TDM 2 Software die wesentlichen Diagnosewerkzeuge des Systems ADRE® for Windows zur Verfügung. Wird im System TDM 2 das einfachere Dynamic Data Interface (DDI) eingesetzt, so entfällt die drehzahlabhängige Datenerfassung beim Hochlauf oder beim Auslauf der Maschinen. Es bleibt die Datenerfassung in vorzugebenden Zeitschritten zur Beschreibung des stationären Betriebszustandes. Möglich ist der Datenzugriff durch einen Rechner, der nicht am Einsatzort steht. Das geschieht entweder durch Einbindung des Systems TDM 2 in ein Rechnernetz oder über Modems durch Fernzugriff auf on-line Daten.

Die temporäre Installation von Schwingungsaufnehmern (Meßumformern) zu Diagnosezwecken ist die Ausnahme. Im Normalfall sind die Maschinen mit Aufnehmern zur Messung der axialen Rotorposition sowie der Wellen- und Gehäuseschwingung ausgerüstet. Ihre Analogsignale können entweder an den Vorverstärkern abgegriffen werden oder an gepufferten Ausgängen von Schwingungsmonitoren. Im System ADRE® for Windows können die aktivierten Kanäle bis zu zwei Keyphasor®-gruppen bilden, im System TDM 2 maximal vier. Jede Keyphasor®-gruppe entspricht einem Teilrotor mit konstanter Drehzahl.

Die nachfolgenden Fallbeispiele sollen einen Einblick in die Arbeit des Maschinendiagnose Service (MDS) geben:

3 Fallbeispiel 1: Überlastung eines Axialgleitlagers und dessen Folgen

**"When setting shutdown limits, never try to save the thrust bearing.
Save the machine."**   **Charles Jackson /1/**

Der Autor beschreibt die Havarie einer zehnstufigen Dampfturbine von 13 MW, die in einer Äthylenfabrik zwei Kreiselverdichter mit 4500 1/min antrieb /1/. Diese Havarie wurde durch das Zusammenwirken folgender Faktoren möglich:
> Die Maschine lief seit Jahren ohne mechanische Probleme. Man fühlte sich so sicher, daß die Alarmabschaltung für den Axialstand des Rotors (Bild 1) und für die radiale Wellenschwingung **nicht** aktiviert wurde.
> Durch einen Rohrleitungsschaden im Verdampfer trat mit Natriumchlorid verunreinigtes Wasser in den Dampf ein. Das Salz fiel in der 5. und 6. Stufe der Turbine massiv aus und setzte die Kanäle zu (Bild 2). Hierdurch sank der Gegendruck der Tur-

bine. Um die Nennleistung zu halten, wurde der Zuströmdruck des Frischdampfes heraufgesetzt. Beides vergrößerte den Axialschub des Turbinenrotors auf Werte, denen das Axiallager mit fester Schmierspaltgeometrie nicht gewachsen war. Der Verschleiß des Axiallagers begann zunächst langsam und beschleunigte sich mit dem Abtragen der vorgegebenen Schmierkeilgeometrie.

> Nachdem der Monitor zur Überwachung des Axialstandes des Rotors Alarm gab, dauerte es noch 20 s bis die Laufschaufelreihen an den Leitapparaten anstreiften und radialer Schwingungsalarm anstand. Erst jetzt wurde die Maschine von Hand stillgesetzt. Bild 3 zeigt die primären Schäden am Axiallager und an dessen Druckscheibe und die sekundären Schäden am benachbarten Radialgleitlager. Schmelzendes Weißmetall hatte die Bohrungen für die Ölzuführung der Lager zugesetzt und so den Ölzufluß blockiert. Dies verhinderte wenigstens den Versuch, die Maschine wieder anzufahren.

Die Reparatur des havarierten Rotors dauerte eine Woche. Es entstand ein Schaden von einer Million Dollar bei einem Dollarwert des Jahres 1977. Für eine Weißmetalldicke von 762 µm wurden nunmehr folgende Einstellungen am Axialstandsmonitor gewählt: Alarmsollwert auf 381 µm, Abschaltgrenze auf 635 µm, Alarm-Zeitverzögerung 3s. Entsprechende Einstellungen wurden an allen kritischen Maschinen der Fabrik vorgenommen, was dazu beitrug, Verluste in Millionenhöhe in Zukunft zu vermeiden.

4 Fallbeispiel 2: Wicklungskurzschluß in einem Generatorläufer

Bild 4 zeigt die Baugruppen des Turbosatzes 2 und die eingesetzten Meßumformer in einem Kraftwerk der Sierra Pacific Power Company in Fort Durchill, USA. Zur Detektion des Wicklungskurzschlusses trugen entscheidend die Wirbelstromgeber und der Keyphasor® bei. Die benötigten Schwingungsdaten wurden mit dem älteren stationären Überwachungs- und Diagnosesystem Transient Data Manager® (TDM) erfaßt und analysiert /2/.

Für den **stationären Betrieb** mit konstanter Drehzahl erfaßt das Data Interface des Systems TDM die vom Monitor bereitgestellten Analogsignale sowie den Alarm- und OK-Status aller Kanäle in festen Zeitschritten von 4 s und bildet sog. Vektor-Datensätze. Diese enthalten pro Kanal zur Messung der Wellenschwingung den Spitze-Spitze-Wert sowie die Amplitude und den Phasenwinkel des drehfrequenten (1X) Schwingungsvektors sowie des doppelt drehfrequenten (2X) und vier weiterer Vektoren (nX), wobei n wählbar ist. Sie werden auf einen Ringspeicher für 320 Datensätze geladen und überstreichen zu jeder Zeit 1280 s = 21,33 min rückblickend. Dies ist zugleich die kürzeste Trendperiode, deren Informationen zu Trendfiles komprimiert werden, die 1 Tag bzw. 1 Woche, 4 Wochen und 12 Wochen rückschauend beschreiben.

Im Falle einer **Alarmabschaltung** wird die Datenerfassung folgendermaßen modifiziert: Die letzten 40 Vektorsätze auf dem Ringspeicher werden in das sog. Fast Trend File geladen (eingefroren) und beschreiben somit die letzten 160 s vor der Alarmabschaltung. Die verbleibenden 280 Vektorsätze werden zur drehzahlabhängigen Erfassung der Schwingungsgesamtwerte und -vektoren benutzt. Die Datenerfassung wird ausgelöst, wenn eine vorgegebene

Drehzahlschrittweite "Δrpm" bei Abtouren überschritten wird. Mit diesen Datensätzen können Bode- und Polardiagramme des Auslaufs erstellt werden.

Sorgenkind an dem auf Bild 4 dargestellten Turbosatz war der Generator. Den ersten Hinweis auf beginnende Veränderungen lieferte das Lager 4, dessen 12 Wochen Trend eine plötzliche Phasendrehung des 1X Vektors der Wellenschwingung von 120° bei noch unveränderter Amplitude zeigte (Bild 5). Die weiteren Ereignisse am Generator lassen sich besser mit den Meßdaten von Lager 5 beschreiben und zwar in der horizontalen Meßrichtung.

Am 2. Februar 1989 wurde der Turbosatz während eines starken Anstieges der Last durch eine Alarmabschaltung stillgesetzt. Den durch das System TDM automatisch gespeicherten Fast Trend des 1X-Vektors der Wellenschwingung über die letzten 160 s vor der Abschaltung zeigt Bild 6. Demnach ist die Alarmabschaltung auf das Anwachsen der 1X-Amplitude zurückzuführen, da sie den Spitze-Spitze-Wert der Wellenschwingung bestimmt, der wiederum vom Monitor überwacht wird.

Das Polar Diagramm auf Bild 7 beschreibt den Auslauf der Maschine. Gegenüber dem normalen Auslauf zeigt sich eine starke Vergrößerung der Unwucht bei unveränderter Lage der kritischen Drehzahlen bzw. Resonanzdrehzahlen. Letzteres weist auf eine unveränderte Systemsteifigkeit hin, so daß ein Wellenriß oder Lagerschäden als Ursache für die Alarmabschaltung nicht in Frage kommen.

Ein Generatortest am 3. März 1989 ergab einen gesicherten Zusammenhang zwischen dem starken Gradienten der Generatorlast und der Änderung des 1X-Vektors der Wellenschwingung, so daß sich der Verdacht auf einen Wicklungskurzschluß erhärtete (Bild 8). Er führt bei starker Strombelastung zu einer örtlichen Erhitzung des Generatorläufers verbunden mit einer thermischen Rotorverkrümmung und demzufolge einer erhöhten Unwucht. Der Turbosatz wurde unter der Kontrolle des Systems TDM bis zum nächsten geplanten Stillstand weiterbetrieben. Während dieser Zeit wurde ein Reserveläufer für den Generator beschafft.

5 Fallbeispiel 3: Wellenriß am Antriebsrad eines Getriebes in einer australischen Stickstoffabrik

Bild 9 zeigt eine Verdichtereinheit bestehend aus einem Gaserzeuger von Pratt & Whitney, einer Nutzturbine von Cooper, einem übersetzenden Getriebe von General Electric und einer Gruppe von 3 hintereinandergeschalteten Kreiselverdichtern wiederum von Cooper /3/. Wie alle kritischen Maschinen des Werkes war auch diese Einheit an den Lagerebenen mit radialen und axialen Wirbelstromgebern, Keyphasor®-Gebern und Monitoren der Serie 7200 von Bently Nevada ausgerüstet. Ein System DDM erfaßte die Signale der Racks im stationären Betrieb analog zum System TDM in festen Zeitschritten und legte Trendfiles von Gesamtwerten und des 1X und des 2X Vektors der Wellenschwingung an. Diese Trends gehören zu den Diagnosewerkzeugen für Dauerbrüche in Wellen. Eine drehzahlabhängige Datenerfassung beim Hochlauf oder Auslauf ist hier nicht möglich, so daß ein Absinken von kritischen Drehzahlen durch das Fortschreiten eines Wellenrisses nicht nachgewiesen werden kann. Hierzu sind Data Interfaces der Klasse TDM-CP, TDIX oder 208 DAIU im System ADRE® for Windows notwendig.

Sorgenkind dieser Anlage war das übersetzende Getriebe zwischen der Nutzturbine und der Gruppe von drei Verdichtern. An der Kupplungsseite des Antriebsrades entwickelte sich ein Dauerbruch unter der Kupplungsnabe. Er ging von der Paßfeder aus und schritt um 180° am Umfang fort (Bild 10). Der Riß lag relativ nahe am Lager des Getriebes und konnte so das Biegeschwingungsverhalten des Wellenstranges nur wenig beeinflussen. Aber gerade dieses Verhalten messen Wirbelstromgeber. So ist es zu verstehen, daß erst eine Woche vor der Stillsetzung der Maschine die Welle an der Rißstelle einen Knick bekam, der zu einem meßbaren radialen Wellenschlag führte. Dies vergrößerte sowohl den Spitze-Spitze-Wert der Wellenschwingung als auch die Amplitude des 1X-Vektors an der Antriebsseite des Getriebes (Bild 11). Die Maschine wurde stillgesetzt als sich die 2X-Aplitude dramatisch vergrößerte und ihre Phase sich ebenfalls stark drehte. Der Riß war inzwischen 55 mm tief bei einem Wellendurchmesser von 135 mm.

6 Fallbeispiel 4: Verhalten von Kreiselverdichterrotoren bei abgerissener Strömung

Werden Radialverdichter bei konstanter Drehzahl zu immer geringeren Förderströmen gefahren, so beginnt die Strömung in einzelnen Schaufelkanälen abzureißen, d.h. diese Kanäle nehmen nicht mehr an der Förderung teil. Damit erhöht sich der Durchsatz für die verbleibenden Kanäle und bringt dort die Strömung wieder zum Anliegen. Die verstopften Kanäle leisten nicht mehr ihren Anteil an der Leistungsabnahme der betroffenen Laufräder, d.h. das vom Motor eingeprägte Torsionsmoment wird nicht mehr am Umfang des Laufrades rotationssymmetrisch abgenommen. Dies führt zu einer Querkraft auf den Rotor. Im Falle eines am Umfang fixierten verstopften Kanales entsteht eine drehfrequent umlaufende Radialkraft. Erfahrungsgemäß wandert das Gebiet der verstopften Kanäle entgegen der Drehrichtung (rotierender Abriß) was zu einer Schwingungsanregung kleiner 1X führt. Unter dieser Bedingung hält die Maschine noch ihren Förderdruck. Bei weiter vermindertem Förderstrom erfaßt das Abrißgebiet immer mehr Schaufelkanäle, bis der Förderdruck zusammenbricht und die Maschine entgegengesetzt durchströmt wird. Der Verdichter pumpt.

Bei einer Abnahmemessung von Erdgasverdichtern ergab sich die Möglichkeit, die Grenzen des Abreißens experimentell zu ermitteln. Die Verdichter waren an den Lagerstellen mit X/Y-Wirbelstromgebern ausgerüstet (Bild 12), deren Signale mit dem System ADRE® for Windows on-line erfaßt und analysiert wurden /5/. Die Verdichter wurden zu immer geringeren Förderströmen gefahren, bis das Abreißen der Strömung einsetzte.

ADRE® for Windows wurde so konfiguriert, daß die Signale der Wellenschwingung an den Lagerstellen (Kanäle: V-KU-Y/X, V-AL-Y/X) und die Prozeßgrößen Förderstrom (FLOW), Enddruck (DISPRES) und Ansaugdruck (SUCPRES) mit dem kleinstmöglichen Zeitschritt von $\Delta t = 0,1$ s erfaßt wurden. Aus der Wellenschwingung als dynamisches Signal extrahiert ADRE® den Spitze-Spitze-Wert und insgesamt 3 Vektoren (1Y, 2X, nX). Sie werden in ein File mit 1280 Vektor-Datensätzen geschrieben, in die auch die Prozeßgrößen eingetragen werden. Bei 1280 Datensätzen ist eine derartige Datenerfassung nach 2,13 min erledigt worauf neu gestartet werden muß, wenn die Abreißgrenze noch nicht erreicht ist.

Parallel zu den Vektordaten erfaßt ADRE® for Windows Zeitsignale und zwar in einem 10 mal größeren Zeitschritt: $\Delta T = 10 \times \Delta t = 1$ s. Dies erfolgt wiederum parallel auf zwei Weisen: Synchron über 8 Umdrehungen für Orbit und Timebase-Diagramme und asynchron für Spektren. Diese Zeitsignale werden in insgesamt 128 "Waveform-Datensätzen" gespeichert. Da ADRE® for Windows ein on-line Display bietet, hat man die Chance, auf dem Bildschirm jede Sekunde ein neues Spektrum und/oder einen neuen Orbit zu sehen, um den Zeitpunkt des beginnenden Abrisses zu bestimmen. Das System ersetzt in dieser Konfiguration den FFT-Analysator und das Zweistrahl-Oszilloskop mit Z-Eingang. Voraussetzung dafür ist, daß die Abtastzeiten der synchronen und der asynchronen Signalabtastung nicht größer als 1 s werden. Die asynchrone Abtastzeit Ta ergibt sich aus der Anzahl der Frequenzlinien AL und der Frequenzspanne FS in Hz nach der Beziehung:

$$Ta = AL / FS.$$

Setzen wir AL = 400 Linien voraus, so ergibt sich für eine Abtastzeit Ta = 1 s eine Frequenzspanne von FS = 400 Hz. Die nächste konfigurierbare Frequenzspanne war 500 Hz. Die synchrone Abtastzeit beträgt z.B. bei 10000 1/min für 8 Umdrehungen:

$$Ts = 8 \times 60 / 10000 \text{ s} = 0,048 \text{ s}$$

und ist damit wesentlich kleiner als 1 s.

Nach diesen Vorbereitungen wurden on-line Spektren erfolgreich benutzt, um den Förderstrom zu ermitteln, bei dem die Strömung im Verdichter abzureißen begann. Danach wurde der Förderstrom sofort erhöht, um die Maschine zu schonen. Da die on-line Spektren wie alle anderen Daten auch gespeichert wurden, konnten nach diesen Versuchen recht eindrucksvolle Diagramme erstellt werden:

Bild 13 und 14 zeigen für den Kanal V-KU-Y die Trends des Spitze-Spitze-Wertes der Wellenschwingung, des Förderstroms und der Spektren, in denen der Frequenzinhalt das Abreißens eingefangen wurde. Die Bilder beschreiben unterschiedliche Maschinen mit ganz unterschiedlichem Verhalten. Interessant ist auf Bild 14 der Zusammenhang zwischen erhöhter Rotorschwingung und zurückgehenden Förderstrom im Abrißgebiet. Die dominierende Frequenzkomponente liegt unterhalb der Drehfrequenz (1X). Unterschiedliche Rotationsgeschwindigkeiten des abgerissenen Laufradsektors ergeben unterschiedliche Frequenzlagen auf Bild 13 und 14.

Bild 15 schließlich zeigt Orbits, die vor, während und nach dem provozierten Strömungsabriß aufgenommen wurden. Es handelt sich um den gleichen Verdichtertyp, den Bild 14 beschreibt. Die Frequenz des rotierenden Abrisses ist so niedrig, daß 8 Umdrehungen der synchronen Signalabtastung nicht ausreichen, um einen geschlossenen Orbit darzustellen.

7 Fallbeispiel 5: Selbsterregte Drehschwingungen an einem Getriebekreiselverdichter

Vom Abnehmer dieser Maschine auf Bild 16 wurde während des routinemäßigen Funktions- und Leistungstests eine experimentelle Analyse des Dreh- bzw. Torsionsschwingungsverhaltens gefordert, um die berechneten Torsions-Eigenfrequenzen zu verifizieren und um aktuelle dynamische Beanspruchungen während des Hochlaufs und unter Last zu messen /6/.

Der Drehbewegung rotierender Maschinen mit Nenndrehzahl ist ein statisches Drehmoment (Torsionsmoment) zugeordnet, das der übertragenen Leistung entspricht. Diesem statischen Drehmoment kann ein Wechselmoment infolge Drehschwingungen (Torsiosschwingungen) überlagert sein.

Wellenstränge, an denen Drehschwingungen beobachtet werden sollen, lassen sich durch Modelle beschreiben, die aus diskreten Dreh-Massen und Dreh-Steifigkeiten aufgebaut sind. Schwingungen können an den Dreh-Massen beobachtet werden, die nicht gerade Knoten der aktuellen Schwingform sind. Wechselmomente treten besonders in den Drehsteifigkeiten auf, die bei der aktuellen Schwingform am stärksten tordiert werden. Beim vorliegenden Getriebe-Kreiselverdichter auf Bild 16 nimmt der Zwischenschaft der Membrankupplung bei der Torsions-Grundfrequenz die überwiegende Formänderungsarbeit auf, während die Drehmassen von Motor und Verdichter gegeneinander schwingen. D.h. Erscheinungen am Wellenstrang, die durch die erste Eigenschwingform geprägt sind, können als Wechselmoment im Zwischenschaft oder an den freien Enden der Maschine als Drehschwingungen gemessen werden.

Bently Nevada bietet für diesen Aufgabenbereich folgende Geräte an:
> Das **Testkit TK17** zur Messung der Drehschwingungen an Drehmassen.
> Das System **TorXimitor**® 2 zur Messung und Dauerüberwachung des Drehmomentes zwischen 0 Hz und 1000 Hz im Zwischenschaft von Kupplungen. Das System TorXimitor® 2 hat folgende Komponenten:
>> Ein **rotierender** Teil auf Bild 16, der auf den Zwischenschaft handelsüblicher Kupplungen nachträglich aufgebracht wird. Er ist mit 4 Dehnmeßstreifen in Vollbrückenschaltung, einem kalibriertem Meßverstärker, einem Sender für das Meßsignal und dem Empfänger für Hilfsenergie bestückt.
>> Ein **stationärer** Teil mit dem Empfänger für das Meßsignal und dem Sender für Hilfsenergie. Bild 16 zeigt den stationären Teil des TorXimitor® 2 in einem Support, das zum Lieferumfang gehört.
>> Ein **elektronischer** Teil, an dem das Drehmoment zwischen 0 Hz und 1000 Hz hochohmig abgegriffen werden kann. Das Drehmoment zwischen dem Wert "0" und dem individuellen Skalenendwert liegt zwischen den Ausgangsspannungen +1 Vdc und +5 Vdc.
> Das portable Diagnosesystem **ADRE**® **for Windows**.

Der Hersteller des Verdichters entschied sich für das System TorXimitor® 2 und das Diagnosesystem ADRE® for Windows zur Durchführung der Abnahmemessung. Folgende Ergebnisse wurden erhalten:

Das dynamische Drehmoment im Zwischenschaft der Kupplung hat einen dominierenden Frequenzanteil von 26,76 Hz = 1606 1/min **unabhängig von der Drehzahl der Radwelle** entsprechend der berechneten **Torsionsgrundfrequenz** des Getriebeverdichters (Kaskaden auf Bild 18 und 19). Damit ist die beobachtete Schwingung selbsterregt. Beim Hochfahren der Maschine kann diese Torsionsgrundschwingung unmittelbar nach dem Anfahrstoß beobachtet werden (Bild 18). Man erkennt, daß sich diese Schwingung erst nach Erreichen der Betriebsdrehzahl des Motors von 2975 1/min zu ihrer vollen Intensität aufschaukelt (siehe Trends auf Bild 17). Diese zeigen auch den Anfahrstoß als Spitze-Spitze-Wert, der das Motornennmoment um das 2,5-fache übertrifft. Beim Auslauf der Maschine klingt die Torsionsgrundschwingung mit fallender Drehzahl ab und ist unterhalb 1400 1/min verschwunden (Bild 19). Die Frequenz der Torsionsgrundschwingung tritt auch mehr oder weniger in den Spektren der radialen Wellenschwingung auf, was aus den Kaskadendiagrammen auf Bild 20 hervorgeht und auf die Kopplungsmechanismen zwischen Biege- und Torsionsschwingungen hinweist.

8 Schlußfolgerungen

Die Fallbeispiele haben gezeigt, wie vielseitig und interessant das Fachgebiet der Maschinendiagnose ist. Für die damit befaßten Ingenieure ist der Job eine ständig wechselnde Herausforderung. An kritischen Turbomaschinen werden zunehmend rechnergestützte stationäre Überwachungs- und Diagnosesysteme eingesetzt, die von Expertensystemen unterstützt werden. Dies ist ein Schritt zur automatisierten Zustandsdiagnose dieser Maschinen. Durch Rechnernetze und Datenfernzugriff auf diese Systeme können aufwendige Dienstreisen zu Kunden reduziert und die Produktivität der MDS-Ingenieure erhöht werden.

9 Literaturverzeichnis

/1/ Jackson, Charlie: "Protection against thrust bearing failure in a steam turbine"
Orbit, Vol. 13, No.1, February 1992

/2/ Myers, Clayton; Kowalczyk, Robert: "Using Transient Data Manager® for predictive maintenance on turbine generator sets"
Orbit, Vol. 12, No. 2, June 1991

/3/ Silcock, Don: "Shaft crack detected at an ammonia plant"
Orbit, Vol. 13, No. 3 September 1992

/4/ Feuchte, Bernhard: "Wellenrisse - rechtzeitig erkennen und vermeiden"
Chemietechnik 9/94, Hüthig GmbH Heidelberg

/5/ Feuchte, Bernhard: "Behavior of 5 Compressors operating with constant speed and reduced flow, investigated with ADRE® for Windows"
Machinery Diagnostic Report, Bently Nevada GmbH 1994, unveröffentlicht

/6/ Feuchte, Bernhard: "Messung des statischen und dynamischen Drehmomentes im Zwischenschaft der Kupplung eines Getriebekreiselverdichters mit den Systemen TorXimitor® 2 und ADRE® for Windows"
Maschinendiagnose Bericht, Bently Nevada GmbH 1994, unveröffentlicht.

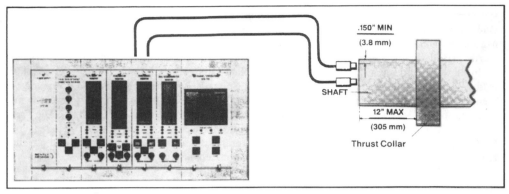

Bild 1: Korrekte Überwachung des Axialstandes eines Rotors (API 670)

Bild 2: Ablagerung von Natriumchlorid in der 5. und 6. Stufe einer zehnstufigen Dampfturbine von 13 MW

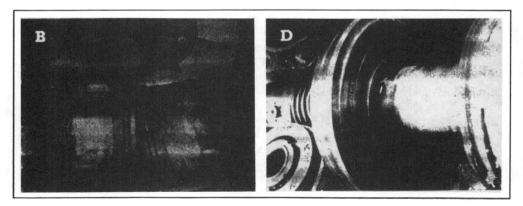

Bild 3: Schäden am Axiallager, dessen Druckscheibe und am benachbarten Radiallager

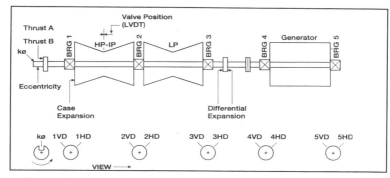

Bild 4: Aufnehmer Anordnung, Kraftwerk Fort Churchill

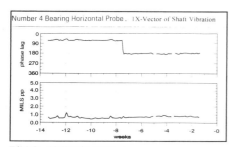

Bild 5: 12 Wochen Trend

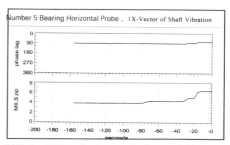

Bild 6: Wellenschwingung der letzten 160s vor Abschaltung

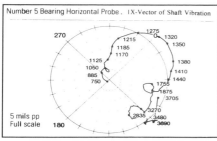

Bild 7: Auslauf der Maschine nach Notabschaltung,

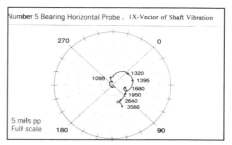

normaler Verlauf

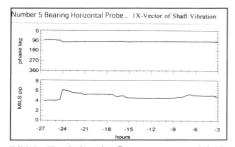

Bild 8: Ergebnisse des Generatortests am 3.3.89

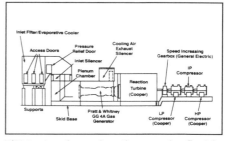

Bild 9: Anordnung eines übersetzenden Getriebes im Wellenstrang

 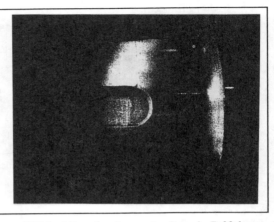

Bild 10: Antriebsrad des übersetzenden Getriebes von Bild 9 mit Dauerbruch, ausgehend von der Paßfedernut

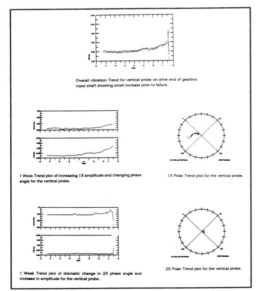 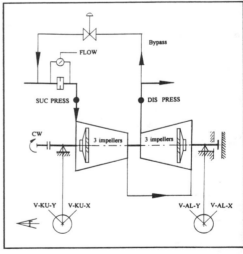

Bild 11: Dauerbruch auf der Antriebsseite des übersetzenden Getriebes nach Bild 9, 1 Wochen-Trends

Bild 12: Läuferantwort infolge Strömungsabriß, Meßpunkte

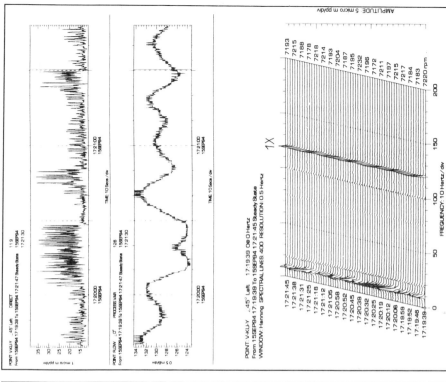

Bild 14: Läuferantwort infolge Strömungsabriß. Wellenschwingung, Volumenstrom und Spektrum in Abhängigkeit von der Zeit

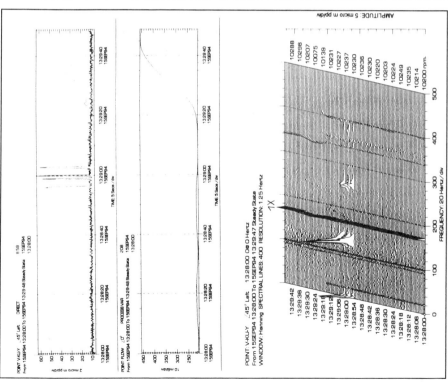

Bild 13: Läuferantwort infolge Strömungsabriß. Wellenschwingung, Volumenstrom und Spektrum in Abhängigkeit von der Zeit

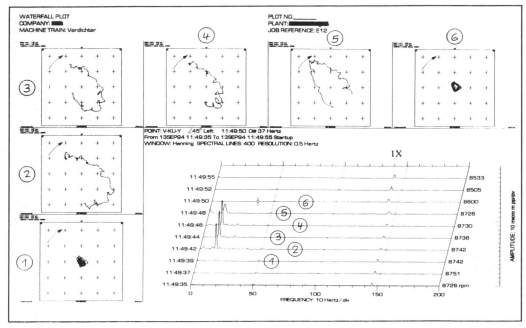

Bild 15: Läuferantwort infolge Strömungsabriß, Orbits

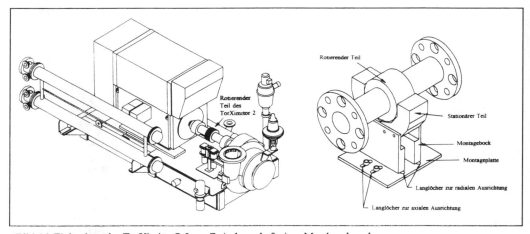

Bild 16: Einbaulage des TorXimitor® 2 am Zwischenschaft einer Membrankupplung

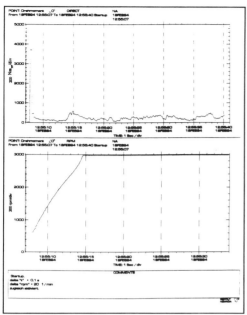

Bild 17: Hochlaufen eines Getriebekreiselverdichters: Doppelamplitude des Torsionsmoments im Zwischenschaft und Drehzahl über der Zeit

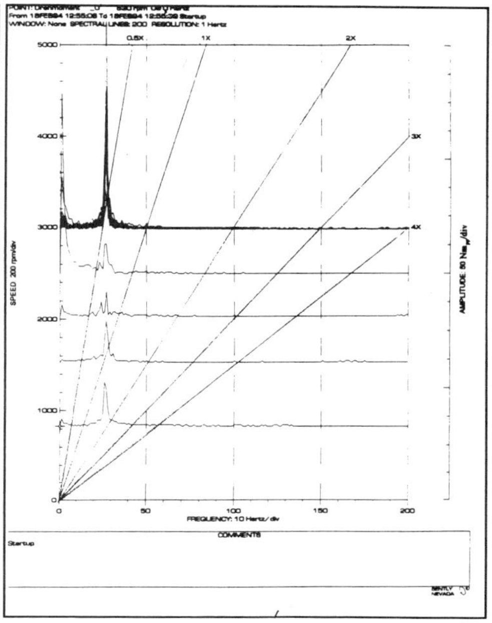

Bild 18: Hochlaufen eines Getriebekreiselverdichters: Spektren des Torsionsmomentes im Zwischenschaft über der Drehzahl

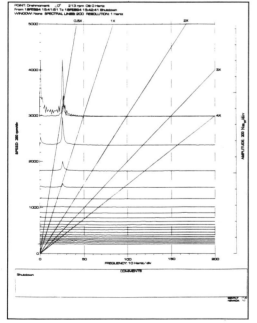

Bild 19: Auslauf eines Getriebekreiselverdichters: Spektren des Torsionsmomentes im Zwischenschaft über der Drehzahl

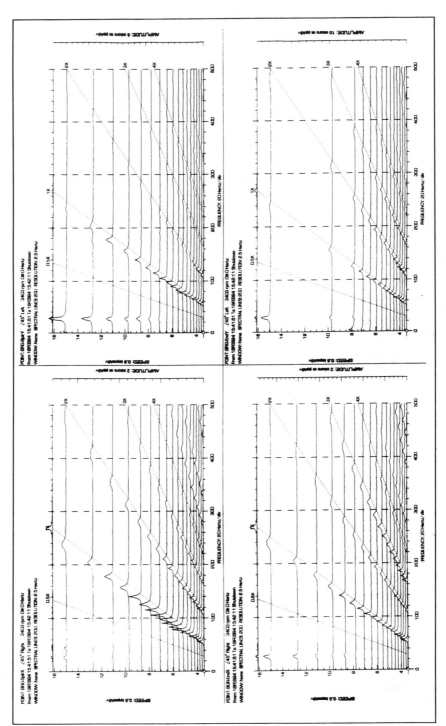

Bild 20: Auslauf eines Getriebekreiselverdichters: Spektren der relativen Wellenschwingung über der Drehzahl

Stabilitätsprobleme

Torsionale Instabilität bei getriebegekoppelten Turborotoren

von F. Viggiano, J. Schmied

1 Einleitung

Turborotoren werden oft über ein Getriebe mit der Antriebsmaschine verbunden. Aufgrund des radialen Versatzes der Rotorachsen im Getriebe sind die Torsions- und Biegeschwingungen gekoppelt. Ueber die Getriebelager ist somit ein Energieaustausch zwischen diesen Bewegungsformen möglich. Die radialen Gleitlager können dadurch bis zu 70% zur torsionalen Dämpfung beitragen [1]. Leicht belastete Gleitlager (kleine Sommerfeldzahl) können jedoch auch Schwingungen anfachen (sog. "oil whip"), durch die Koppelung auch Torsionsschwingungen [2]. In vielen Systemen hat die erste Torsionseigenschwingung die tiefste Eigenfrequenz des gekoppelten Systems, sodass sie leichter destabilisiert wird als Biegeeigenschwingungen.
Von einem solchen Fall wird hier berichtet. Es handelt sich um einen 30 MW Axialkompressor, der über ein Getriebe von einem frequenzgesteuerten Synchronmotor angetrieben wird (siehe Bild 3.1). Die Anlage fährt mit geschlossenen Leitschaufeln an, d.h. mit reduzierter Leistung. Während des Anfahrvorgangs treten ab einer bestimmten Drehzahl sehr hohe Schwingungen auf, die erst beim Oeffnen der Leitschaufeln, d.h. bei erhöhter Leistung und damit höheren Getriebelagerlasten verschwinden.
Es wird von der Analyse des Problems mittels Simulationen und Messungen sowie von den Lösungsmassnahmen berichtet.

2 Beschreibung des Phänomens

Bild 2.1 zeigt ein Wasserfalldiagramm der lateralen Ritzelschwingung während eines Hochlaufs mit geschlossenen Leitschaufeln. Es ist deutlich die Kompressordrehzahl zu erkennen. Bei der entsprechenden Schwingung handelt es sich um die unwuchterzwungene Biegeschwingung. Bei einer Kompressordrehzahl von etwa 2600 rpm taucht plötzlich eine drehzahlunabhängige Schwingung hoher Amplitude mit 17 Hz auf. Eine Oberschwingung dieser Schwingung tritt ebenfalls auf (34 Hz). Nach Abschluss des Hochlaufs verschwindet sie inklusive der Oberschwingung mit dem Oeffnen der Leitschaufeln des Kompressors, bzw. mit der Leistungszunahme und damit Lastzunahme der Getriebelager.
Die 17 Hz entsprechen etwa der ersten Torsionseigenfrequenz des Systems, sodass die Vermutung nahe lag, dass es sich bei der hohen Schwingung um die Torsionseigenschwingung handelt. Ueber die Koppelung von Biegung und Torsion im Getriebe ist diese Eigenschwingung auch an den lateralen Schwingungsaufnehmern am Ritzel sichtbar. Unklar war allerdings wodurch sie so stark erregt wird. Zunächst wurde vermutet, es könnte sich um transiente, stossartige Torsionerregungen vom Motor handeln. Die im folgenden beschriebenen Untersuchungen zeigen jedoch sehr klar, dass es sich um eine Selbsterregung der Torsionseigenschwingung durch die leicht belasteten Ritzellager handelt ("oil whip").

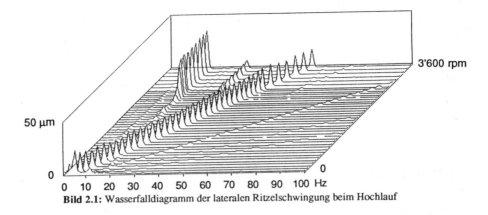

Bild 2.1: Wasserfalldiagramm der lateralen Ritzelschwingung beim Hochlauf

3 Modellierung des Systems

Da offenbar ein Zusammenhang zwischen den hohen lateralen Ritzelschwingungen und der Torsionseigenschwingung bei 17 Hz bestand, wurde das gekoppelt torsional-laterale Schwingverhalten des gesamten Rotorstranges untersucht. Bild 3.1 zeigt die FE-Darstellung des Rotorsystems. Im Gegensatz zu den üblichen rotordynamischen Analysen, wo Torsions- und Biegeschwingungen getrennt betrachtet werden, kann hier jeder Knoten sowohl torsionale als auch laterale Verschiebungen ausführen. Über die Schrägverzahnung des Getriebes ergibt sich auch eine gewisse Koppelung der axialen Schwingung mit den anderen Bewegungsformen. Diese ist jedoch wesentlich schwächer als die Koppelung zwischen der torsionalen und lateralen Schwingung und wird vernachlässigt.

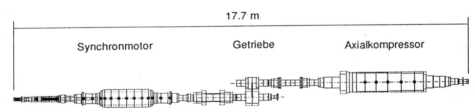

Bild 3.1: Finite Element Modell des Rotorsystems

Für die kinematische Koppelung im Getriebe wird angenommen, dass in vertikaler y-Richtung die Zahnräder starr sind und in Kontakt bleiben, während sich die Zahnräder in horizontaler x-Richtung ungehindert bewegen können (vgl. Bild 3.2). Für kleine Auslenkungen lässt sich diese kinematische Randbedingung wie folgt formulieren:

$$r_1\varphi_1 - y_1 = r_2\varphi_2 - y_2 \qquad (1)$$

Als weitere Randbedingung wird die Lagerung des in Bild 3.1 dargestellten Rotorsystems definiert. Bei den Motor- und Kompressorlagern sind die lateralen und torsionalen Bewegungen nicht gekoppelt. Diese Lager haben keinen Einfluss auf das beschriebene Schwingphänomen und werden als starr angenommen. Die radialen Getriebelager hingegen

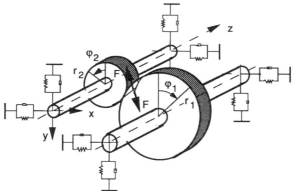

Bild 3.2: Koppelung der torsionalen und lateralen Bewegung im Getriebe

können aufgrund der oben dargestellten Koppelung das torsionale Schwingverhalten beeinflussen. Die Getriebelagereigenschaften werden daher berücksichtigt. Bei einer kleinen Auslenkung x, y aus der Gleichgewichtslage ergibt sich folgende Lagerkraft

$$\begin{bmatrix} F_x \\ F_y \end{bmatrix} = \begin{bmatrix} d_{xx} & d_{xy} \\ d_{yx} & d_{yy} \end{bmatrix} \begin{bmatrix} \dot{x} \\ \dot{y} \end{bmatrix} + \begin{bmatrix} k_{xx} & k_{xy} \\ k_{yx} & k_{yy} \end{bmatrix} \begin{bmatrix} x \\ y \end{bmatrix} \qquad (2)$$

Die Dämpfungs- und Steifigkeitskoeffizienten in der obigen Gleichung sind von der Drehzahl, der Lagerlast bzw. der übertragenen Getriebeleistung und vom Lagertyp abhängig. Sind diese Betriebsdaten bekannt, so können die Lagerkoeffizienten und die gekoppelt torsional-lateralen Eigenschwingungen berechnet werden.

4 Simulationsergebnisse

Für die Simulationen wurde das FE-Program MADYN verwendet. Bild 4.1 zeigt als Ergebnis einer solchen Simulation die erste gekoppelte Systemeigenschwingung bei Nenndrehzahl (Motor: 3000 rpm, Kompressor: 4360 rpm) und einer Getriebeleistung von 9 MW. Die Lagerkoeffizienten in Gleichung (2) wurden für die im Rad und im Ritzel eingebauten

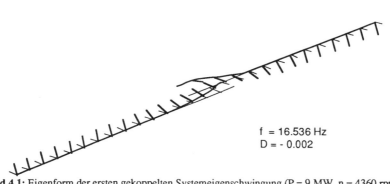

Bild 4.1: Eigenform der ersten gekoppelten Systemeigenschwingung (P = 9 MW, n = 4360 rpm)

Zweiflächenlager berechnet. Man sieht, dass im Getriebebereich laterale Schwinganteile vorhanden sind. Die torsionale Schwingung, welche anhand der zur Darstellung verwendeten masselosen Querbalken erkennbar ist, und die Schwingfrequenz von 16.5 Hz stimmen mit der ersten Torsionseigenschwingung des Systems bei ungekoppelter Rechnung überein. Der Dämpfungsgrad der gekoppelten Eigenschwingung ist knapp negativ, d.h. bei den genannten Betriebsbedingungen wird gemäss Simulation die Stabilitätsgrenze gerade überschritten. In Bild 4.2 ist der berechnete Dämpfungsgrad der ersten gekoppelten Systemeigenschwingung bei Nenndrehzahl in Abhängigkeit der Getriebeleistung und für verschiedene Getriebelager berechnet. Man sieht, dass mit den ursprünglich im Getriebe eingebauten Zweiflächenlager gemäss Simulation die gekoppelte Systemeigenschwingung für Getriebeleistungen kleiner als 10 MW instabil wird. Da innere Dämpfungseffekte (z.B. Materialdämpfung) bei der Simulation vernachlässigt wurden, stimmt dieses Ergebnis gut überein mit Messungen, wonach die hohen Getriebeschwingungen erst unterhalb von 9 MW Getriebeleistung auftraten. Werden die Zweiflächenlager im Ritzel durch Vierkeillager ausgetauscht, so wird das Stabilitätsverhalten invertiert, d.h. mit abnehmender Getriebeleistung wird die Stabilität erhöht. Die gekoppelte Systemeigenschwingung kann dann nur noch durch eine äussere Krafteinwirkung, beispielsweise durch den elektrischen Motor, angeregt werden. Durch den zusätzlichen Austausch der Zweiflächenlager im Rad durch Vierkeillager wird die Dämpfung nur unwesentlich erhöht.

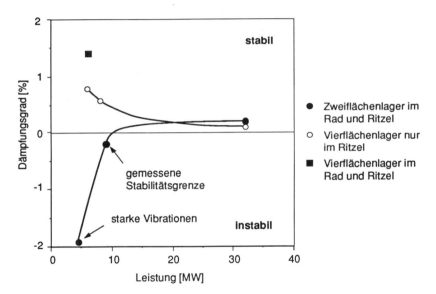

Bild 4.2: Dämpfungsgrad der ersten gekoppelten Systemeigenschwingung in Funktion der übertragenen Getriebeleistung und für verschiedene Lagerkombinationen bei Nenndrehzahl.

Gemäss den obigen Ausführungen handelt es sich bei der Instabilität um eine Selbsterregung durch die Zweiflächenritzellager. Folgende Betrachtung bekräftigt dieses Ergebnis. Wir betrachten die Bahn der instabilen Eigenschwingung des Ritzels in den Lagern (die Bahn ist in beiden Lagern etwa gleich) und berechnen die Energie, die dem Rotor während einer Periode der Schwingung zugeführt wird (=Anfachungsenergie E_A) bzw. entzogen wird (=Dämpfungsenergie E_D). Im Anhang ist die Rechnung detailliert gezeigt. Bild 4.3 zeigt als Beispiel die gerechnete Bahn (ohne Berücksichtigung des Aufklingfaktors) für eine Leistung von 9 MW und der Kompressornenndrehzahl von 4360 rpm. Die Form der Bahn ergibt sich aus der Eigenschwingungsberechnung und entspricht bei den Zweiflächenlagern einer Ellipse. Die Grösse der Bahn kann nicht aufgrund der Berechnung bestimmt werden und wurde so gewählt, dass sie den gemessenen Bahnen (siehe Kapitel 5) entspricht. Zum Vergleich ist in Bild 4.4 die Bahn der stabilen Eigenschwingung mit Vierflächenlagern bei einer angenommenen Maxiamalamplitude von 50 μm dargestellt.

Beim Vierflächenlager verläuft die Bahn nur in Vertikalrichtung, da bei der Simulation der laterale Krafteinfluss durch die Torsion nur in diese Richtung wirkt. Im Fall der Zweiflächenlager wird die Bahn hingegen durch das in Drehrichtung wirbelnde Oel in die weichere Horizontalrichtung gedrückt und die Schwingung angefacht.

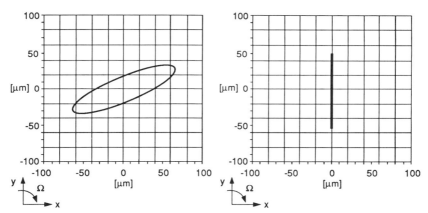

Bild 4.3: Bahn der Welle im Zweiflächenritzellager   **Bild 4.4:** Bahn der Welle im Vierflächenritzellager

Die Energien (eines Lagers) für diese Bahnen sind aus Tabelle 4.1 ersichtlich. Im Fall des Zweiflächenlagers ist die Anfachungsenergie grösser als die Dämpfungsenergie, d.h. das System wird durch die Ritzellager destabilisiert. Beim Vierkeillager hingegen ist die Anfachungsenergie praktisch null.

	Zweiflächenlager	Vierflächenlager
Anfachungsenergie	1.81 Nm	ca. 0 Nm
Dämpfungsenergie	1.27 Nm	6.55 Nm

Tabelle 4.1 Anfachungs- und Dämpfungsenergie der 17 Hz Schwingung bei 9 MW und 4360 rpm

5 Messergebnisse

Aufgrund der vorangehend dargestellten Simulationsergebnissen wurden die Zweiflächenlager im Ritzel durch Vierkeillager ersetzt. Die Zweiflächenlager im Rad wurden nicht ausgetauscht. Sowohl vor als auch nach dem Umbau wurden Messungen durchgeführt. Neben den lateralen Getriebeschwingungen wurde auch die Torsion gemessen. Zu diesem Zweck wurde ein Tachometer am freien Kompressorende angebracht.

Die Bilder 5.1 und 5.2 zeigen die gemessenen Frequenzspektren für die lateralen Ritzel- und Torsionsschwingungen vor und nach dem Umbau bei einer Änderung der Getriebelast. Die Last wurde über das Schliessen der Kompressorleitschaufeln reduziert. Man erkennt, dass vor

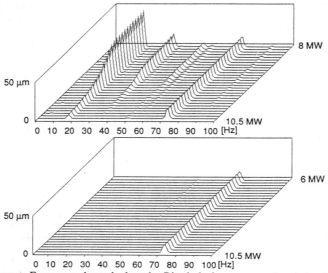

Bild 5.1: Gemessene Frequenzspektren der lateralen Ritzelschwingung vor und nach dem Umbau. Dargestellt ist das Schwingverhalten mit abnehmder Getriebeleistung (z-Achse).

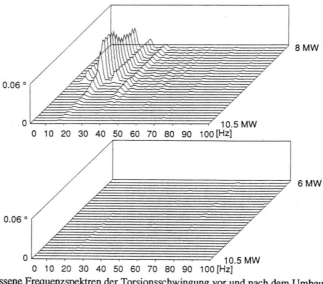

Bild 5.2: Gemessene Frequenzspektren der Torsionsschwingung vor und nach dem Umbau. Dargestellt ist das Schwingverhalten mit abnehmder Getriebeleistung (z-Achse).

dem Umbau sowohl bei der Ritzel- als auch bei der Torsionsschwingung beim Unterschreiten von etwa 9 MW Leistung ein dominanter Schwinganteil bei etwa 17 Hz auftritt. Parallel dazu treten vielfache der 17 Hz Schwingung auf. Nach dem Umbau verschwinden diese Schwingungen vollständig. Beim Ritzel ist nur noch die erzwungene, drehzahlsynchrone Unwuchtschwingung bei 72.6 Hz sichtbar.
Bild 5.3 zeigt den Einfluss des Lageraustauschs im Ritzel auf das Anfahrverhalten der Anlage. Vor dem Umbau tritt ab einer Drehzahl von 2600 rpm schlagartig eine hohe Ritzelschwingung mit der konstanten Frequenz von 17 Hz auf. Nach dem Umbau ist nur noch die drehzahlsynchrone Unwuchtschwingung erkennbar.

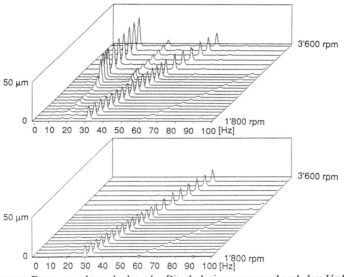

Bild 5.3: Gemessene Frequenzspektren der lateralen Ritzelschwingung vor und nach dem Umbau. Dargestellt ist das Schwingverhalten über der Kompressordrehzahl beim Anfahren (z-Achse).

Die Bilder 5.4 und 5.5 zeigen schlussendlich die gemessenen Bahnen des Ritzels im Zweiflächen- respektive Vierflächenlager bei einer Drehzahl von 4360 rpm und einer Leistung von 9 MW. Beim Zweiflächenlager sind der Ellipsenform, welche die Schwingung bei 17 Hz darstellt, höherfrequente Schwinganteile überlagert. Die Drehrichtung und die Neigung der gemessenen "Ellipse" stimmen überein mit der berechneten Bahn in Bild 4.4. Da im Gegensatz zu der Simulation bei der Messung die Getriebelagerkraft nicht mit der y-Achse zusammenfällt, sondern um etwa 20° in Drehrichtung geneigt ist, ist die Hauptachse der gemessenen Ellipse stärker zur x-Achse geneigt als bei der Simulation.
Beim Vierflächenlager ist nur noch die Bahn der drehzahlsynchronen Unwuchtschwingung zu erkennen. Da bei dieser Messung die gekoppelte Systemeigenschwingung stabil ist und auch nicht angeregt wird, kann die in Bild 4.4 simulierte Bahn nicht auftreten.

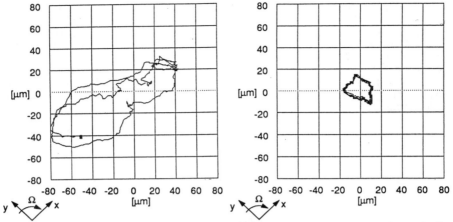

Bild 5.4: Bahn der Welle im Zweiflächenritzellager   **Bild 5.5:** Bahn der Welle im Vierflächenritzellager

6 Zusammenfassung

Die erste Torsionseigenschwingung eines Wellenstrangs bestehend aus einem Motor, einem Getriebe und einem Kompressor wurde infolge der Kopplung von Biege- und Torsionsschwingung durch die radialen Ritzellager bei kleiner Last destabilisiert. Dies konnte eindeutig durch Simulationen und Messungen festgestellt werden. Durch einen Austausch der ursprünglich eingebauten Zweiflächenlager gegen Vierflächenlager konnte das Problem behoben werden.

7 Literatur

[1] Viggiano, F., Wattinger, W., *"A Torsional Damping Model for Geared Compressor Shaft Trains"*, Vibration in Fluid Machinery, S249, IMechE, London, 1994.

[2] Schwibinger, P., Nordmann, R., *"The Influence of Torsional-Lateral Coupling on the Stability Behavior of Geared Rotor Systems"*, Proc. of 4th Workshop on Rotordynamic Instability Problems in High-Performance Turbomachinery, Texas A&M University, 1986.

Anhang

Die dem Rotor durch das Lager während einer Periode einer Eigenschwingung zu- bzw. abgeführte Energie lässt sich wie folgt schreiben:

$$E = \int_0^T F_x \dot{x}\, dt + F_y \dot{y}\, dt \qquad (1)$$

mit F_x bzw. F_y als der linearen Lagerkraft in Richtung der Koordinaten x bzw. y infolge der Bewegung x(t) und y(t). Die nichtkonservativen Anteile von F_x bzw. F_y lauten

$$F_x = k_{xy} y + d_{xx} \dot{x} \qquad (2)$$

$$F_y = k_{yx} x + d_{yy} \dot{y} \qquad (3)$$

mit den Gleitlagerkoeffizienten k_{xy}, k_{yx}, d_{xx} und d_{yy}. Für x und y kann man allgemein ansetzen

$$x = \hat{x} \cos(\omega t + \phi_x) \qquad (4)$$

$$y = \hat{y} \cos(\omega t + \phi_y) \qquad (5)$$

mit ω als der Eigenfrequenz. Setzt man (4) und (5), deren Ableitungen sowie (2) und (3) in (1) ein, erhält man

$$E = E_D - E_A \qquad (6)$$

mit der Anfachungsenergie

$$E_A = \pi \hat{x} \hat{y} \left[(k_{xy} - k_{yx})(\sin\phi_x \cos\phi_y - \cos\phi_x \sin\phi_y) \right] \qquad (7)$$

und der Dämpfungsenergie

$$E_D = \pi \omega \left(d_{xx} \hat{x}^2 + d_{yy} \hat{y}^2 \right) \qquad (8)$$

Stabilitätsuntersuchungen an einem Kühlgasradialgebläse

von P. Wutsdorff

1 Zusammenfassung

Es wird über das instabile Laufverhalten im Überdrehzahlbereich eines Radialgebläses in Kompaktbauweise berichtet. Wegen der fliegenden Anordnung des Gebläserades geht die Instabilität vom hinteren Lager aus, das bei sehr kleiner Sommerfeldzahl läuft. Es tritt hier der sehr seltene Fall auf, daß der Betriebspunkt im Stabilitätsdiagramm an der linken Seite des Stabilitätsastes liegt. Da es sich um einen sehr steifen Rotor handelt, hat die Steifigkeit der äußeren Lagerabstützung einen sehr maßgebenden Einfluß.

Damit war aber andererseits auch der Weg für eine Korrektur gewiesen: Die äußere Steifigkeit der betrachteten Lagerabstützung wurde durch eine Spezialschraube erhöht, ohne die axiale Dehnung des Gebläses zu behindern. Die Montage dieser Schraube mußte ohne einen Ausbau des gesamten Gebläses aus seinem Behältnis erfolgen.

2 Beschreibung des Gegenstandes der Untersuchung

Die untersuchte Maschine ist ein Kompaktgebläse, das zusammen mit anderen zeichnungsgleichen Gebläsen jeweils in einem Panzerrohr eines Reaktionsbehalters gelagert ist, wodurch längere Rohrleitungen, die einen unnötigen Druckverlust bedeuten würden, vermieden werden. Das zu fördernde Medium ist gasförmig und dient als Kühlmittel im Rahmen der Prozeßführung. Abb. 1 zeigt den prinzipiellen Aufbau. Der Ein- und Austritt des Gases erfolgt koaxial über ein Absperr- und Regelorgan, das ebenfalls axial verstellt wird. Das Rad des einstufigen Radialgebläses ist fliegend gelagert und wird von einem Asynchronmotor angetrieben, der frequenzgesteuert stets im optimalen Bereich der Kennlinie in einem Drehzahlbereich von 3000 bis 5600 1/min betrieben wird. Gebläserad und Anker des Motors befinden sich auf einer gemeinsamen Welle, wodurch eine sehr kompakte Konstruktion entsteht.

Durch diese Anordnung ist lagertechnisch gesehen, das antriebsseitige (AS), d.h. das gebläseseitige, Lager relativ hoch belastet, während das nicht antriebsseitige (NS) bei einer relativ kleinen Sommerfeldzahl betrieben wird. Die Klemmleistung beträgt bis zu 2,5 MW. Um die erste biegekritische Drehzahl der Welle genügend hoch zu legen, ist das Axiallager außerhalb des NS-Lagers angeordnet. Das Panzerrohr ist mit einem Deckel abgeschlossen.

3 Meßtechnische Einrichtungen und Untersuchungen, Ausgangssituation

Betriebsmäßig ist das Gebläse mit einer relativ messenden Wellenschwingungsmeßeinrichtung nach VDI 2059 am (AS)-Lager ausgerüstet (Abb. 1). Aufgrund des Einbaus in das genannte Panzerrohr konnten keine zusätzlichen ambulanten Schwingungsaufnehmer gesetzt werden.

An einem Zahnrad auf NS wird die Drehzahl mit einer Ferrostatsonde gemessen. Mit Hilfe ihrer Kennlinie konnten die Größenordnung der relativen Wellenschwingung in Richtung der Drehzahlsonde sowie die Torsionsschwingungen abgeschätzt werden. Weiterhin standen der Motorstrom, die Gasdruckdifferenz am Gebläse, Druck und Temperatur des zu den Lagern fließenden Öls sowie die relevanten Daten des Ölkühlers als normierte Meßgrößen zur Verfügung.
Bei der Inbetriebnahme war das Schwingungsverhalten ebenso wie auf dem Prüffeld im Werk bis zum Erreichen der Nenndrehzahl von 5450 1/min nach VDI 2059/3 als gut zu bezeichnen. Die Registrierstreifen zeigten jedoch im Betrieb eine Schwankungsbreite von ca. 20 %.

Der Betreiber wünschte darüber hinaus die Gebläse bis zu einer maximalen Drehzahl von 5600 1/min zu betreiben, um regelungstechnisch bedingte Spitzen in der Prozeßführung abzudecken, ein Drehzahlbereich, der in der ursprünglichen Spezifikation nicht vorgesehen war.
Beim weiteren Steigern der Drehzahl über die bisherige maximale Betriebsdrehzahl hinaus zeigte sich ein zunächst sporadisches, dann aber immer häufigeres stochastisches Ansteigen der Wellenschwingungen auf dem Registrierstreifen, das bei weiterer Drehzahlerhöhung schließlich zum Wellenschwingungsalarm und zur Abschaltung wegen zu hoher Wellenschwingung des Gebläses führte. Dieses Verhalten galt es zu untersuchen und gegebenenfalls Abhilfemaßnahmen einzuleiten.

Alle oben beschriebenen Größen wurden auf einem FM-Magnetbandgerät registriert, wobei natürlich die Wellenschwingungen im Vordergrund standen (Abb. 1 unten). Diese wurden On-line mit einem Echtzeitanalysator in dem hier interessierenden Frequenzbereich von 0 - 200 Hz beobachtet; bei Bedarf konnten die gewünschten Spektren zu jeder Zeit gespeichert und später ausgeplottet werden.

Sehr wichtig ist in diesem Zusammenhang die On-line-Beobachtung des Orbits der Welle, der auf einem Zwei-Kanal-Kathodenstrahloszilloskop in x-y-Schaltung dargestellt wird. Hierbei können nicht nur mit fast beliebiger Vergrößerung die Wellenbahn oder Teile von ihr sichtbar gemacht werden (Eingangsschaltung der Kanäle AC), sondern es ist auch möglich, unter Hinzunahme des Gleichspannungsanteils der Wellenschwingungssignale die statische Lage des Wellenmittelpunktes, d.h. des Mittelpunktes des Orbits, zu beobachten. Um auch diesen Gleichspannungsanteil zu registrieren, ist ein FM-Magnetbandgerät oder vergleichbare Registriereinrichtungen unabdingbar. Es läßt sich somit beim Hochfahren der Drehzahl kontrollieren, ob die Verlagerung des Wellenmittelpunktes der aus Rechnungen bekannten "Gümbelkurve" folgt. Abweichungen hiervon bedeuten stets das Auftreten von Zusatzkräften, d.h. weitere außer der Lagerkraft infolge Eigengewicht, seien sie horizontal oder vertikal gerichtet.

Unter Konstant-Halten des Lageröldruckes, besonders aber der Lageröleintrittstemperatur wurde die Drehzahl des Gebläses erhöht.

4 Analyse des Schwingungsverhaltens

Am NS-Lager ergab sich die gleiche Größenordnung der Wellenschwingungen wie die auf AS.

Nennenswerte Torsionsschwingungen etwa mit Resonanzfrequenz konnten nicht beobachtet werden.

Abb. 2 zeigt Spektren bei den vier Drehzahlen 5385; 5475; 5535 und 5565 1/min mit einer konstanten Lageröleintrittstemperatur von 40 °C. Weiterhin wurde bei konstanter Drehzahl des Gebläses die Lageröleintrittstemperatur variiert.

Abb. 3 zeigt die Spektren bei 5535 1/min mit den Lageröleintrittstemperaturen von 32°, 35°, 41° und 49 °C.

Schon der erste Blick auf die Spektren der Wellenschwingungen, insbesondere bei laufender Maschine zeigt, daß es sich hier um eine Instabilität im Kleinen (oil whip) handelt. Im einzelnen erkennt man das Auftreten einer Spitze bei ca. 1/2 Drehzahl des Gebläses, die mit zunehmender Drehzahl stark ansteigt.

Der Ständerstrom hatte keinen Einfluß auf das Schwingungsverhalten, etwa in Form des magnetischen Zuges.

Durch Zuschalten der zweiten und dritten Lagerölpumpe wurde der Lagerölsystemdruck im Rahmen der Proportionalitätskennlinie (ca. 10 % P-Grad) des Lageröldruckreglers erhöht, die Erhöhung des tatsächlich im Lager wirksamen Öldruckes konnte aber infolge der Einspeisblende am Lagerzulauf nicht gemessen werden. Eine rechnerische Abschätzung ergab, daß der Lageröldruck im Lager ebenfalls um ca. 10 % angehoben wurde. Es konnte infolge dieser Maßnahme eine geringfügige Stabilisierung beobachtet werden (cf. auch FVV-Ber. 251, 1978).

Der maßgebende Einflußparameter ist, wie nicht anders zu erwarten, die Lageröltemperatur.

Die Tatsache, daß eine Absenkung der Öltemperatur den Instabilitätsanteil deutlich verringert, zeigt, daß die Instabilität vom leicht belasteten Lager, also dem NS-Lager, ausgeht. Durch Berechnen der kritischen Sommerfeldzahl So_{kr} und des Verhältnisses $\omega_{Betr}/\omega_{kr}$ kann die Lage des Betriebspunktes des Lagers im Stabilitätsdiagramm des Lagers bestimmt werden. Damit ist rein rechnerisch noch keine Aussage über stabiles oder instabiles Laufverhalten möglich, da zunächst keine Angaben über das aktuelle Maß der Größe μ, der relativen Wellennachgiebigkeit, vorliegen. Insbesondere ist die Tatsache zu bemerken, daß die übrigen zeichnungsgleichen Gebläse mit den gleichen Betriebsparametern gefahren werden. Sie zeigen jedoch keine Instabilitätserscheinungen.

5 Maßnahme zur Verbesserung und ihre Auswirkung

Die Ursachensuche konzentrierte sich also auf die Bestimmung des aktuellen Parameters μ der hier betrachteten Gebläselager, insbesondere im Vergleich zu den übrigen Gebläsen. Das bedeutete eine Untersuchung der Fertigungsmaße und ihrer Toleranzen mit ihrer tatsächlichen Lage, wie sie von der Fertigungskontrolle ermittelt wurden. Hiebei müssen alle Maße betrachtet werden, die für die Steifigkeit des Rotors und der äußeren Lagerabstützung maßgebend sind.

Die Erfahrung bei dynamischen Steifigkeitsuntersuchungen zeigt, daß jeder Trennfuge im Verlauf des dynamischen Kraftflusses eine Nachgiebigkeit von ca. 0,3 - 0,5 μm/kN zuzuordnen ist. Dies jedoch unter der Voraussetzung, daß die Trennfuge unter einer kraftschlüssigen Verbindung steht, d.h. die entsprechenden Schraubenverbindungen unter der üblichen Vorspannung stehen.

Der Gehäusefixpunkt des Gebläses liegt auf AS, während die NS-Seite die freie axiale Wärmedehnung ausführen können muß. Das erfordert konstruktiv eine Gleitführung des Gehäuses im Panzerrohr. Diese Gleitführung wird durch einen Gleitstein, dessen Spiel einstellbar ist, gewährleistet. Das Spiel wird unter Maßgabe der mittleren Toleranzen der übrigen Trennfugen von der Konstruktion für die Montage vorgegeben.

Abb. 4 zeigt den prinzipiellen Aufbau der Abstützung des NS-Lagers, wobei jeder Fuge ein Toleranzfeld ΔR_i zugeordnet wird. Das Toleranzfeld für die axiale Gleitführung des Gehäuses im Panzerrohr ist das Feld ΔR_4. In die Betrachtung der Toleranzfelder, d.h. der dynamischen Nachgiebigkeit, ist natürlich auch das Lagerspiel selbst, hier ΔR_1, mit einzubeziehen.

Im Balkendiagramm der Abb. 5 sind die relativen Toleranzfelder des untersuchten Gebläses den gemittelten Toleranzfeldern aller Gebläse gegenübergestellt. Es handelt sich hierbei um relative Angaben, die sehr deutlich erkennen lassen, daß die Summe der Toleranzen am NS-Lager des untersuchten Gebläses deutlich größer sind als bei den übrigen Gebläsen. Das bedeutet jedoch, daß der relative Nachgiebigkeitsfaktor μ des instabil laufenden Gebläses gegenüber den übrigen Gebläsen kleiner ist. Es muß jedoch betont werden, daß jedes Toleranzfeld für sich betrachtet innerhalb des von der Konstruktion vorgegebenen Bereichs liegt. Im Gegensatz zu den oben gemachten Ausführungen stehen hier nicht alle Trennfugen unter Vorspannung, insbesondere nicht die konstruktiv vorgesehene Gleitführung des Gehäuses im Panzerrohr. Hier wirkt lediglich das Eigengewicht der NS-Seite.

Die Lösung des Problems wäre also ein Ausbau des Gebläses und Verringern der Toleranzfelder, was jedoch einen großen Montage- und Fertigungsaufwand bedeutet hätte.

Eine Erhöhung des Parameters μ ist aber auch durch eine Verspannung des Lagers im Lagergehäuse möglich, eine Maßnahme, die sich schon vielfach bei ähnlichen Problemen bewährt hat. Nur mußte hier die axiale Wärmedehnung gewährleistet werden.

Abb. 6 zeigt die konstruktive Lösung, wo eine radiale Verspannung durch eine Schraube angewendet wird, die durch entsprechende Biegung die axiale Verschiebung des Gehäuses gewährleistet.

Der Festigkeitsnachweis läuft auf die Dimensionierung eines Stabes bei gegebener Axiallast hinaus, dem ein Biegemoment superponiert wird. Das Biegemoment ergibt sich aus einer eingeprägten Durchbiegung, die sich aus der Wärmedehnung des NS-Lagers errechnet. Zusätzlich muß die Knicksicherheit gewährleistet sein. Das Diagramm der Abb. 7 zeigt die Verhältnisse für die verschiedenen Schraubenmaterialien 8.8, 10.9 und 12.9 über der Verspannungskraft F_S ist die sich ergebende notwendige Länge der Schraube aufgetragen, wobei beispielhaft drei verschiedene Durchbiegungen s = 0,5; 1,0 und 1,5 mm angenommen wurden. Die Eulersche Knickhyperbel ist ebenfalls eingezeichnet; es kommen also nur Werte innerhalb in Frage.

Die Druckkraft F_S der Schraube kann nur mit einer gewissen Unsicherheit von der Montage eingestellt werden. Sie sollte zunächst so groß gewählt werden, wie es die zulässige Flächenpressung der Kugelkalotte der Schraube auf der ebenen Unterlage zuläßt, wobei die zugehörigen Formeln der Hertzschen Flächenpressung zu berücksichtigen sind. Im Montageendzustand und nach einiger Betriebszeit wird die Vorspannkraft ohnehin nachlassen, da immer mit Setzerscheinungen zu rechnen ist.

Um eine möglichst hohe radiale Steifigkeit des NS-Lagers zu erzielen, ist ein Material mit besonders hoher Streckgrenze zu wählen, was eine kurze Schraube ergibt. Die Schraube hat natürlich ebenfalls eine axiale Nachgiebigkeit, die sich aus derjenigen der Druck- und Biegenachgiebigkeit zusammensetzt. Letztere ändert sich mit der dritten Potenz der Schraubenlänge.

Im Ergebnis hat diese kleine konstruktive Änderung eine Erhöhung der Grenzdrehzahl um 90 1/min gebracht. Aus der Betrachtung der maximalen Drehzahlgradienten in Zusammenhang mit den Gradienten der Schwingungsamplituden, die jedoch ungünstigerweise aus den quasi stationären Schwingungsamplituden ermittelt wurden, konnte nachgewiesen werden, daß beim Ausfall der Drehzahlbegrenzung und anschließendem Auslösen des Wellenschwingungsschnellschlusses die maximale zu erwartende Wellenschwingungsamplitude mit Sicherheit kleiner als das minimale Lagerspiel ist (Abb. 7).

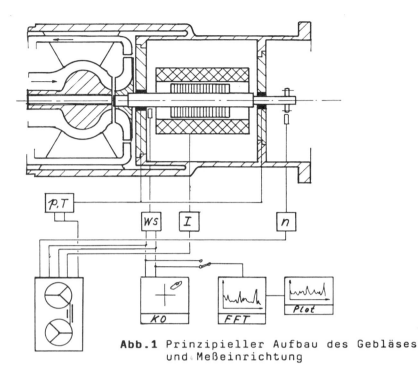

Abb.1 Prinzipieller Aufbau des Gebläses und Meßeinrichtung

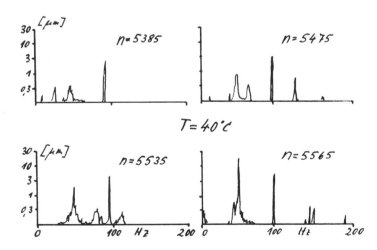

Abb.2 Wellenschwingungsspektren bei konstanter Öltemperatur und Drehzahlvariation

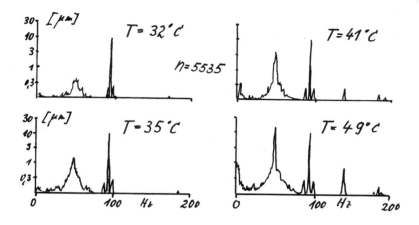

Abb.3 Wellenschwingungsspektren bei konstanter Drehzahl und Öltemperaturvariation

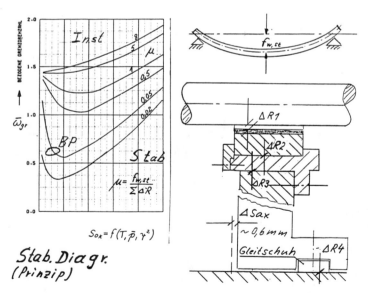

Abb.4 NS-Schildlagerung mit Toleranzfeldern

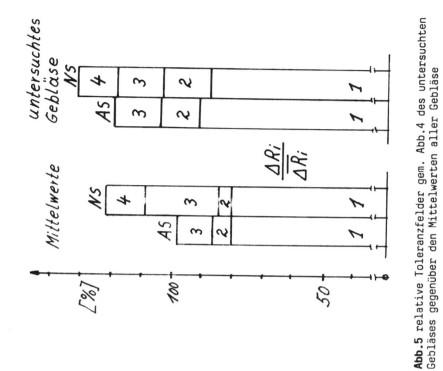

Abb. 5 relative Toleranzfelder gem. Abb. 4 des untersuchten Gebläses gegenüber den Mittelwerten aller Gebläse

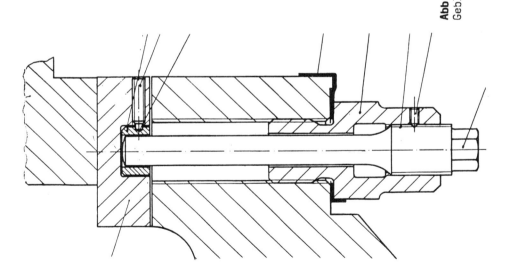

Abb. 6 radiale Verschraubung zur Erhöhung der Steifigkeit des NS-Lagers

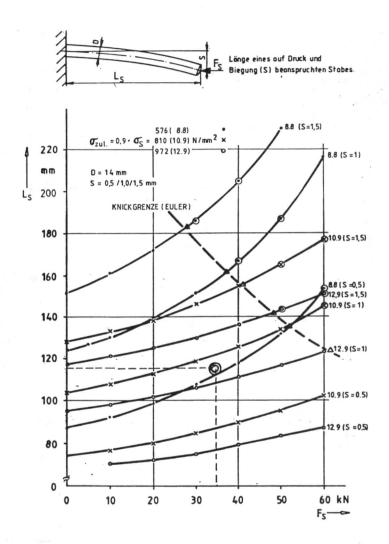

Abb.7 Festigkeitsdiagramm der Schraube gem. Abb.6 für verschiedene Schraubenmaterialien

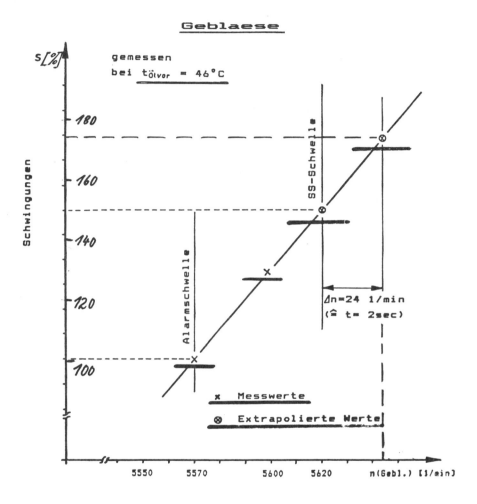

Drehzahlgradient: gemessen von Ausgangsdrehzahl
5450 1/min und "schlagartiges" Anheben auf 5570 1/min
ergibt 12 [1/min/sec]

Abb.8 Maximale transiente Wellenschwingungsamplituden
bei Ausfall der Drehzahlbegrenzung

Experimentelle Analyse, Parameteridentifikation, Modale Analyse

Erregung und Messung von Wanderwellen in rotierenden axisymmetrischen Strukturen

von P. Schmiechen, D. J. Ewins

1 Einleitung

Um den Kontakt zwischen einem rotierenden und einem ruhenden Maschinenteil zu untersuchen, war es von Interesse, definierte Anfangsbedingungen in einer rotierenden, axisymmetrischen Struktur zu erzeugen.

Gegenstand der Arbeit sind erzwungene Plattenschwingungen rotierender axisymmetrischer Strukturen, wie z. B. Turbinenläufern. In axisymmetrischen Strukturen sind die meisten Eigenwerte Doppeleigenwerte, und die dazugehörigen Eigenformen können frei um die Symmetrieachse rotieren. Im Falle der technisch immer gegenwärtigen Asymmetrie (Verstimmung) teilen sich die Doppeleigenwerte in eng benachbarte Paare und ihre Eigenformen können eindeutig in der Struktur bestimmt werden.

Sind die anderen Eigenfrequenzen klar von einem solchen Eigenfrequenz-Paar getrennt, so kann die Schwingung in dessen Umgebung durch Superposition der zwei, mit den generalisierten Koordinaten p gewichteten Eigenfunktionen ψ angenähert werden (Bernoulli-Ansatz):

$$u \approx p_1(t)\psi_1(r,\theta_R) + p_2(t)\psi_2(r,\theta_R) \tag{1}$$

Index R bezeichnet das körperfeste Bezugssystem. Die Eigenfunktionen ψ können weiter in Fourierreihen entwickelt werden. Betrachtet man in erster Näherung nur die dem Betrag nach größten Glieder, so werden die Eigenformen durch die harmonischen Funktionen beschrieben:

$$\begin{aligned}\psi_1 &= g(r)\cos n(\theta_R - \theta_{Rn}) \\ \psi_2 &= g(r)\sin n(\theta_R - \theta_{Rn})\end{aligned} \tag{2}$$

Die weitere Entwicklung erfolgt für konstanten Radius r_0, somit brauchen die radialen Amplitudenfunktionen $g(r)$ nicht mitgeführt zu werden.

2 Bewegungsgleichungen

Die entkoppelten Bewegungsgleichungen können mit der Methode von Lagrange ermittelt werden, [3]. Für jede generalisierte Koordinate erhält man

$$m_i \ddot{p}_i + d_i \dot{p}_i + c_i p_i = \Xi_i \tag{3}$$

mit den generalisierten Massen m_i, Dämpfungen d_i, Steifigkeiten c_i und Kräften Ξ_i.

3 Bezugssysteme

Zur Beschreibung der Schwingungen bieten sich zwei Bezugssysteme an: ein stationäres raumfestes System (r, θ_S) und ein rotierendes körperfestes System (r, θ_R):

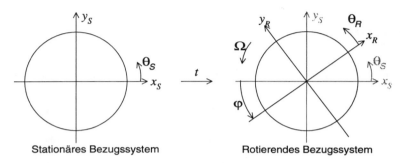

Bild 1: Bezugssysteme

Für konstante Winkelgeschwindigkeit Ω um die z-Achse erfolgt der Wechsel von einem Bezugssystem in das andere durch die folgende Koordinatentransformation:

$$\theta_R = \theta_S + \Omega t \tag{4}$$

4 Generalisierte Kräfte

Die rechte Seite der Bewegungsgleichungen enthält die generalisierten Kräfte:

$$\Xi = \int_0^{2\pi} F(\theta_R) \psi(\theta_R) d\theta_R \tag{5}$$

4.1 Einzelkraft

Eine einzelne Punktlast mit Frequenz ω und Phase ϕ_1 bei $\theta_S = \theta_{Sf1}$ im raumfesten Koordinatensystem, $\theta_{Rf1} = \Omega t + \theta_{Sf1}$ im rotierenden, resultiert in den folgenden generalisierten Kräften für die beiden generalisierten Koordinaten im körperfesten Bezugssystem:

$$\Xi_1 = F_1 \cos(\omega t - \phi_1) \cos n\left(\Omega t + \theta_{Sf1} - \theta_{Rn}\right) \tag{6}$$

$$\Xi_2 = F_1 \cos(\omega t - \phi_1) \sin n\left(\Omega t + \theta_{Sf1} - \theta_{Rn}\right) \tag{7}$$

Da n eine beliebige ganze Zahl ist, erregt eine Einzellast Eigenformen beliebiger räumlicher Verteilung.

Für eine Streckenlast, deren Amplitude proportional zu einer Eigenform mit m Knotendurchmessern ist, ergeben sich folgende generalisierten Kräfte, die nur Eigenformen mit gleicher Knotenzahl erregen:

$$\Xi_1 = \begin{cases} \pi F_1 \cos(\omega t - \phi_1) \cos n\left(\Omega t + \theta_{Sf1} - \theta_{Rn}\right) & n = m \\ 0 & n \neq m \end{cases} \tag{8}$$

Diese Art der Erregung tritt bei Turbinenläufern durch Hindernisse im Fluid auf.

Erweitert man den Ausdruck für die Punktlast, Gleichung (7), so erhält man

$$\Xi_1 = \frac{F_1}{2}\left[\cos\left((\omega + n\Omega)t - \phi_1 + n\left(\theta_{Sf1} - \theta_{Rn}\right)\right) + \cos\left((\omega - n\Omega)t - \phi_1 - n\left(\theta_{Sf1} - \theta_{Rn}\right)\right)\right] \tag{9}$$

Im rotierenden Koordinatensystem wird die Struktur mit den Frequenzen $(\omega \pm n\Omega)$ periodisch erregt, obwohl die Kraft im raumfesten System harmonisch ist. Für eine Eigenform mit n Knotendurchmessern gibt es zwei Erregungsfrequenzen.

4.2 Zwei Kräfte

Die generalisierte Kraft für zwei Einzelkräfte erhält man durch Superposition:

$$\Xi_1 = F_1 \cos(\omega t - \phi_1)\cos n\left(\Omega t + \theta_{Sf1} - \theta_{Rn}\right) + F_2 \cos(\omega t - \phi_2)\cos n\left(\Omega t + \theta_{Sf2} - \theta_{Rn}\right) \tag{10}$$

5 Lösung der Bewegungsgleichungen

Die Lösung der Bewegungsgleichung (3) erhält man durch Fouriertransformation:

$$p_i(\omega) = \frac{1}{m_i}\left(-\omega^2 + 2i\omega\omega_i\zeta_i + \omega_i^2\right)^{-1} \Xi_i(\omega) \tag{11}$$

mit den Dämpfungsmaßen ζ_i und Eigenfrequenzen ω_i. Für zwei Erregerfrequenzen, $(\omega \pm n\Omega)$, ergibt sich damit:

$$p_i = \frac{1}{m_i}\left[\left(-(\omega+n\Omega)^2 + 2i(\omega+n\Omega)\omega_i\zeta_i + \omega_i^2\right)^{-1}\Xi_i^{+n} + \left(-(\omega-n\Omega)^2 + 2i(\omega-n\Omega)\omega_i\zeta_i + \omega_i^2\right)^{-1}\Xi_i^{-n}\right] \tag{12}$$

$\Xi^{\pm n}$ bezeichnet die Kraftkomponente mit der Frequenz $(\omega \pm n\Omega)$.

6 Beschreibung im rotierenden Bezugssystem

Setzt man Gleichungen (2) und (12) in Gleichung (1) ein, und nimmt man an, daß die Dämpfung vernachlässigt werden kann und definiert das Bezugssystem so, daß der Anfangswinkel θ_{Rn} verschwindet, sowie $\theta_{Sf1}=0$ und $\phi_1=0$ gilt, erhält man für die Schwingung folgende vereinfachte Gleichungen:

$$u = \left\{ \frac{A_1^{+n}+A_2^{+n}}{2}\cos((\omega+n\Omega)t - n\theta_R) + \frac{A_1^{+n}-A_2^{+n}}{2}\cos((\omega+n\Omega)t + n\theta_R) \right.$$
$$\left. + \frac{A_1^{-n}+A_2^{-n}}{2}\cos((\omega-n\Omega)t + n\theta_R) + \frac{A_1^{-n}-A_2^{-n}}{2}\cos((\omega-n\Omega)t - n\theta_R) \right\} \frac{F_1}{2} \quad (13)$$

wobei $A_i^{\pm n}$ die Vergrößerungsfaktoren sind

$$A_i^{\pm n} = \frac{1}{m_i}\left|\omega_i^2-(\omega\pm n\Omega)^2\right|^{-1} \quad (14)$$

Die Resonanzstellen treten bei $\omega_1,\omega_2 = (\omega \pm n\Omega_{r1,2})$ auf, Bild 2.

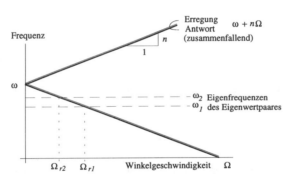

Bild 2: Frequenzen im rotierenden Bezugssystem

7 Beschreibung im stationären Bezugssystem

Für das raumfeste Bezugssystem ergibt sich folgende Beschreibung für die Schwingung:

$$u = \left\{ \frac{A_1^{+n}+A_2^{+n}}{2}\cos(\omega t - n\theta_S) + \frac{A_1^{+n}-A_2^{+n}}{2}\cos((\omega+2n\Omega)t + n\theta_S) \right.$$
$$\left. + \frac{A_1^{-n}+A_2^{-n}}{2}\cos(\omega t + n\theta_S) + \frac{A_1^{-n}-A_2^{-n}}{2}\cos((\omega-2n\Omega)t - n\theta_S) \right\} \frac{F_1}{2} \quad (15)$$

Wiederum schematisch dargestellt, Bild 3.

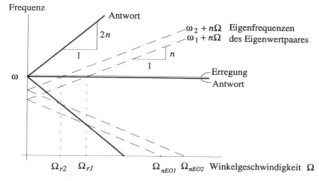

Bild 3: Frequenzen im stationären Bezugssystem

8 Erregung verschiedener Schwingungsformen

Mit zwei Kräften ist es möglich, verschiedene Schwingungsformen gezielt zu erregen oder zu unterdrücken. Im Weiteren wird angenommen, daß die Kräfte bei den Winkeln $\theta_S = \theta_{Sf1}$ und $\theta_S = \theta_{Sf2}$ angreifen und die zeitlichen Phasen ϕ_{f1} und ϕ_{f2} haben.

8.1 Erregung von Wanderwellen

Zwei verschiedene Wanderwellen können erregt werden: eine vorwärts und rückwärts wandernde (oder: mit- und gegenlaufende Wellen), wobei letztere sich, für den stationären Beobachter, vorwärts bewegen können.

Gegenlaufende Wellen können, bei geeigneter Drehzahl Ω_{nEO}, auch durch stationäre Kräfte erregt werden und sind deshalb für den Konstrukteur wichtig.

8.1.1 Gegenlaufende Wanderwellen

Für den Fall der gegenlaufenden Wanderwelle müssen die Komponenten der mitlaufenden Wanderwelle sich zu Null addieren. Dies führt zu folgendem Gleichungssystem:

$$\cos\big((\omega+n\Omega)t - \phi_{f1} + n(\theta_{Sf1} - \theta_{Rn})\big)F_1 + \cos\big((\omega+n\Omega)t - \phi_{f2} + n(\theta_{Sf2} - \theta_{Rn})\big)F_2 = 0$$
$$\sin\big((\omega+n\Omega)t - \phi_{f1} + n(\theta_{Sf1} - \theta_{Rn})\big)F_1 + \sin\big((\omega+n\Omega)t - \phi_{f2} + n(\theta_{Sf2} - \theta_{Rn})\big)F_2 = 0 \quad (16)$$

das nicht-triviale Lösungen, $F_1, F_2 \neq 0$, unter folgenden Bedingungen hat:

$$F_1 = F_2$$
$$-n\Delta\theta_{Sf} + \Delta\phi_f = (2k+1)\pi \qquad k \text{ ganze Zahlen} \quad (17)$$

$\Delta\theta_{Sf} = \theta_{Sf2} - \theta_{Sf1}$ ist der Winkel zwischen den beiden Kräften im Raum, $\Delta\phi_f$ ist ihre Phasenverschiebung.

8.1.2 Mitlaufende Wanderwellen

Die Analyse für mitlaufende Wanderwellen verläuft ähnlich. Diesmal müssen sich die Komponenten der gegenlaufenden Welle zu Null summieren:

$$F_1 = F_2$$
$$n\Delta\theta_{Sf} + \Delta\phi_f = (2k+1)\pi \quad k \text{ ganze Zahlen} \tag{18}$$

8.2 Unterdrückung einer Eigenform

Wenn eine Eigenform unterdrückt werden soll, so muß das Gleichungssystem

$$F_1 \cos(\omega t - \phi_{f1})\cos n(\Omega t + \theta_{Sf1} - \theta_{Rn}) + F_2 \cos(\omega t - \phi_{f2})\cos n(\Omega t + \theta_{Sf2} - \theta_{Rn}) = 0$$
$$F_1 \cos(\omega t - \phi_{f1})\sin n(\Omega t + \theta_{Sf1} - \theta_{Rn}) + F_2 \cos(\omega t - \phi_{f2})\sin n(\Omega t + \theta_{Sf2} - \theta_{Rn}) = 0 \tag{19}$$

erfüllt sein, das auf folgende Bedingungen führt:

$$F_1 = F_2$$
$$\Delta\phi_f = l\pi \tag{20}$$
$$n\Delta\theta_{Sf} + \Delta\phi_f = (2k+1)\pi \quad k, l \text{ ganze Zahlen}$$

8.3 Erregung einer stehenden Welle

Eine stehende Welle im rotierenden Bezugssystem wird erregt durch Kräfte, die sich von den oben beschriebenen Kräften unterscheidet. Eine Kraft allein kann nur stehende Wellen erzeugen.

8.4 Diskussion

Die Ergebnisse des vorhergehenden Kapitels sind in folgender Tabelle zusammengefaßt:

Tabelle 1: Bedingungen für die Erregung bestimmter Schwingungsformen

Mitlaufende Welle	$n\Delta\theta_{Sf} + \Delta\phi_f = (2k+1)\pi$
Ausschluß	$n\Delta\theta_{Sf} = (2k+1)\pi$
Gegenlaufende Welle	$n\Delta\theta_{Sf} - \Delta\phi_f = (2k+1)\pi$

n ist die Anzahl der Knotendurchmesser, $\Delta\theta_{Sf} = \theta_{Sf2} - \theta_{Sf1}$ der räumliche Winkel zwischen den beiden Kräften, $\Delta\phi_f$ ihre Phasenverschiebung und k eine beliebige ganze Zahl.

Um die verschiedenen Schwingungsformen zu erregen, ist es nach Tabelle 1 nur nötig, die zeitlich Phase ($\Delta\phi_f$) zu ändern, während der räumliche Winkel ($\Delta\theta_{Sf}$) konstant gehalten werden kann.

Da bei der Herleitung eine vereinfachte Struktur angenommen wurde, werden im Experiment immer mehrere Schwingungsformen gleichzeitig zu beobachten sein, auch wenn dies nach Tabelle 1 nicht der Fall sein sollte.

9 Experiment

Die Theorie wurde anhand einer Simulation überprüft und soll später noch im Experiment verifiziert werden.

9.1 Simulation

Das Modell besteht aus $M=16$ Massen, die durch M lineare Federn ringförmig verbunden wurden. Zuerst wurde eine perfekt axisymmetrische, gestimmte Struktur durch M Punktkräfte erregt und dann durch zwei Punktkräfte, Bild 4. Jedesmal sollte eine gegenlaufende Wanderwelle mit zwei Knotendurchmessern erregt werden, die Phasen wurden entsprechend Tabelle 1 berechnet.

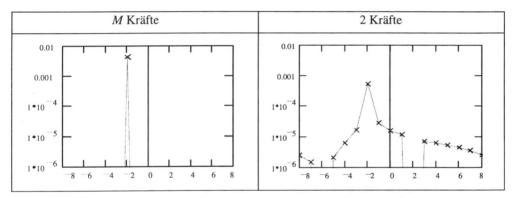

Bild 4: Antwort einer gestimmten Platte mit verschiedener Anzahl von Kräften

Deutlich zu sehen ist, daß mit M Erregungen die anderen Komponenten besser unterdrückt werden können als dies mit nur 2 Erregungen möglich ist.

Im gleichen System wie zuvor wurde eine Masse um 10% erhöht. Bei gleicher Erregung wie zuvor, zeigt sich, daß auch für M Kräfte die Schwingungsform nicht mehr eine reine Wanderwelle ist, Bild 5: da sich die Eigenform verändert hat, werden bei gleicher Belastung auch andere Komponenten erregt, dominant sind aber für kleine Verstimmung die Komponenten mit zwei Knotendurchmessern.

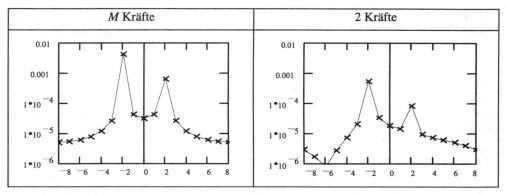

Bild 5: Antwort einer verstimmten Scheibe mit verschiedener Anzahl von Kräften

9.2 Experiment

Für die Durchführung des Experimentes ist es wichtig, die Kräfte entsprechend Tabelle 1 einzustellen und nicht die Signale zu den Verstärkern. Daher ist der erste Schritt, die Übertragungsfunktion zwischen Signalen und Kräften zu ermitteln. Speziell in der Nähe von Resonanzstellen ist diese auf Grund der Wechselwirkung zwischen Struktur und Erregern nichtlinear, so daß ein iterativer Algorithmus (conjugate gradient) benutzt werden muß.

10 Danksagung

Die Arbeit wurde innerhalb des Forschungsprojektes BRITE/EURAM NO. 5463: ROSTADYN der Europäischen Union angefertigt.

11 Referenzen

[1]: S.A. Tobias, R.N. Arnold: **The Influence of Dynamical Imperfection on the Vibration of Rotating Disks**, Proc. IMechE, Vol. 171, 1957.

[2]: H. Mehdigholi, D.A. Robb, D.J. Ewins: **Simulation of Vibration in a Disc rotating past a Static Force**, Proc. IMAC X, pp. 802-809, 1992.

[3]: D.E. Newland: **Mechanical Vibration Analysis and Computation**, John Wiley & Sons, New York, 1989.

Mixed Precession Modes of Rotor-Bearing Systems

by M. Radeș

Abstract

The dynamic response of rotor-bearing systems is usually expressed in terms of forward and backward precession modes. However, the directivity of precession motion is a local, not a global property. Asymmetric anisotropic rotor-bearing systems exhibit mixed precession modes in which some coordinates have forward precession orbits while the other have backward precession orbits.

For axi-symmetric rotors, the stator orthotropy yields different dynamic stiffnesses, hence different rotor deflected shapes, in two orthogonal directions, at the same rotational speed. Coupling of such different eigenforms yields mixed precession modes. Herein, computer simulation examples are presented to illustrate the nature of mixed modes produced by conservative coupling effects.

1 Introduction

In the dynamics of rotor-bearing systems, the rotor precession is usually described by modal characteristics associated with forward and backward modes. However, the directivity of precession is a local, not a global property. It is well known that a rotor can have both forward and backward precession coexistent at a given speed [1]. Mixed precession modes have been calculated by Lund [2] and mentioned recently by Jei and Kim [3].

Hopefully, the precession of many rotor-bearing systems can be classified as pure forward or backward, the motion at all stations of interest having the same direction. This enables a logical mode labelling and can be extended to predominantly forward and backward modes.

Asymmetric anisotropic rotor-bearing systems exhibit mixed precession modes produced by coupling effects such as gyroscopic moments and bearing cross-stiffnesses. Bearing damping complicates the picture, changing sometimes the usual sequence of backward and forward modes.

Bearing orthotropy yields different dynamic stiffnesses, hence different rotor deflected shapes in two orthogonal directions, at the same rotational speed. The coupling of two (even slightly) different rotor orthogonal eigenforms yields mixed precession modes.

This can be easier explained for conservative rotor-bearing systems that have planar precession modes. In this case, the deflected shapes in two orthogonal planes correspond to mode shapes plotted at two moments with a quarter of period time difference. At the station where only one curve crosses the rotor axis within its length, the precession orbit degenerates into a straight line, separating portions of forward and backward motion along the rotor.

Mixed modes were neglected in the past because, in academic examples, many rotor systems were symmetrical and/or isotropic, and the motion was analysed in a relatively reduced number of stations along the rotor. In most cases, mixed modes are predominantly forward and backward, with limited zones of reverse precession, so that if the number of stations in the model is too small, than the mixed character of the precession is lost.

It is worth noting that, in the first detailed study mentioning the existence of mixed modes [2], Lund analysed an 8-stage centrifugal compressor with overhungs at both ends and the centre of gravity almost midway between the two bearings. Such a system should be modelled with at least 12 stations, so that mixed modes can be revealed.

In an actual rotor with oil-lubricated bearings, the slightest asymmetry yields small differences in load and oil temperature between the two bearings. Even with physically identical bearings, the stiffness and damping coefficients are different at the both ends. For reasonable amounts of dissymmetry and coupling effects, the eigenfrequency curves in the Campbell diagram do not cross, giving rise to curve veerings denoting modal coupling. The abrupt continuous change of mode shapes within the speed interval of eigenfrequency curve veering yields mixed modes. Along an eigenfrequency curve, a mode can be forward over a given speed interval, then mixed in the region of curve veering, changing to backward away of that region. Simultaneous plotting of the speed dependence of modal damping ratio helps in understanding the nature of mixed modes.

This might be important for the correct connection of points in the Campbell diagrams, when the use of a modal assurance criterion to plot tracked instead of sorted curves can give wrong results. It can also improve some recent modal testing procedures [3] in which the directivity of motion is considered to be a global property.

For a large class of actual rotor systems, each precession mode is split up into two, usually the first mode in a pair with backward precession and the second mode with forward precession. Inclusion of bearing damping can change the sequence. Over-critically damped modes begin to appear only at higher rotational speeds.

The bearing cross-coupling stiffness increases the interval between the eigenfrequencies within a backward-forward pair corresponding to the same modal number. This way, a forward mode from a lower pair approaches a backward mode from a higher pair. This yields either a crossing or a curve veering in the corresponding Campbell diagram. In the latter case the merging of two different modes gives rise to mixed precession.

In an actual machine, bearing stiffnesses are seldom the same at both ends. Any departure from symmetrical behaviour is a source of mixed modes. The study of the influence of different coupling effects upon the formation of mixed modes deserves further research.

This paper presents examples of simple rotor-bearing systems exhibiting mixed precession modes. Emphasis is on the directivity of motion. Computer simulations illustrate the evolution of mixed precession modes as a function of rotational speed.

2 System Modelling and Modal Analysis

Rotor-bearing systems presented in this paper have been analysed by finite element models consisting of shaft segments, discrete rigid discs and discrete flexible bearings.

The shaft segment is modelled by a two-node, eight-degree-of-freedom beam element with two translations and two rotations at each end. Rotary inertia and gyroscopic moments are considered, while shear deformations and internal damping are neglected. The corresponding element matrices are the same as derived by Nordmann [4] and Nelson and McVaugh [5].

Rigid discs are characterized by mass, diametral and polar mass moments of inertia, taking into account their gyroscopic moments. External damping is neglected. Bearings are generally described by linearized models with eight stiffness and damping coefficients. In this paper, only simple examples are given with speed independent coefficients.

Solution of the eigenvalue problem resulting from the free precesion equation is carried out by the Householder-QR-Inverse Iteration technique. The eigenvalues are found in the form

$$\lambda = \alpha + i\omega$$

where ω is the damped natural frequency and α is the damping exponent. The modal damping ratio is given by

$$\zeta = -\alpha/\omega.$$

3 Numerical Examples

In order to illustrate the nature of mixed forward/backward precession modes, three numerical examples are presented.

3.1 Rotor with Disc at the Middle

A simple asymmetric anisotropic rotor system, similar to that studied in [6], is taken as a first example. A rigid disc is mounted at the middle of a uniform shaft with a length of 0.44 m, a diameter of 90 mm, a Young's modulus of 2×10^{11} N/m^2 and a density of 7800 kg/m^3. The mass of the disc is 560 kg, while the diametral and the polar moments of inertia are 18 kgm^2 and 32 kgm^2 respectively.

The shaft is divided into 4 finite elements of equal length. It is supported at the ends by orthotropic bearings whose stiffness and damping coefficients are assumed to be independent of rotational speed. The precession natural modes were determined for two different sets of bearing properties.

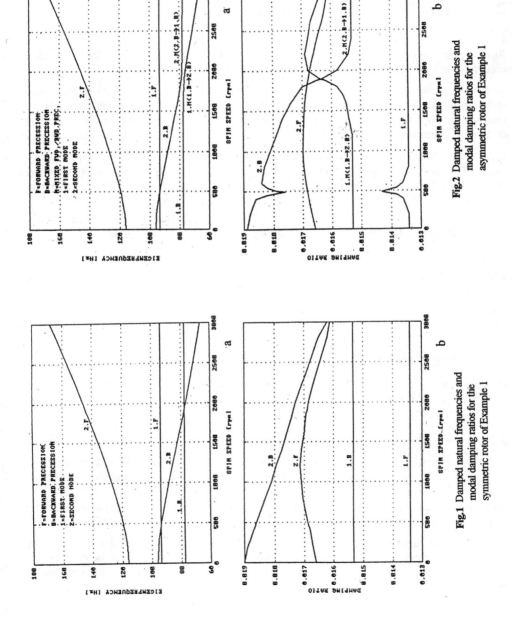

Fig.1 Damped natural frequencies and modal damping ratios for the symmetric rotor of Example 1

Fig.2 Damped natural frequencies and modal damping ratios for the asymmetric rotor of Example 1

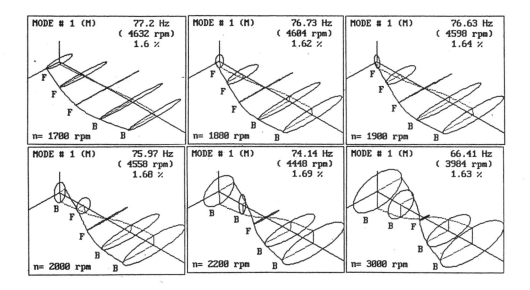

Fig.3 First mixed mode of the asymmetric rotor of Example 1
at speeds in the interval of eigenfrequency curve veering

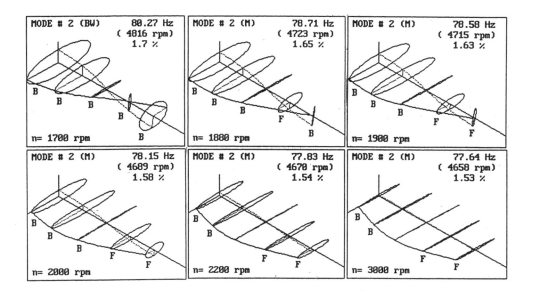

Fig.4 Second mixed mode of the asymmetric rotor of Example 1
at speeds in the interval of eigenfrequency curve veering

Case 1a. Identical bearings: $k_{yy} = 2.2 \times 10^8$ N/m, $k_{zz} = 1.1 \times 10^8$ N/m, $c_{yy} = 2.2 \times 10^4$ Ns/m, $c_{zz} = 1.1 \times 10^4$ Ns/m.

Case 1b. Slightly different bearings: $k'_{yy} = 2.15 \times 10^8$ N/m, $k'_{zz} = 1.15 \times 10^8$ N/m, $c'_{yy} = 2.15 \times 10^4$ Ns/m, $c'_{zz} = 1.15 \times 10^4$ Ns/m, $k''_{yy} = 2.25 \times 10^8$ N/m, $k''_{zz} = 1.05 \times 10^8$ N/m, $c''_{yy} = 2.25 \times 10^4$ Ns/m, $c''_{zz} = 1.05 \times 10^4$ Ns/m.

Superscripts 'prime' and 'second' denote left and right ends of the shaft.

The speed dependence of eigenfrequencies and modal damping ratios for the first four modes is shown in Fig.1 (Case 1a) and Fig.2 (Case 1b). When the bearing at both ends have the same characteristics (Fig.1a) the curve 2.B crosses the lines 1.F and 1.B. There are no couplings between the conical backward mode and the cylindrical modes. In Fig.1b the damping curves do not cross each other.

When the bearings have slightly different characteristics (Fig.2a), the curve 2.B crosses the line 1.F at 500 rpm and veers away from the line 1.B at 1900 rpm. In Fig.2b the damping ratio curves of modes 2.B and 1.F have a trough, respectively a peak, at 500 rpm, not crossing each other, while curves 2.B and 1.B do cross each other at 1900 rpm. With increasing rotational speed, the second backward precession mode becomes a mixed mode and changes into the first backward mode, while mode 1.B changes into 2.B.

The mode shape evolution in the speed intervals of modal interaction is shown in Figs.3-7. The precession orbits at the 5 stations of the finite element model, as well as the mode shapes at t=0 (solid line) and t =Π/2ω (broken line) are plotted for Case 1b. For mixed modes, the precession along the ellipse is marked by **F** or **B**, and takes place from the point lying on the solid line (t=0) to the point lying on the broken line (a quarter of a period later).

Figure 3 shows the evolution of mode 1.M between 1700 and 3000 rpm. Mode 1.M is obtained from the coupling of a vertical conical mode with a horizontal cylindrical mode. With increasing speed, the latter becomes a conical horizontal mode.

Figure 4 presents the evolution of mode 2.M between 1700 and 3000 rpm. At 1700 rpm the mode is still backward 2.B. Increase of rotational speed modifies the horizontal conical mode. At 1800 rpm the right hand end becomes node, the precession ellipse degenerates into a straight line. At higher speeds the horizontal mode becomes cylindrical. Because the vertical component remains conical, the precession mode is mixed even at 3000 rpm.

Figure 5 shows the evolution of mode 2.M between 400 and 600 rpm. Despite the crossing of eigenfrequency curves (Fig.1a) and the predominantly backward nature of this mode, at 490 and 540 rpm the mode is mixed. So mixed modes are possible even when there is no curve veering in the Campbell diagram.

Figure 6 presents the evolution of mode 3.M between 480 and 600 rpm. This mode is the result of the combination of a cylindric almost vertical mode and a conical horizontal mode. The phase change of the conical mode between 490 and 500 rpm inverts the directivity of precession zones.

The mixed nature of a precession mode can be overlooked if the directivity of precession is calculated at a too small number of stations. Figure 7 shows the second natural mode at 1700 rpm. If the finite element model has only 5 nodes then the mode seems to be a backward one.

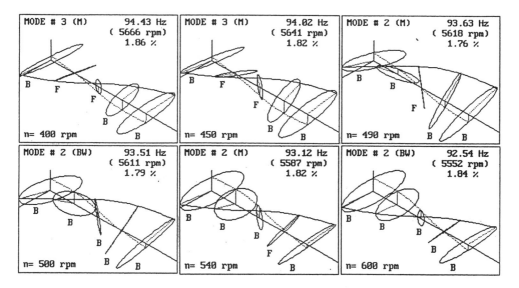

Fig.5 Second mixed mode of the asymmetric rotor of Example 1 at speeds in the interval of eigenfrequency curve crossing

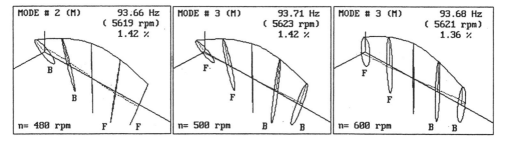

Fig.6 Third mixed mode of the asymmetric rotor of Example 1 at speeds in the interval of eigenfrequency curve crossing

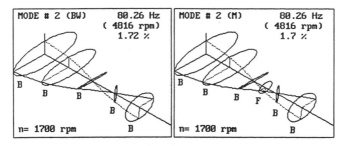

Fig.7 Second precession mode of the asymmetric rotor of Example 1 at 1700 rpm.

If a 6th node is considered midway between the disc and the middle of the right half of the shaft, then its precession is forward, and the mixed nature of the mode is revealed.

3.2 Rotor with Overhung Disc

As the second example, a rotor with two bearings and a single disc overhung at one end is considered. The disc and bearing data are as in [7] but the shaft is modified as in [8]. The rigid disc with a mass of 8000 kg, a polar mass moment of inertia 8520 kgm^2 and diametral mass moment of inertia 4260 kgm^2 is located at station 5, at the right end.

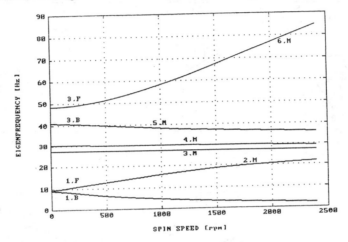

Fig.8 Campbell diagram for the rotor of Example 2

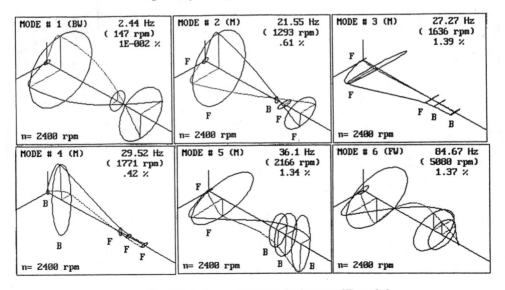

Fig.9 Mode shapes at 2400 rpm for the rotor of Example 2

The shaft is modelled by 4 finite elements with the following lengths and diameters: $l_1=0.7$ m, $d_1=0.1$ m, $l_2=2.9$ m, $d_2=0.3$ m, $l_3=0.4$ m, $d_3=0.32$ m, $l_4=0.8$ m, $d_4=0.34$ m, with a density 7800 kg/m^3 and elastic modulus 2.1×10^{11} Pa.

The bearings are located at stations 1 and 4 having the following properties.

At station 1: $k'_{yy} = (1/6) \times 10^9$ N/m, $k'_{zz}=(1/12) \times 10^9$ N/m, $c'_{yy}=c'_{zz}=10^5$ Ns/m.

At station 4: $k''_{yy}=(2/3) \times 10^9$ N/m, $k''_{zz}=(1/3) \times 10^9$ N/m, $c''_{yy}=c''_{zz}=10^5$ Ns/m.

The Campbell diagram is presented in Figure 8 for the first six natural modes. The shape of the first six eigenmodes at 2400 rpm is shown in Figure 9. The system has 4 mixed modes, although there is neither curve veering nor crossing at 2400 rpm in figure 8, but just an approaching of eigenvalues of modes 1.F and 2.B, 2.F and 3.B respectively. Mode 2.M is predominantly forward (2.F) and it is a result of the existence of different crossing points of the vertical and horizontal component modes.

3.3 Three-Disc Rotor

A simply supported rotor with three concentrated discs [9] is taken as a third example. The shaft of 1.3 m length and 0.1 m diameter has a density 7800 kg/m^3 and an elastic modulus of 2×10^{11} Pa. It was divided into four finite elements of lengths 0.2, 0.3, 0.5 and 0.3 m.

The three rigid discs, located at stations 2, 3 and 4, have the following properties:

$m_1=14.58$ kg, $J_{T1}=0.0646$ kgm^2, $J_{P1}=0.123$ kgm^2,

$m_2=45.94$ kg, $J_{T2}=0.498$ kgm^2, $J_{P2}=0.976$ kgm^2,

$m_3=55.13$ kg, $J_{T3}=0.602$ kgm^2, $J_{P3}=1.171$ kgm^2.

The orthotropic bearings are located at stations 1 and 5. The precession modes are determined for two different sets of bearing properties (prime and second denote left and right ends).

Case 3a: $k'_{yy}=7 \times 10^7$ N/m, $k'_{zz}=5 \times 10^7$ N/m, $k'_{yz}=k'_{zy}=0$,

$c'_{yy}=7 \times 10^3$ Ns/m, $c'_{zz}=4 \times 10^3$ Ns/m, $c'_{yz}=c'_{zy}=0$,

$k''_{yy}=6 \times 10^7$ N/m, $k''_{zz}=4 \times 10^7$ N/m, $k''_{yz}=k''_{zy}=0$,

$c''_{yy}=6 \times 10^3$ Ns/m, $c''_{zz}=5 \times 10^3$ Ns/m, $c''_{yz}=c''_{zy}=0$.

Case 3b: Equal cross-coupling stiffness coefficients

$k'_{yz}=k'_{zy}=-4 \times 10^7$ N/m, $k''_{yz}=k''_{zy}=-4.5 \times 10^7$ N/m,

the other characteristics are as for Case 3a.

The Campbell diagram for the first 10 modes of the rotor without bearing cross-coupling stiffnesses is shown in Fig.10a. The eigenmodes occur in pairs, the lower mode in a pair with backward precession, and the upper with forward precession. The speed dependence of the modal damping ratio, presented in Fig.10b, is more complicated.

For the rotor with bearing cross-coupling stiffnesses, the speed dependence of eigenfrequencies and modal damping ratios is shown in Fig.11. It can be seen that the conservative cross-stiffness increases the interval between the eigenvalues in a pair

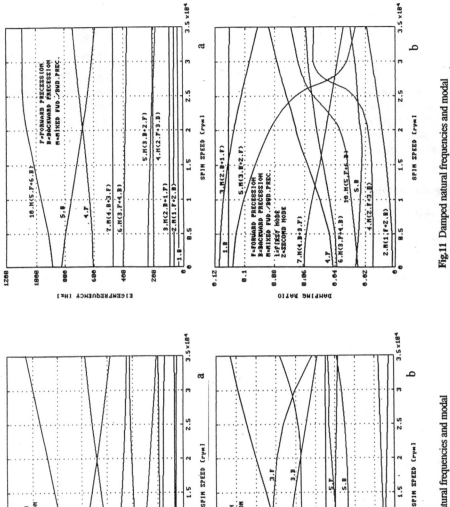

Fig.10 Damped natural frequencies and modal damping ratios for the rotor of Example 3 with zero bearing cross-coupling stiffnesses

Fig.11 Damped natural frequencies and modal damping ratios for the rotor of Example 3 with equal bearing cross-coupling stiffnesses

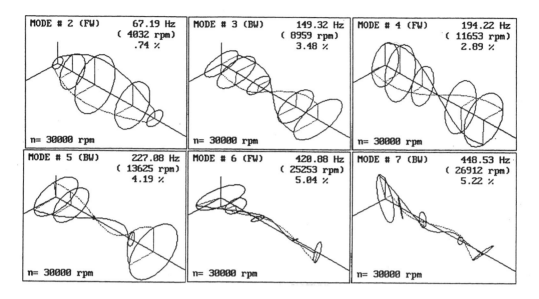

Fig.12 Mode shapes at 30000 rpm for the rotor of Example 3 with zero bearing cross-coupling stiffnesses

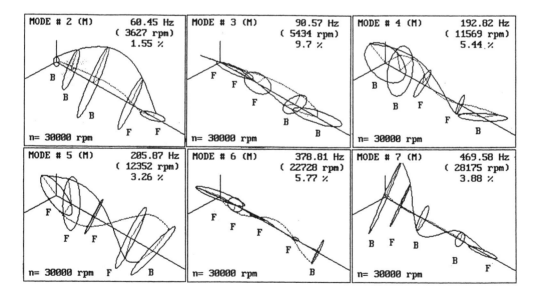

Fig.13 Mode shapes at 30000 rpm for the rotor of Example 3 with equal bearing cross-coupling stiffnesses

corresponding to the same modal number. When a lower number forward mode approaches a higher number backward mode, as for modes 2.F and 3.B, the result is a curve veering in the Campbell diagram (at 2600 rpm) with a corresponding crossing of damping ratio curves (Fig.11b). As it can be seen from figure 11a, the crossing of eigenfrequency curves of modes 4.F and 5.B persists and gives no rise to mixed modes.

Six mode shapes at 30,000 rpm are presented in Fig.12, for Case 3a, and in Fig.13, for Case 3b. The symmetric bearings from Case b are equivalent to orthotropic bearings with principal axes oriented at +45º and -45º relative to the Y (vertical) axis, so that the elliptical precession orbits have inclined axes.

4 Concluding Remarks

Three simple examples have been analysed to show the nature of mixed precession modes. It is demonstated that the directivity of precessional motion is not a global, but a local property, though pure forward and backward modes do exist.

Mixed precession modes occur at dissymmetric systems with anisotropic bearings. Even when the rotor is axi-symmetrical, the stator orthotropy makes it possible that physically different modes in two orthogonal directions are mixed up together, resulting in a mixed mode.

References

1. Bigret R., **Vibrations des machines tournantes et des structures**, tome **4**, partie B, *B10*, Technique et Documentation, Paris, 1980, p.269-287.

2. Lund J.W., Stability and damped critical speeds of a flexible rotor in fluid-film bearings, *J. of Engineering for Industry*, Trans.ASME, Series B, **96**,.2, May 1974, p.509-517.

3. Jei Y.-G. and Kim Y.-J., Modal testing theory of rotor-bearing systems, *Journal of Vibration and Acoustics*, Trans.ASME, **115**, April 1993, p.165-176.

4. Nordmann R., *Ein Näherungsverfahren zur Berechnung der Eigenwerte und Eigenformen von Turborotoren mit Gleitlagern, Spalterregung, äußerer und innerer Dämpfung*, Dissert. T.H.Darmstadt, 1974.

5. Nelson H.D. and McVaugh J.M., The dynamics of rotor-bearing systems using finite elements, *J. of Engineering for Industry*, Trans.ASME, **98**, May 1976, p.593-600.

6. Rajakumar Ch., Dynamic analysis of rotors with ANSYS, Swanson Analysis Systems Inc. Techn. Note.

7. Krämer E., **Maschinendynamik**, Springer Verlag, Berlin, 1984.

8. de Bot, Luuk, *Toepassingen Rody-III*, T.U.Eindhoven, WFW rapport nummer *93.131*, Sept.1993, p.7.

9. Lalanne M. and Ferraris G., **Rotordynamics Prediction in Engineering**, J. Wiley & Sons, Chichester, 1990.

Instationäres Auswuchten starrer Rotoren

von I. Menz, R. Gasch

1 Grundgedanke und Zielsetzung

Die zur Zeit verwendeten Verfahren zum Auswuchten starrer Rotoren setzen einen stationären Drehzustand voraus (Bild 1.1). Häufig wird in Wuchtautomaten ausgewuchtet, an deren harten Lagerungen die Lagerkräfte nur in horizontaler Richtung gemessen werden. Nutz- und Störsignale werden durch Frequenzganganalysatoren von einander getrennt [4].
Ziel der Untersuchungen zum instationären Wuchten ist es, einen 2.8 kg schweren Rotor in einer Wuchtmaschine konventioneller Bauart innerhalb einer Sekunde auf 2000 U/min zu beschleunigen, wieder bis zum Stillstand abzubremsen (Bild 1.2) und dabei die zum Wuchten notwendigen Informationen zu gewinnen.

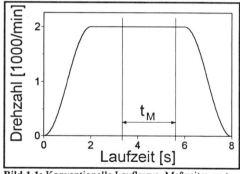
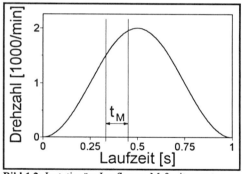

Bild 1.1: Konventionelle Laufkurve, Meßzeitraum t_M **Bild 1.2:** Instationäre Laufkurve, Meßzeitraum t_M

Die Unwuchtidentifikation soll so schnell erfolgen, daß mit dem Stillstand des Rotors die Wuchtempfehlung vorliegt.
Durch den instationären Drehzustand des Rotors bedingt ist die Behandlung der Daten im Frequenzbereich nicht mehr sinnvoll. Es werden deshalb im Zeitbereich arbeitende Identifikationsalgorithmen, wie z. B. Least-Squares-Techniken, eingesetzt.

2 Die instationären Wuchtgleichungen

Im Gegensatz zum stationären Wuchten ist die Richtung der resultierenden Trägheitskraft im instationären Fall nicht mit der Lage der Unwucht identisch. Durch die Drehbeschleunigung bedingt kommt zur radial wirkenden Fliehkraft, wie in Bild 2.1 skizziert, eine zweite tangentiale Komponente hinzu. Es scheint im ersten Moment so, daß jetzt die Kraftmessung in beiden Richtungen nötig wird. Bei näherer Betrachtung der Bewegungsgleichungen wird sich jedoch zeigen, daß auch im instationären Fall die Kraftmessung in nur einer Richtung zur Bestimmung der Unwucht ausreicht.

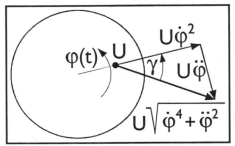

Bild 2.1: Unwuchtbedingte Kräfte, Ablagewinkel γ

Der Rotor wird, wie in Bild 2.2 gezeigt, im inertialen, karthesischen Koordinatensystem beschrieben. X repräsentiert die axiale Richtung, Y die horizontale und Z die vertikale.
$\mu(x)$ steht für die Massenverteilung des Rotors, $\varepsilon(x)$ für die Schwerpunktsexzentrizität. $\beta(x)$ beschreibt deren Winkellage zum Zeitpunkt t=0. Zusammen mit den im Abstand ε_1 bzw. ε_2 unter den Winkeln β_1 und β_2 angebrachten Setzungen m_1 und m_2 ergeben sich die Lagerkräfte F_1 und F_2.

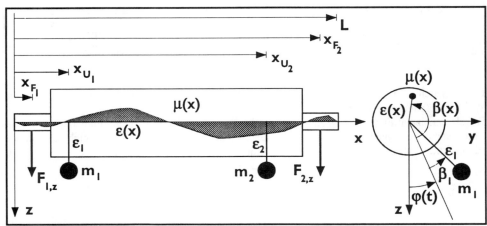

Bild 2.2: Mechanisches Modell des starren Rotors aus [1]

Durch komplexe Zusammenfassung der Komponenten ergibt sich eine sehr kompakte, vektorielle Schreibweise, wobei j die imaginäre Einheit darstellt.

$$\hat{F} = F_z + jF_y \qquad \hat{U} = U_z + jU_y \qquad (2.1)$$

Mit den Abkürzungen für die Urunwuchten

$$\hat{U}_1^0 = \frac{1}{x_{F_2} - x_{F_1}} \int_0^L \mu(x)\varepsilon(x)e^{j\beta(x)}(x_{F_2} - x)dx \quad \hat{U}_2^0 = \frac{1}{x_{F_1} - x_{F_2}} \int_0^L \mu(x)\varepsilon(x)e^{j\beta(x)}(x_{F_1} - x)dx \quad (2.2)$$

sowie die Setzungen

$$\hat{U}_1 = m_1\varepsilon_1 e^{j\beta_1} \qquad \hat{U}_2 = m_2\varepsilon_2 e^{j\beta_2} \qquad (2.3)$$

ergibt sich die instationäre Auswuchtforderung (Lagerkräfte Null) zu

$$\begin{Bmatrix}\hat{0}\\\hat{0}\end{Bmatrix} \stackrel{!}{=} \begin{Bmatrix}\hat{F}_1\\\hat{F}_2\end{Bmatrix} = \left(-\dot{\varphi}^2 + j\ddot{\varphi}\right)e^{j\varphi}\left(\begin{Bmatrix}\hat{U}_1^0\\\hat{U}_2^0\end{Bmatrix} + \frac{1}{x_{F_2} - x_{F_1}}\begin{bmatrix}x_{F_2} - x_{U_1} & x_{F_2} - x_{U_2}\\x_{U_1} - x_{F_1} & x_{U_2} - x_{F_1}\end{bmatrix}\begin{Bmatrix}\hat{U}_1\\\hat{U}_2\end{Bmatrix}\right) \qquad (2.4)$$

Die erste Klammer beschreibt den Drehzustand des Rotors, sie ist der komplexe Proportionalitätsfaktor zwischen den Unwuchten und den Amplituden der daraus resultierenden Kräfte. Der Beschleunigungsterm entfällt beim stationären Wuchten. Im instationären Fall führt er zum Ablagewinkel γ zwischen der Kraftamplitude und der Richtung der Unwucht. Die große Klammer charakterisiert den Unwuchtzustand des Rotors, der sich aus Urunwuchten und Setzungen zusammensetzt. Die vor den Setzungen auftretende Matrix berücksichtigt die Geometrie des Rotors.

Die unbekannten Urunwuchten $\hat{U}^0$ sind wegen der Forderung, in konventionellen Wuchtmaschinen auszuwuchten, aus den Imaginärteilen (horizontale Komponente) der Lagerkräfte zu bestimmen,

$$\begin{Bmatrix}F_{1,y}\\F_{2,y}\end{Bmatrix} = -\dot{\varphi}^2\left(\sin(\varphi)\begin{Bmatrix}U_{1,z}^0\\U_{2,z}^0\end{Bmatrix} + \cos(\varphi)\begin{Bmatrix}U_{1,y}^0\\U_{2,y}^0\end{Bmatrix}\right) + \ddot{\varphi}\left(-\sin(\varphi)\begin{Bmatrix}U_{1,y}^0\\U_{2,y}^0\end{Bmatrix} + \cos(\varphi)\begin{Bmatrix}U_{1,z}^0\\U_{2,z}^0\end{Bmatrix}\right) \qquad (2.5)$$

Im Fall des stationären Wuchtens entfällt der zweite Anteil, da die Drehbeschleunigung $\ddot{\varphi}$ verschwindet.

3 Mechanischer Aufbau und elektronische Steuerung des Prüfstandes

Die Versuchseinrichtung besteht aus dem eigentlichen Wuchtstand, einer Antriebsregelung und einem Rechner zur Meßwertaufnahme und -verarbeitung. Bild 3.1 zeigt den Aufbau schematisch.
Angetrieben wird der Rotor durch eine permanent erregte Gleichstrommaschine, mit der er über eine Kreuzgelenkkupplung verbunden ist. Der Drehzahlverlauf wird durch eine Vier-Quadranten-Regelung kontrolliert.

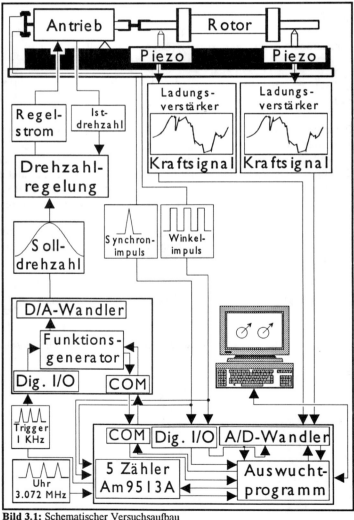

Bild 3.1: Schematischer Versuchsaufbau

Der starre Rotor ist, wie allgemein üblich, zweifach in Wuchtbrücken mit drei Kugellagern gelagert. Die Lagereinheit ist an zwei Blattfedern befestigt, die gegen einen Piezoquarz vorgespannt sind. Dadurch entsteht ein sehr hartes Lagerungssystem (Bild 3.2).

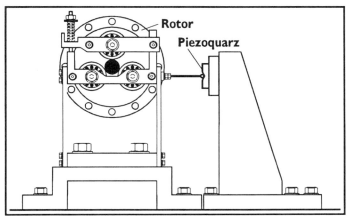

Bild 3.2: Rotorlagerung und Kraftaufnehmer (Piezoquarz) aus [4]

Ein als Funktionsgenerator betriebener Rechner mit D/A-Wandler gibt mit einer Frequenz von 1 kHz die Sollwerte für die beliebig programmierbare Drehzahlregelung vor. Am freien Ende des Antriebs ist eine Winkelcodierscheibe befestigt, die pro Umdrehung 512 Winkelimpulse und einen Synchronimpuls erzeugt.
Zur Messung der relevanten Größen wurden zwei verschiedene Konzepte entwickelt.
Die von der Codierscheibe erzeugten Impulse werden bei *winkelgetriggerter* Messung von einer im Auswert-Rechner (AT486 / 66 MHz) installierten digitalen I/O-Karte registriert. Ein A/D-Wandler nutzt das Winkelsignal zur Triggerung der im Hintergrund mittels Direkt Memory Access (DMA) durchgeführten Kraftmessung, die über Piezoquarze realisiert ist. Die Zeitmessung wird im Vordergrund durchgeführt. Ein mit 3.072 MHz betriebener Zähler dient als Uhr.
Im Fall *zeitgetriggerter* Messung erzeugt ein Zähler ein periodisches Signal, das als Trigger verwendet wird. Ein weiterer Zähler zählt die von der Codierscheibe kommenden Winkelimpulse. Die Kraftmessung findet auch hier im Hintergrund durch DMA statt, die Ermittlung der Winkellage ist als Vordergrundprozeß realisiert.
Da, je nach Meßverfahren, die Winkel- oder die Zeitmessung den Rechner blockiert, kann die Auswertung der Meßdaten erst nach Abschluß der Messungen beginnen. Zur Zeit finden Überlegungen statt, auch diese Messungen über DMA als Hintergrundprozeß durchzuführen. Die Echtzeitauswertung der Meßdaten wird in diesem Fall möglich. Das Verfahren wird dadurch soweit beschleunigt, daß die Aufnahme und Auswertung mehrerer Meßreihen während eines Meßlaufes möglich wird. Ohne zusätzlichen Zeitaufwand wird so Redundanz erreicht.
Das System ist durch eine interaktive Software sehr flexibel einsetzbar. Variiert werden können die Rotorlaufzeit, die maximale Drehzahl, die Anzahl der Messungen, die Drehzahl, bei der die Messungen beginnen, die Auflösung des Winkel- bzw. die Frequenz des Triggersignals bei zeitgetriggerten Messungen. Es steht auch ein digitales, monotones, nichtrekursives Tiefpaßfilter für die Behandlung des Kraftsignals zur Verfügung.

4 Identifikationsstrategien

Zur Unwuchtidentifikation muß neben den Lagerkräften der momentane Drehzustand, daß heißt die momentane Winkellage, -geschwindigkeit und -beschleunigung bekannt sein. Durch zeitlich äquidistantes Abtasten der Winkellage lassen sich diese Größen messen bzw. berechnen. Da die maximale Auflösung der Winkelcodierscheibe nicht verändert werden kann, entsteht bei hohen Winkelgeschwindigkeiten ein großer Quantisierungsfehler (Bild 4.1).

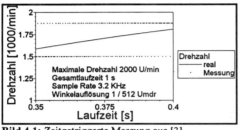
Bild 4.1: Zeitgetriggerte Messung aus [3]

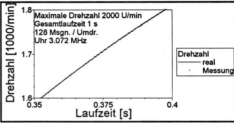
Bild 4.2: Winkelgetriggerte Messung aus [3]

Gegen dieses Quantisierungsrauschen erheblich unempfindlicher ist das umgekehrte Verfahren, als Trigger das Winkelsignal zu verwenden und die Zeit zu messen (Bild 4.2). Durch den Einsatz entsprechend schneller Quarzoszillatoren kann der Quantisierungsfehler minimiert werden.

Für diese Vorgehensweise sprechen noch weitere Argumente:
   Die Winkel sind bereits vor Beginn der Messung bekannt. Dadurch kann die zeitaufwendige Bestimmung der Werte der benötigten trigonometrischen Funktionen bereits vorab erfolgen, sie müssen während der Auswertung nur aus Tabellen entnommen werden.
   Der Frequenzgang digitaler Filter paßt sich automatisch der Rotordrehzahl an, da die Grundfrequenz zu jedem Zeitpunkt der Rotordrehzahl entspricht. Sieht man von starken Beschleunigungen bei geringer Drehzahl ab, ist diese Frequenz auch diejenige des Kraftsignals. Die digitale Filterung des Kraftsignals ist deshalb sehr elegant realisierbar.

Wegen des instationären Drehzustandes des Rotors ist die im konventionellen Fall oft verwendete Fourier-Transformation des Kraftsignals nicht zur Identifikation der Unwucht geeignet. Es sind im Zeitbereich arbeitende Algorithmen erforderlich. Als besonders zweckmäßig, weil unempfindlich gegen Störsignale, hat sich das Verfahren der kleinsten Fehlerquadrate gezeigt. Es ist mit beiden Triggerverfahren einsetzbar.
Bei Winkeltriggerung ist es ein sehr schnelles Verfahren, da die zeitaufwendige Berechnung der trigonometrischen Terme bereits im voraus erfolgt.

Gl. 2.5 ist ein 1x2 System mit den vier Urunwuchtkomponenten als unbekannten Größen. Theoretisch sind nur zwei Messungen in jeder Lagerebene nötig, um die Urunwuchten zu bestimmen. Wie die Bilder 4.3 und 4.4 zeigen, ist jede Messung mit einem Fehler δ behaftet, der sich aus verschiedenen Nebengeräuschen zusammensetzt.

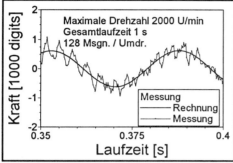

Bild 4.3: Typischer Kraftverlauf

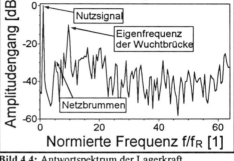

Bild 4.4: Antwortspektrum der Lagerkraft

Um diese Fehler zu eliminieren, werden viele Messungen durchgeführt (Gln. 4.1 und 4.2).

$$\underbrace{\begin{bmatrix}(F_{1,y})_1 & (F_{2,y})_1\\ \vdots & \vdots\\ (F_{1,y})_N & (F_{2,y})_N\end{bmatrix}}_{\text{Lagerkräfte durch Unwucht}} + \underbrace{\begin{bmatrix}(\delta_1)_1 & (\delta_2)_1\\ \vdots & \vdots\\ (\delta_1)_N & (\delta_2)_N\end{bmatrix}}_{\text{Geräusche}} = \underbrace{\begin{bmatrix}-\dot\varphi_1^2\sin(\varphi_1)+\ddot\varphi_1\cos(\varphi) & -\dot\varphi_1^2\cos(\varphi)-\ddot\varphi_1\sin(\varphi_1)\\ \vdots & \vdots\\ -\dot\varphi_N^2\sin(\varphi_N)+\ddot\varphi_N\cos(\varphi_N) & -\dot\varphi_N^2\cos(\varphi_N)-\ddot\varphi_N\sin(\varphi_N)\end{bmatrix}}_{\text{Meßwerte}}\underbrace{\begin{bmatrix}U_{1,z}^0 & U_{2,z}^0\\ U_{1,y}^0 & U_{2,y}^0\end{bmatrix}}_{\text{gesuchte Unwuchten}} \quad (4.1)$$

$$\underbrace{\phantom{\begin{bmatrix}F\end{bmatrix}}}_{\text{Meßwerte}}$$

oder kürzer

$${}_N^1[F]^2 + {}_N^1[\delta]^2 = {}_N^1[\varphi]^2\,{}_2^1[U]^2 \quad (4.2)$$

Die Unwuchten werden dann im Sinne des Verfahrens der kleinsten Fehlerquadrate bestimmt. Durch Linksmultiplikation des 2xN Systems mit der transponierten Drehzustandsmatrix φ entsteht das in Gl. 4.3 gezeigte, numerisch leicht lösbare 2x2 System. Im Grenzfall konstanter Drehzahl geht dieses Verfahren in die Fourieranalyse über.

$${}_2^1[\varphi^T]^N\left({}_N^1[F]^2 + {}_N^1[\delta]^2\right) = {}_2^1[\varphi^T]^N\,{}_N^1[\varphi]^2\,{}_2^1[U]^2$$

$$[U] = \left[[\varphi^T][\varphi]\right]^{-1}[\varphi^T]([F]+[\delta]) \quad (4.3)$$

5 Auswertung systematischer Meßreihen

Die Reproduzierbarkeit einer Messung ist für deren Aussagekraft von entscheidender Bedeutung. Schließt man systematische Fehler aus, so werden sich die Meßwerte statistisch um den wahren Wert verteilen. Die Standardabweichung σ stellt ein Maß für die Größe der Streuung dar. Je kleiner ihr Wert ist, desto geringer ist die Streuung der Meßwerte.
Bild 5.1 zeigt die Standardabweichung der ermittelten Urunwuchten über der Drehzahl. Es zeigt sich, daß die Schwankungen im Bereich bis 1400 min^{-1} abnehmen. Bei höheren Drehzahlen ist keine weitere Verbesserung zu erkennen, die Abweichungen steigen wieder etwas an.

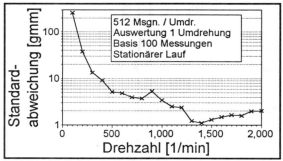

Bild 5.1: Einfluß der Drehzahl auf das Wuchtergebnis

In Bild 5.2 ist der Einfluß der Winkelauflösung und der Zahl der ausgewerteten Rotorumdrehungen auf die Schwankungen der ermittelten Unwuchten dargestellt. Es ist zu erkennen, daß eine höhere Auflösung als 128 Umdr^{-1} keine Verbesserung der Ergebnisse mit sich bringt, auch ist die Auswertung von mehr als zwei Umdrehungen nicht mit einer weiteren Stabilisierung der Ergebnisse verbunden.

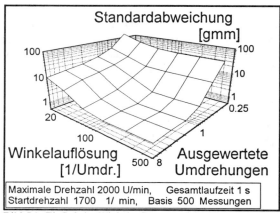

Bild 5.2: Einfluß der Winkelauflösung auf das Wuchtergebnis

Die in 250 Meßläufen ermittelten Unwuchten sind in Bild 5.3 dargestellt. Der Mittelwert liegt sehr dicht am wahren Wert, die Abweichung ist zufallsbedingt. Innerhalb des 3σ-Kreises liegen -gleiche Normalverteilung σ in beiden Richtungen vorausgesetzt- 98.9% aller Meßwerte [6]. Sein Radius beträgt 9 gmm. Der Betrag der Urunwucht liegt bei 398 gmm.

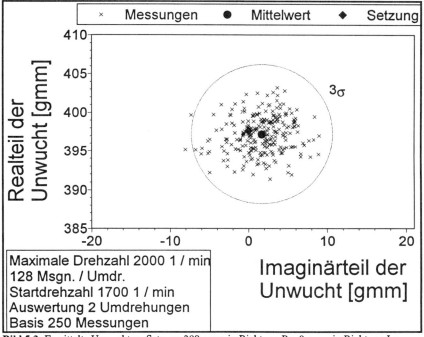

Bild 5.3: Ermittelte Unwuchten, Setzung 398 gmm in Richtung Re, 0 gmm in Richtung Im

Die Qualität des Auswuchtvorganges läßt sich an der Größe der Beträge der nach dem Auswuchtvorgang verbleibenden Restunwuchten erkennen. Deren Beträge u sind allerdings nicht normalverteilt, sondern folgen der Weibull-Verteilung:

$$f(u) = \frac{2u}{k\sigma^2} e^{-\frac{u^2}{k\sigma^2}} \tag{5.1}$$

Für k=2 ist die Weibull-Verteilung mit der Raleigh-Verteilung identisch [2]. Dieser Wert ergibt sich, wenn die ermittelten Unwuchtkomponenten mit gleichen Standardabweichungen um den exakten Wert normalverteilt sind. Für die hier vorgestellten Messungen gilt das nicht genau, es ergibt sich k=3. Die Wahrscheinlichkeit, die Restunwucht mindestens auf einen bestimmten Betrag U zu reduzieren, ist damit:

$$W(U) = \int_0^U f(u)du = 1 - e^{-\frac{U^2}{k\sigma^2}} \tag{5.2}$$

Wie in Bild 5.4 zu erkennen, erreichen alle Messungen nach einem einzigen Meßlauf die in der VDI-Richtlinie 2060 für Kleinmotoren-Anker empfohlene Gütestufe G2,5. Die Stufe G1 (Feinwuchtung), die für Schleifmaschinenanker angesetzt wird, erreichen noch 90% der Messungen. Ein Drittel aller Unwuchtidentifikationen erfüllt noch die für Feinstwuchtung von Kreiseln geltenden Kriterien der Güteklasse G0,4 [5].

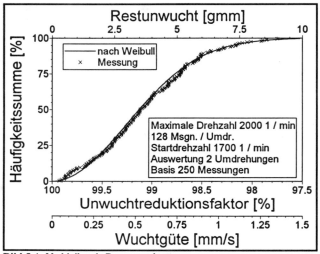

Bild 5.4: Verbleibende Restunwuchten

6 Zusammenfassung

Das vorgestellte Verfahren zum instationären Auswuchten starrer Rotoren führt im Vergleich zum konventionellen, stationären Vorgehen zu einer erheblichen Beschleunigung des Auswuchtvorganges. Nach einem einzigen Meßlauf verbleibende Restunwuchten werden so klein, daß alle Proben die Gütestufe G2.5 erreichen. Die Gütestufe G1.0 wird bei 90% aller Identifikationen erreicht.

Der 2.8 kg schwere Rotor wird in einer Sekunde nach einem 1-Cos-Gesetz auf 2000 U/min beschleunigt und wieder bis zum Stillstand abgebremst. Während des Laufes werden die zur Unwuchtidentifikation notwendigen Informationen (Winkelgeschwindigkeit, -beschleunigung und -lage sowie horizontale Lagerkräfte) gesammelt und ausgewertet. Bei Stillstand des Rotors liegt die Auswuchtempfehlung bereits vor.

7 Literatur

[1] Gasch, R.: **Rotordynamik**,
Vorlesungsskript, TU Berlin SS 1993

[2] Gasch, R. (Hrsg.): **Windkraftanlagen**,
Teubner Verlag, Stuttgart 1991

[3] Menz, I.: **Instationäres Auswuchten starrer Rotoren ohne feste Drehzahl mittels zeitlich äquidistanter Lagerkraftmessung**,
interner Bericht, TU Berlin 1993

[4] Ruhmich, M.: **Auswuchten starrer Rotoren ohne feste Drehzahl**,
DFG- Zwischenbericht GA 187/26-1, TU Berlin 1992

[5] Schneider, H.: **Auswuchttechnik**,
VDI-Verlag GmbH, Düsseldorf, 1992

[6] Wäsch, R.: **Meßgerätefähigkeit bei vektoriellen Meßgrößen**,
Qualität und Zuverlässigkeit 37 (1992), Carl Hanser Verlag, München, 1992

Rotordynamische Auslegung eines hochtourigen Verdichterprüfstandes mit verschiedenen Prüflingen

von B. Domes, W. Giebmanns

1 Einleitung

Bei Gasturbinen ist der Wunsch nach höheren Leistungen verbunden mit einem möglichst niedrigem Gewicht besonders ausgeprägt. Der Verdichterentwicklung kommt hierbei eine entscheidende Bedeutung zu. Für die bei BMW Rolls-Royce GmbH in den vergangenen Jahren entwickelten Kleintriebwerke wurden deshalb zahlreiche Radial- und Diagonalverdichterlaufräder ausgelegt, die auf einem neu zu erstellenden Versuchsverdichter aerodynamisch untersucht werden sollten. Auf diesem Versuchsverdichter-Prüfstand mußten Drehzahlen bis 80.000 1/min und Drücke bis 12 bar möglich sein. Dabei sollte durch ein Baukastensystem eine größtmögliche Wiederverwendbarkeit von Kernbauteilen erreicht werden. Rotordynamisch galt es, den stationären Betrieb über weite Drehzahlbereiche für die in Massenverteilung und Maximaldrehzahl unterschiedlichsten Verdichterrotoren zu gewährleisten.

Der vorliegende Bericht behandelt das Konstruktionsprinzip des Versuchsverdichters, die zu beherrschenden Eigenfrequenzen der unterschiedlichen Systeme, die Auslegung der Quetschöldämpfer, die spezielle Wuchtgruppengestaltung mit der Wuchtprozedur und stellt einige Meßergebnisse vor.

2 Prüfstandsbeschreibung

Das neuentwickelte Versuchsverdichter-Baukastensystem ist am Beispiel eines Radialverdichters in **Bild 2.1** dargestellt. Er besteht im wesentlichen aus den Hauptgruppen Verdichterstator, Rotorlagerung und Verdichterrotor.

Der *Verdichterstator* umfaßt die aerodynamischen Bauteile des Verdichters, die im Zusammenwirken mit dem Verdichterlaufrad, für die jeweiligen Aufgaben speziell anzupassen sind. Zum Verdichterstator gehören u.a. die Leitkränze, wie Radial- und Axialleitkranz, die Außengehäuse wie Einlauf-, Verdichter- und Diffusorgehäuse sowie die Brücke, die die Leitkränze und das Diffusorgehäuse direkt miteinander verbindet.

Die *Rotorlagerung* stellt die Baugruppe dar, die weitestgehend unverändert in allen Versuchsverdichtern eingesetzt wird. Sie umfaßt alle Strukturteile, die nicht nur die gesamten mechanischen Belastungen aufnehmen, sondern auch alle Anschlüsse zur Betriebsversorgung der Rotorgruppe mit Öl und Luft bieten. Zu dieser Baugruppe gehören u.a. der zweigeteilte Lagerträger, der den Verdichterrotor aufnimmt, der Labyrinthträger mit Labyrintheinsatz, die beiden tragenden Teile Lagerbock und Stütze und auch das Sammlergehäuse, über das die Verdichterluft in die Rohrleitung zum Abluftkamin geführt wird.

Der hier besonders interessierende *Verdichterrotor* (**Bild 2.2**) besteht sowohl aus den rotierenden Teilen, wie Verdichterwelle, Zuganker, Verdichterlaufrad mit Spinner, Schlitzmutter und der mit einem Achsschub-Ausgleichskolben versehenen Kupplung, als auch aus den statischen Bauteilen Dämpfungshülse, Lagerhülse, Spritzring und Labyrinthring. Diese Baugruppe wird nach dem Wuchten ohne Demontage in die Rotorlagerung eingesetzt. Der eigentliche Rotor ist verdichterseitig mit einem als Dreipunktlager ausgeführten Kugellager und kupplungsseitig mit einem Zylinderrollenlager abgestützt, die jeweils mit Quetschöldämpfern versehen sind.

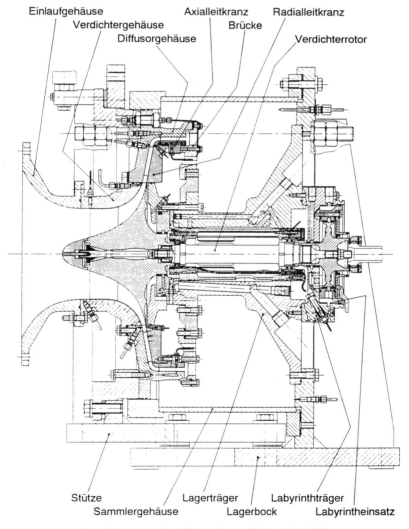

Bild 2.1 Schnittdarstellung vom 9:1-Versuchsverdichter (9:1VV)

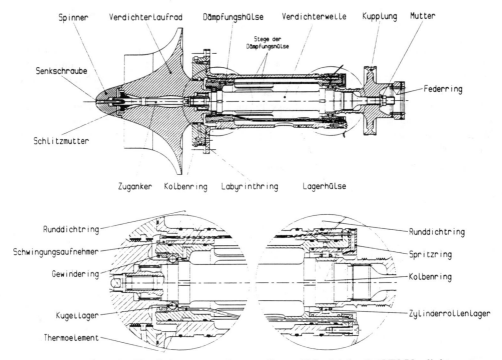

Bild 2.2 Aufbau des Verdichterrotors, dargestellt am Beispiel des 9:1VV-Verdichterrotors

Die Lagerhülse ist ein stabiles Gehäuse, in dem die Dämpfungshülse aufgenommen wird und in dem auch die Anschlüsse für die Öl- und Luftversorgung untergebracht sind. Die Dämpfungshülse nimmt über Federstäbe die axialen und radialen Rotorkräfte auf. Die radiale Steifigkeit dieser Stäbe ist mit $c_f = 1000$ N/mm gering, um die Schwingbewegung im Dämpfer bei den relativ leichten Rotoren nicht zu behindern. Eine Überlastung des Kugellagers wird durch Beaufschlagen des Ausgleichskolbens mit Druckluft verhindert. Zur Vermeidung von starken Ölverlusten und den damit verbundenen verminderten Dämpfungsvermögen wird der Quetschöl-Ringraum für das Kugellager mit zwei Runddichtringen abgedichtet. Im hinteren Bereich nimmt die Dämpfungshülse das Zylinderrollenlager auf, wobei mit dessen Außenring und den zwei eingebetteten Kolbenringen wiederum ein Quetschöl-Ringraum gebildet wird.

Zur Lagerkontrolle befindet sich ein Thermoelement in der Dämpfungshülse mit direktem Kontakt zum Lageraußenring des Kugellagers. Die Schwingbewegungen dieses vorderen Bereiches der Dämpfungshülse können von je einem horizontal und vertikal in der Lagerhülse angeordneten Wegaufnehmer registriert werden. Außerdem sind Beschleunigungsgeber am Außengehäuse in der Verdichterebene ebenfalls in horizontaler und vertikaler Richtung zur Überwachung des Gesamtsystems installiert.

Die zu untersuchenden Verdichterlaufräder unterscheiden sich nicht nur in der Form des Strömungskanals, sondern auch in den Hauptabmessungen und zum Teil auch im Werkstoff. In **Bild 2.3** sind die bisher untersuchten Verdichterrotoren im Größenvergleich gegenübergestellt. Die zugehörigen technischen Daten sind in **Tabelle 1** enthalten. Rotordynamisch bedeutend sind die Unterschiede in Gewicht, Schwerpunktslage und Höchstdrehzahl. Um die verschiedenen vom jeweiligen Verdichter abhängigen Konstruktions- und Betriebsbedingungen erfüllen zu können, besteht die Möglichkeit, durch veränderte Lagerabstände, Lagerdurchmesser und Dämpfungsspalte mit angepaßten Lager- und Dämpfungshülsen sowie einem entsprechend geändertem Rotor den rotordynamischen Notwendigkeiten Rechnung zu tragen.

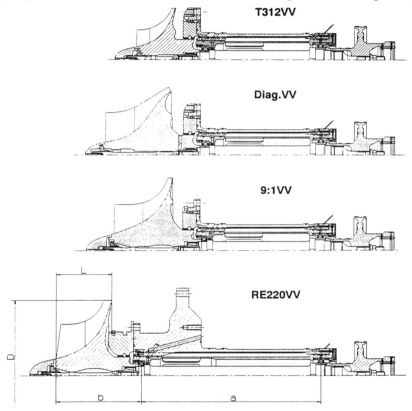

Bild 2.3   Verschiedene bereits eingesetzte Verdichterrotoren im Größenvergleich

Tabelle 1   Technische Daten zu den im Versuchsverdichter untersuchten Laufrädern

	T312VV	Diag.VV	Diag.VV	9:1VV	RE220VV
Bauform	Radiallaufrad	Diagonallaufrad	Diagonallaufrad	Radiallaufrad	Radiallaufrad
Drehzahl n (100%)	64.000 1/min	52.000 1/min	52.000 1/min	54.000 1/min	45.600 1/min
Durchmesser D	166 mm	220 mm	220 mm	235 mm	241 mm
Länge L	61 mm	102 mm	102 mm	91 mm	89 mm
Überhanglänge b	108 mm	156 mm	156 mm	140 mm	135 mm
Lagerabstand a	180,0 mm	180,0 mm	180,0 mm	181,5 mm	281,5 mm
Werkstoff	Titan	Titan	Aluminium	Titan	Titan
Masse m	2,1 kg	5,6 kg	3,4 kg	5,3 kg	4,7 kg
Erstlauf	August 1990	März 1991	April 1992	November 1993	Juli 1994

3 Rotordynamische Auslegung

Die Schwingungsrechnungen wurden mit dem in [1] beschriebenen Rechenverfahren durchgeführt. Die Modellierung des Rotors ist in den folgenden Bildern jeweils verkleinert dargestellt. Man erkennt die verschiedenen Einzelabschnitte, die im Programm mit ihrer Steifigkeit, ihrer Masse und ihren Kreiselmomenten berücksichtigt werden. In den Schwerpunktsebenen des Laufrades, der Labyrinthscheibe und der Kupplung lassen sich Unwuchten bzw. eine Schwerpunktsexzentrizität ρ angeben, deren axiale Lagen mit U bezeichnet sind. Die Lagerstellen sind mit der jeweils zu untersuchenden federnden oder dämpfenden Abstützung skizziert.

Eine Berechnung der Eigenfrequenzen des Rotors gibt einen ersten Einblick in das rotordynamische Verhalten des zu untersuchenden Schwingungssystems. Vielfältige Parameterstudien über den Einfluß von Lagerabstand, Wellendurchmesser und Massenverteilung wurden im Entwurfsstadium durchgeführt. Da die Steifigkeiten der hier verwendeten Wälzlager von verschiedenen Parametern wie Drehzahl und toleranzbehafteten Lagerspielen abhängen, ist es sinnvoll, die Eigenfrequenzen in Abhängigkeit von den Lagersteifigkeiten und den ebenfalls unbekannten Gehäusesteifigkeiten zu berechnen.

Bild 3.1 zeigt das Ergebnis einer solchen Parametervariation bei der der Verlauf der ersten drei Eigenfrequenzen eines Versuchsverdichterrotors über der Lagersteifigkeit aufgetragen ist. Diese wurde zu c_1 = 140.000 N/mm abgeschätzt. Die Relation zur hinteren Abstützung wurde zu c_1/c_2 = 1,4 ermittelt. Man sieht, daß sich die ersten beiden Eigenfrequenzen immer im Betriebsbereich befinden. Die dritte Eigenfrequenz, die erste biegekritische Drehzahl des Rotors, befindet sich für den technisch relevanten Steifigkeitsbereich von c_{1ges} = 10^4 bis 10^5 N/mm unter Berücksichtigung einer äußeren Lagerabstützung in der Nähe der maximalen Betriebsdrehzahl.

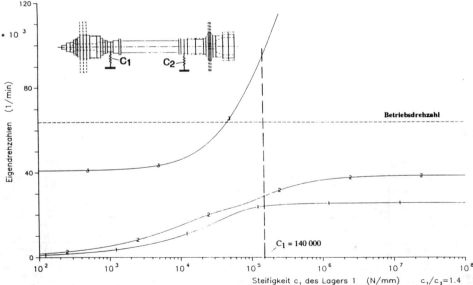

Bild 3.1 Einfluß der Lagersteifigkeiten c_i auf die ersten drei Eigenfrequenzen des T312VV-Verdichterrotors

Das gefahrlose Durchfahren der ersten beiden Eigenfrequenzen wird im allgemeinen mit Hilfe geeigneter äußerer Lagerdämpfungen, wie z.B. mit Quetschöldämpfern, möglich. Die biegekritische Drehzahl sollte jedoch durch eine Versteifung der Welle möglichst zu höheren Frequenzen außerhalb des Betriebsbereichs verschoben werden. Dem stehen jedoch die hohen Drehzahlen der verwendeten Wälzlager mit D x n = 2,5 und 3,2 Millionen entgegen, die keine deutliche Durchmesservergrößerung mehr zulassen würden. Es galt also, die Konstruktion so abzustimmen, daß auch diese Eigenfrequenz mit den hier verwendeten beiden Quetschöldämpfern wirkungsvoll unterdrückt wird.

In **Bild 3.2** sind die relativen Schwingungsamplituden der wichtigsten Rotorteile, die von i = 0 bis 6 durchnumeriert sind, in Abhängigkeit von der Drehzahl dargestellt. Die Rechnung setzt kleine Schwingungen um die statische Gleichgewichtslage und eine lineare Abhängigkeit der Amplituden A von der Schwerpunktsexzentrizität ρ, die der Unwucht der jeweiligen Hauptmassen des Rotors entspricht, voraus. Bei der Beurteilung des rechnerisch ermittelten Schwingungsverhaltens muß also die Relation der Amplituden zur Unwucht A_i/ρ Berücksichtigung finden. Dem hier vorgestellten Ergebnis liegt eine statische Unwuchtverteilung mit einer Einheitsexzentrizität zugrunde. Das Bild zeigt eine relativ flache Resonanzstelle bei n = 28.000 1/min mit $(A_i/\rho)_{max} \approx 2$ Die anderen Eigenfrequenzen treten im interessierenden Drehzahlbereich nicht mehr auf, sie werden völlig weggedämpft.

Bei dem um 100 mm längeren Versuchsrotor des RE220-Versuchsverdichters ergab sich nach der Eigenfrequenzberechnung (**Bild 3.3**) bei ungedämpfter Lagerabstützung eine ähnliche Verteilung der Eigenfrequenzen wie beim T312VV-Verdichterrotor. Durch die Einführung der Quetschöldämpfer und dem kugellagerseitigen Federkäfig wird die Lagerabstützung weicher, so daß auch hier die in den Betriebsbereich absinkende dritte Eigenfrequenz entsprechend gedämpft werden muß.

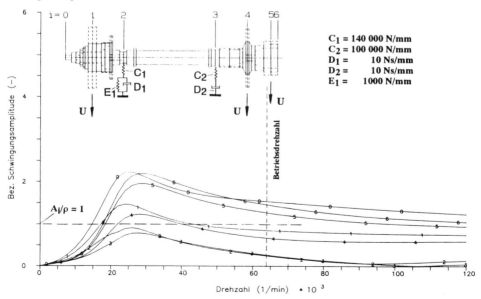

Bild 3.2 Rechnerisch ermittelte relative Schwingungsamplituden A_i/ρ des T312VV-Verdichterrotors in Abhängigkeit von der Drehzahl

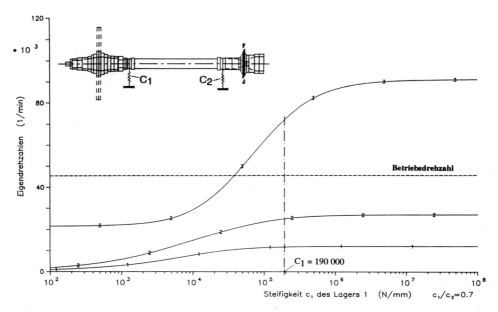

Bild 3.3 Einfluß der Lagersteifigkeiten c_i auf die ersten drei Eigenfrequenzen des RE220VV-Verdichterrotors

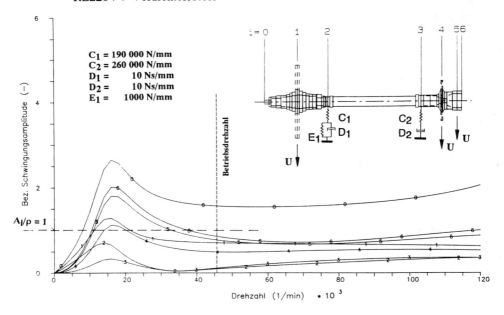

Bild 3.4 Rechnerisch ermittelte relative Schwingungsamplituden A_i/ρ des RE220VV-Verdichterrotors in Abhängigkeit von der Drehzahl

Das so berechnete Schwingungsverhalten ergibt nach **Bild 3.4** einen ähnlichen Amplitudenverlauf wie in Bild 3.3. Die relativen Schwingungsamplituden liegen, außer für den Rotoranfang (i = 0), auch hier maximal bei $A_i/\rho = 2$, so daß ebenfalls ein gefahrloser Betrieb im vorgesehenen Drehzahlbereich erwartet werden konnte.

4 Dämpferauswahl

Die der Berechnung zu Bild 3.4 zugrunde liegenden Dämpfungswerte wurden zu $D_1 = D_2 = 10$ Ns/mm aus Parametervariationen bestimmt. **Bild 4.1** enthält das Ergebnis einer solchen Parameterstudie, bei der die hintere Lagerdämpfung mit $D_2 = 10$ Ns/mm konstant gehalten wurde und für D_1 Werte von 1 bis ∞ angesetzt worden sind. Man erkennt, daß das Dämpfungsoptimum tatsächlich in der Nähe des gewählten Dämpfungswertes von $D_1 = 10$ Ns/mm liegt. Dies gilt ebenso auch für den anderen Dämpfer und für eine andere Unwuchtverteilung.

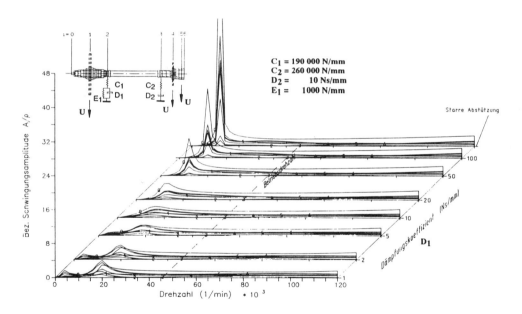

Bild 4.1 Rechnerisch ermittelte relative Schwingungsamplituden A_i/ρ des RE220VV-Verdichterrotors in Abhängigkeit von der Drehzahl und der verdichterseitigen äußeren Lagerdämpfung D_1

Die Umsetzung der so ermittelten Dämpfungswerte in eine entsprechende Dämpferkonstruktion wurde nach [2] durchgeführt. Gewählt wurde ein Dämpfer (Bild 2.2) mit mittig angeordneter Ölzuführungsnut und einer seitlichen Abdichtung des Quetschspaltes mit Runddichtringen bzw. Kolbenringen. Beide Maßnahmen tragen zu einem gut gefüllten Ölspalt bei, wodurch die Gefahr von Kavitation weitgehend verhindert wird, was eine der notwendigen Voraussetzungen für die Gültigkeit einer linearen Berechnungsmethode darstellt. Darüberhinaus haben die Runddichtringe noch eine zentrierende Wirkung, so daß auch bei niedrigen Drehzahlen eine isotrope Charakteristik des Dämpfers vorausgesetzt werden darf. Weiterhin wird der Öldurchfluß minimiert und der Dämpfer baut kleiner bzw. der Dämpfungswert ist höher. Bei bekannter Ölviskosität läßt sich nun die Dämpferbreite und der Dämpfungsspalt entsprechend dem gewünschten Dämpfungswert anhand von Auslegungskurven bestimmen. Der radiale Spalt liegt bei diesem Versuchsverdichter in der Größenordnung von $\Delta R = 0,07$ mm.

5 Wuchten der Verdichterrotoren

Trotz der Unterschiede zwischen den einzelnen Verdichterrotoren ist der Ablauf für das Wuchten im wesentlichen für alle Typen gleich. Dabei wird für die Bestimmung der Restunwucht eine Massenexzentrizität von maximal $1,5\mu m$ angesetzt, mit der der Rotor in den Versuchsverdichter eingebaut wird.

Der Ablauf des Wuchtens über die einzelnen Wuchtgruppen stellt sich wie folgt dar:
1. Verdichterwelle als Einzelteil
2. Wuchtgruppe 1 (mit Verdichterwelle, Zylinderrollenlager und Kupplung)
3. Wuchtgruppe 2 (mit Wuchtgruppe 1, sowie Kugellager, Verdichterlaufrad, Zuganker, Schlitzmutter und Spinner)
4. Wuchtgruppe 3 (mit Wuchtgruppe 2, sowie Dämpfungshülse, Lagerhülse, Spritzring und Labyrinthring)

Beim Wuchten der Wuchtgruppe 3 ist allerdings zu berücksichtigen, daß die Dämpfungshülse gegenüber der Lagerhülse festgesetzt werden muß, da ansonsten das Wuchtergebnis durch die über den Dämpfungsspalt gegebene Bewegungsfreiheit negativ beeinflußt würde. Aus diesem Grunde sind in der Lagerhülse Gewindebohrungen vorgesehen durch die 4 Sechskantschrauben so gegen die Dämpfungshülse geschraubt werden können, daß die Dämpfungshülse zentrisch in der Lagerhülse fixiert wird. Durch den abgestuften Wuchtvorgang wird erreicht, daß der Unwuchtausgleich nur in den Teilen ausgeglichen wird, wo die Unwucht tatsächlich auftritt. Damit wird die Gefahr von inneren Unwuchten, die bei hohen Drehzahlen zu Verbiegungen des Rotors führen würden, minimiert. Da nach dem Wuchtvorgang keine Veränderung des Wuchtzustandes z.B. durch Demontage einzelner Teile mit anschließender Rückmontage erforderlich ist, ist eine größtmögliche Wuchtgüte im Einbauzustand gegeben.

6 Meßergebnisse

Im folgenden sind einige Meßergebnisse dargestellt, wie sie mit Hilfe von den Beschleunigungsgebern am Gehäuse und den Weggebern in der Nähe des verdichterseitigen Lagers bei den verschiedenen Prüfstandsaufbauten gemessen wurden. Ein direkter Vergleich mit gerechneten Ergebnissen ist problematisch, weil der tatsächliche Wuchtzustand des Rotors nicht genau bekannt ist und weil das Prüfstandsgehäuse nicht in die Schwingungsrechnung mit einbezogen wurde. Andererseits waren die Schwingungsamplituden bei fast allen Aufbauten so klein, daß keine umfassende Schwingungsanalyse notwendig war.

In **Bild 6.1** sind die am T312-Versuchsverdichter aus den gemessenen Beschleunigungen errechneten Schwinggeschwindigkeiten sowie die Schwingwege des Rotors relativ zum Gehäuse in horizontaler und vertikaler Richtung über der Drehzahl dargestellt. Die Nenndrehzahl liegt bei n = 64.000 1/min = 100%. Man erkennt bei den relativen Rotorschwingungsamplituden eine angedeutete Resonanzstelle bei n = 40%, die etwa der errechneten Resonanzstelle aus Bild 3.3 entspricht. Bei ca. 70% Drehzahl befindet sich eine Gehäuseresonanz, die das benutzte Rechenmodell nicht zeigen kann, die aber besonders von den Beschleunigungsgebern registriert wird. Insgesamt bleiben die Schwinggeschwindigkeiten mit v < 20 mm/s und die Rotorschwingungsamplituden mit A < 30 µm in einem akzeptablen Rahmen. Somit waren auch die Bewegungen im Quetschöldämpfer kleiner als 50% des radialen Spaltes, weshalb hier noch ein quasi lineares Verhalten vorausgesetzt werden durfte.

Die gemessenen Ergebnisse waren je nach Prüfstandsaufbau sehr unterschiedlich, aber niemals größer als in Bild 6.1. Der erste Aufbau mit einem offenbar sehr gut gewuchteten Rotor zeigte Schwinggeschwindigkeiten von v < 10 mm/s und Schwingungsamplituden des Rotors von A < 4 µm im gesamten Drehzahlbereich bis n_{max} = 72.000 1/min.

Die Ergebnisse zeigen, daß sich mit der vorliegenden Konstruktion bei entsprechender Auslegung der Quetschöldämpfer ein gutes Schwingungsverhalten des Systems erzielen läßt. Allerdings zeigte auch ein zufälliger Betriebszustand, bei dem, bedingt durch niedrigen Ölstand im Tank, Ölschaum angesaugt wurde, insbesondere beim Rotor stark ansteigende Schwingungsamplituden. Der Grund dafür waren die Luftblasen im Ölquetschspalt, wodurch die Dämpfung nicht mehr ausreichend war. Weiterhin läßt die aufgetretene Gehäuseresonanz erkennen, daß ein um das Gehäuse erweitertes Rechenmodell wünschenswert gewesen wäre. Dies war jedoch im damaligen Zeit- und Kostenrahmen nicht möglich. Immerhin konnte durch die innen und außen angeordneten Geber eine Unterscheidung zwischen Rotor- und Gehäuseschwingungen getroffen werden.

Der Aufbau des RE220VV-Verdichterrotors (**Bild 6.2**) läßt kaum das qualitative Schwingungsverhalten aus der Rechnung nach Bild 3.4 erkennen. Die Meßwerte sind jedoch mit A < 14 µm und v < 7 mm/s im gesamten Drehzahlbereich bis n_{max} = 52.000 1/min sehr gering und möglicherweise durch Sekundäreffekte geprägt.

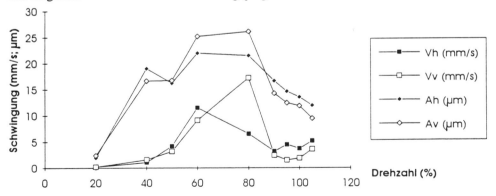

Bild 6.1 Schwingungswerte gemessen am T312-Versuchsverdichter, $n_{(100\%)}$ = 64.000 1/min

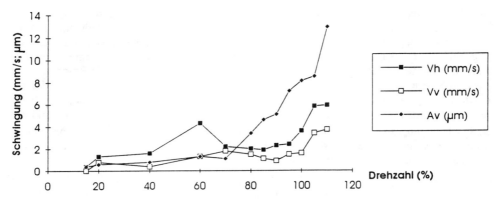

Bild 6.2 Schwingungswerte gemessen am RE220-Versuchsverdichter, $n_{(100\%)} = 45.600$ 1/min

7 Zusammenfassung

In der vorliegenden Arbeit wird der Aufbau und die Auslegung eines Versuchsverdichters beschrieben, der mit verschiedenen Prüflingen betrieben wurde. Die hohen Drehzahlen und die unterschiedlichen Massenverteilungen der Rotoren stellten dabei hohe Anforderungen an die Flexibilität des konstruktiven Aufbaus und an die rotordynamische Auslegung. Es konnte mit Hilfe von Rechen- und Meßergebnissen gezeigt werden, daß das gewählte konstruktive Konzept die Aufgabe erfüllt und daß geeignete Quetschöldämpfer die im Betriebsbereich auftretenden Resonanzstellen wirkungsvoll unterdrücken können. Der Versuchsbetrieb konnte für alle Verdichtertypen durchgeführt werden, ohne daß nennenswerte Schwingungsprobleme aufgetreten sind.

8 Literatur

[1] Rückert, A.: Programm SR3 zur Berechnung der selbst- und unwuchterregten Querschwingungen gleitgelagerter (und wälzgelagerter) Rotoren mit Zusatzeinflüssen-Programmdokumentation.
Forschungsheft 273 der Forschungsvereinigung Antriebstechnik, Frankfurt/M. 1990.

[2] Schwer, M.: Eigenschaften von Quetschöldämpfern - Ein Beitrag zur zuverlässigen Auslegung einer äußeren Lagerdämpfung. Dissertation, Universität Karlsruhe 1986.

Beurteilung des Auswuchtzustandes elastischer Rotoren - weg von Schwinggeschwindigkeitstoleranzen - hin zu modalen Restunwuchten

von D. Wiese [*]

1 Synopsis

Gezeigt wird, daß modale Restunwuchten gegenüber Schwinggeschwindigkeitstoleranzen beim Übergang von einer auf die andere Lagerung das stabilere Kriterium zur Beurteilung des Auswuchtzustandes elastischer Rotoren sind.
Es wird ein Vorschlag zur Berechnung zulässiger modaler Restunwuchten gemacht.

2 Notation

Abkürzungen
AWM   Auswuchtmaschine
BL   Betriebslagerung

Große lateinische Formelzeichen

dF^e	Differentielle zusätzliche Kraft infolge elastischer Auslenkung
$\underline{F}^e_{L/R}(\Omega)$	Zusätzliche Lagerkäfte infolge elastischer Auslenkung
$\underline{F}^{ei}_{L/R}(\Omega)$	Zusätzliche Lagerkräfte infolge elastischer Auslenkung mit der i-ten Eigenform
$\underline{F}^{ges}_{L/R}(\Omega)$	Gesamte Lagerkraft
L	Axialer Abstand vom linken bis zum rechten Lager, hier identisch mit der Rotorlänge
$\underline{U}^s_{L/R}$	Starrkörperunwucht, bezogen auf das linke/rechte Lager
$\underline{U}^{ei}_{L/R}(\Omega)$	Zusätzliche Unwuchtanzeige infolge Auslenkung mit der i-ten Eigenform
$\underline{U}^{ges}_{L/R}(\Omega)$	Gesamte Unwucht
$\underline{V}_i$	Vergrößerungsfunktion der i-ten Eigenform bei Unwuchterregung

Kleine lateinische Formelzeichen

a_{ij}	Koeffizient der Exzentrizitätsübergangsmatrix
c	Steifigkeit
ex_{geni}	Generalisierte Exzentrizität der i-ten Eigenform
m_{geni}	Generalisierte Masse der i-ten Eigenform
$m^{ei}_{L/R}$	auf das linke/rechte Lager bezogene eigenformspezifische Ersatzmasse der i-ten Eigenform

[*] *Carl Schenck AG, Darmstadt, Geschäftsbereich Auswuchtmaschinen*

u̲geni   Generalisierte Unwucht der i-ten Eigenform
x   Axiale Koordinate, ausgehend vom linken Lager
w̲ (x)   Elastische Rotorauslenkung

Große griechische Formelzeichen
Ω Winkelgeschwindigkeit / Kreisfrequenz

Kleine griechische Formelzeichen
δ_i Modale Abklingkonstante der i-ten Eigenform
μ (x)   Massenbelegung
φ_i (x)   i-te Eigenform
ω_i Eigenkreisfrequenz der i-ten Eigenform

Superskripts
ges   Zeigt einen Gesamtwert an
e   Zeigt eine Größe infolge elastischer Auslenkung an
s   Kennzeichnet eine Größe infolge Starrkörperunwucht

Subskripts
L/R   Kennzeichnet eine auf das linke/rechte Lager bezogene Größe
geni   Kennzeichnet eine auf die i-te Eigenform bezogene generalisierte Größe
zul   Kennzeichnet eine zulässige Größe
—   Zeigt eine komplexe Größe oder eine Matrix an

3 Einleitung

In der ISO 5343 [1] werden zur Beurteilung des Auswuchtzustandes von flexiblen Rotoren Schwinggeschwindigkeitstoleranzen oder modale- und Starrkörperunwuchten herangezogen.
In der Praxis dominieren Schwinggeschwindigkeitsmessungen.
Ein und derselbe Rotor, mit ein und demselben Unwuchtzustand, kann z. B. bei Betriebsdrehzahl in der Auswuchtmaschine gegenüber der Betriebslagerung jedoch total unterschiedliche Schwinggeschwindigkeitsmeßwerte zeitigen. Schwinggeschwindigkeitstoleranzen sind also offensichtlich - aufgrund unterschiedlicher Steifigkeits- und Dämpfungsverhältnisse und somit auch unterschiedlicher Resonanzlagen - beim Übergang von einer auf die andere Lagerung kein stabiles Kriterium für die Beurteilung des Auswuchtzustandes eines elastischen Rotors.

Die von der ISO 5343 gemäß
$$\boxed{Y = C_0 \cdot C_1 \cdot C_2 \cdot C_3 \cdot X} \tag{1}$$
mit
X/Y   - zulässige Schwinggeschwindigkeit in der Betriebslagerung/ Auswuchtmaschine
C_i - Konversionsfaktoren

vorgeschlagenen Konversionsfaktoren sind nur sehr schwer richtig abzuschätzen und einzusetzen.

Generalisierte Exzentrizitäten bzw. modale Unwuchten stehen formelmäßig in direktem Zusammenhang mit der kräftemäßigen Beanspruchung der Lagerstellen durch einen rotierenden elastischen Rotor.

Ändern sich die Eigenformen beim Übergang von einer auf die andere Lagerung nicht drastisch, so kann man die zuvor genannten Größen in erster Näherung gut eins zu eins übertragen, und sie stellen somit ein stabileres Kriterium zur Beurteilung des Auswuchtzustandes dar.

4 Kräftemäßige Beanspruchung der Lagerstellen durch einen rotierenden elastischen Rotor

Aufgezeigt werden soll der formelmäßige Zusammenhang zwischen generalisierten Exzentrizitäten bzw. modalen Unwuchten und der kräftemäßigen Beanspruchung der Lagerstellen.

Unterscheiden müssen wir hierbei zwischen den Kräften des starren und des elastisch auslenkenden Rotors.

4.1 Kräfte durch den starren Rotor

Der beliebige kontinuierliche Initialunwuchtzustand - vgl. Bild 1 - kann beim starren Rotor repräsentativ durch zwei diskrete Einzelunwuchten in zwei beliebig Ebenen, also auch den Lagerebenen dargestellt werden.

Die in beiden Fällen resultierenden Lagerkräfte sind dann identisch und ergeben sich zu

$$\underline{F}^s_{L,R} = \underline{U}^s_{L,R} \cdot \Omega^2 \tag{2}$$

mit
$\underline{F}^s_{L/R}$ Lagerkraft linkes/rechtes Lager infolge Starrkörperunwucht
$\underline{U}^s_{L/R}$ Starrkörperunwucht, bezogen auf das linke/rechte Lager
Ω Kreisfrequenz

4.2 Kräfte durch den elastisch auslenkenden Rotor

Infolge elastischer Auslenkung des Rotors treten Massenkräfte auf, - vgl. Bild 2 - die sich zusätzlich in den Lagern abstützen.

Die zusätzlichen Kräfte für das linke und rechte Lager sind per Integration der differentiellen Massenkräfte längs der Rotorachse bestimmbar.

Unterstellt man hier der Anschaulichkeit halber, daß der Rotor lediglich mit seiner 1. Eigenform elastisch auslenkt, so kann man unter Einführung von eigenformspezifischen Ersatzmassen die integrale Darstellung der Zusatzkräfte auflösen.

Die eigenformspezifischen Ersatzmassen sind spezifische Konstanten für jede Eigenform.

In Übertragung findet man dann allgemein für die Zusatzkräfte, die ein elastisch auslenkender Rotor auf die Lager ausübt

$$\underline{F}_{L|R}^e (\Omega) = \sum_{i=1}^{\infty} \underline{V}_i \cdot \underline{ex}_{geni} \cdot m_{L|R}^{ei} \cdot \Omega^2 \qquad (3)$$

mit

$$m_L^{ei} = \frac{1}{L} \int_0^L \mu(x) \cdot \varphi_i(x) \cdot (L-x) \cdot dx$$

$$m_R^{ei} = \frac{1}{L} \int_0^L \mu(x) \cdot \varphi_i(x) \cdot x \cdot dx \qquad (4)$$

wobei

$m_{L|R}^{ei}$ — auf das linke/ rechte Lager bezogene <u>eigenformspezifische Ersatzmasse</u> der i. Eigenform.

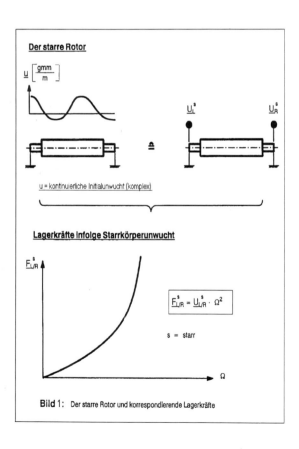

Bild 1: Der starre Rotor und korrespondierende Lagerkräfte

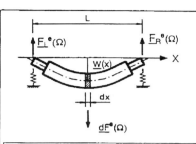

$$d\underline{F}^e(\Omega) = dm \cdot \underline{w}(x) \cdot \Omega^2 = \mu(x) \cdot dx \cdot \underline{w}(x) \cdot \Omega^2$$

$d\underline{F}^e(\Omega)$ - differentielle zusätzliche Kraft infolge elastischer Auslenkung

$\mu(x)$ - Massenbelegung

$\underline{w}(x)$ - örtliche elastische Auslenkung

$\underline{F}_{L/R}^e(\Omega)$ - zusätzliche Lagerständerkraft infolge elastischer Auslenkung

$$\underline{F}_L^e(\Omega) \cdot L = \int_0^L \mu(x) \cdot \underline{w}(x) \cdot \Omega^2 \cdot (L-x) \cdot dx$$
$$\underline{F}_R^e(\Omega) \cdot L = \int_0^L \mu(x) \cdot \underline{w}(x) \cdot \Omega^2 \cdot x \cdot dx$$

Annahme:

$$\Rightarrow \quad \underline{w}(x) = \varphi_1(x) \cdot \frac{\Omega^2}{\omega_1^2 - \Omega^2 + j \cdot 2 \cdot \delta_1 \cdot \Omega} \cdot \underline{ex}_{gen1} = \varphi_1(x) \cdot \underline{V}_1 \cdot \underline{ex}_{gen1}$$

$\varphi_1(x)$ — erste Eigenform

ω_1 — erste kritische "Drehzahl"

δ_1 — modale Abklingkonstante

$\underline{ex}_{gen1}$ — generalisierte Exzentrizität der ersten Eigenform

$\underline{V}_1$ — Vergrößerungsfunktion der ersten Eigenform

$$\Rightarrow \quad \underline{F}_L^e(\Omega) = \Omega^2 \cdot \underline{V}_1 \cdot \underline{ex}_{gen1} \cdot \frac{1}{L} \int_0^L \mu(x) \cdot \varphi_1(x) \cdot (L-x) \cdot dx$$
$$\underline{F}_R^e(\Omega) = \Omega^2 \cdot \underline{V}_1 \cdot \underline{ex}_{gen1} \cdot \frac{1}{L} \int_0^L \mu(x) \cdot \varphi_1(x) \cdot x \cdot dx$$

$\Downarrow$

$$\Rightarrow \quad \underline{F}_R^e(\Omega) = \Omega^2 \cdot \underline{V}_1 \cdot \underline{ex}_{gen1} \cdot m_R^{e1}$$
$$\underline{F}_L^e(\Omega) = \Omega^2 \cdot \underline{V}_1 \cdot \underline{ex}_{gen1} \cdot m_L^{e1}$$

$m_{L/R}^{e1}$ — Auf linkes/rechtes Lager bezogene eigenformspezifische Ersatzmasse der ersten Eigenform

Bild 2: Der elastische Rotor und korrespondierende Lagerkräfte bei spezieller Berücksichtigung der ersten Eigenform

4.3 Gesamte Kraft

Für die gesamte Kraft, die ein rotierender unwuchtiger Rotor auf die Lager ausübt, ergibt sich durch Addition von Gleichung (2) und (3).

$$\underline{F}_{L|R}^{ges}(\Omega) = \underline{U}_{L|R}^{r} \cdot \Omega^2 + \sum_{i=1}^{\infty} \underline{V}_i \cdot \underline{ex}_{geni} \cdot m_{L|R}^{ei} \cdot \Omega^2 \qquad (5)$$

wobei

$$\underline{ex}_{geni} = \frac{\underline{u}_{geni}}{m_{geni}} \qquad (6)$$

Gleichung (5) zeigt den gesuchten Zusammenhang zwischen generalisierten Exzentrizitäten bzw. modalen Unwuchten und den Lagerkräften.

Der Vollständigkeit halber sei noch erwähnt, daß im Zusammenhang mit herkömmlichen harten (permanent kalibrierten) Auswuchtmaschinen normalerweise keine Lagerkräfte, sondern Unwuchten gemessen werden.

Teilt man Gleichung (5) durch Ω^2 so erhält man

$$\underline{U}_{L|R}^{ges}(\Omega) = \underline{U}_{L|R}^{r} + \sum_{i=1}^{\infty} \underline{V}_i \cdot \underline{ex}_{geni} \cdot m_{L|R}^{ei} \qquad (7)$$

wobei

$\underline{U}_{L|R}^{ges}(\Omega)$ - gesamte, vom Unwuchtmeßgerät für das linke/rechte Lager drehzahlabhängig angezeigte Unwucht

5 Der Unwuchtzustand elastischer Rotoren beim Übergang auf andere Lagerbedingungen

Es kann durchaus sein, daß ein und derselbe Rotor bei Betriebsdrehzahl in der Auswuchtmaschine (AWM) "zu große" Schwinggeschwindigkeitsmeßwerte zeitigt, in der Betriebslagerung (BL) aber exzellent laufen würde.

Bei Einlagerung eines Rotors in die Auswuchtmaschine bzw. die Betriebslagerung kommt es praktisch immer zur Ausbildung unterschiedlicher Eigenformen.
Dann müssen generalisierte Exzentrizitäten von der Auswuchtmaschine auf die Betriebslagerung umgerechnet werden (et vice versa). Die Umrechnung (- hierbei wurde eine Idee von Lingener [2] aufgegriffen -) und die Notwendigkeit derselben illustriert Bild 3.

Betrachten wir einen Rotor mit einem beliebigen kontinuierlichen Exzentrizitätsverlauf, welcher modal - sowohl mit den Eigenformen bzgl. der Betriebslagerung als auch bzgl. der Auswuchtmaschine - dargestellt wird. Unter Verwendung der Orthogonalitätsrelation (für die Betriebslagerung) gelingt es uns letztendlich, die generalisierten Exzentrizitäten bzgl. der Eigenformen der Auswuchtmaschine mittels der sogenannten Exzentrizitätsübergangsmatrix umzurechnen auf die generalisierten Exzentrizitäten bzgl. der Eigenformen der Betriebslagerung.

Man bedenke, daß bei Gleichheit der Eigenformen in der Auswuchtmaschine und in der Betriebslagerung die Exzentrizitätsübergangsmatrix sich zur Einheitsmatrix ergibt. Sind die Eigenformen unterschiedlich, so sind die Diagonalelemente i. d. R. ungleich eins, und es treten Nebendiagonalelemente ungleich Null auf. Es stellt sich hier also die Frage, ob man für die Betriebslagerung vorgegebene zulässige generalisierte Restexzentrizitäten bzw. in der Auswuchtmaschine erreichte Restexzentrizitäten kompliziert ineinander umrechnen muß, oder ob man sie mehr oder weniger "eins zu eins" übertragen kann.

Faßt man Untersuchungsergebnisse (vgl. a. [3]) zusammen, so läßt sich feststellen, daß man die generalisierten Exzentrizitäten, so die Eigenformen bzgl. der Betriebslagerung und der Auswuchtmaschine noch einigermaßen ähnlich sind, in erster grober Näherung tatsächlich eins zu eins übertragen kann.

Situation :

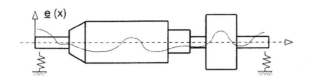

$\underline{e}$ (x) -kontinuierlicher (Schwerpunkts-) Exzentrizitätsverlauf

Grundgedanke : Modale Entwicklung von $\underline{e}$ (x)

wobei
$$\underline{e}(x) = \sum_i \underline{Ex}_{gen\,i} * \Phi_i(x) = \sum_j \underline{ex}_{gen\,j} * \varphi_j(x) \tag{8}$$

Zuordnung : Betriebslagerung (BL) Auswuchtmaschine (AWM)

Φ_i, $\underline{Ex}_{gen\,i} \to$ BL

φ_i, $\underline{ex}_{gen\,i} \to$ AWM

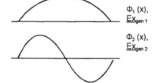
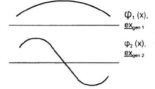

wobei:
$\Phi_i(x)$, $\varphi_i(x)$ - i-te Eigenform in der BL bzw. AWM
$\underline{Ex}_{gen\,i}$, $\underline{ex}_{gen\,i}$ - i-te generalisierte Exzentrizität bzgl. der BL bzw. AWM

Unter <u>Verwendung der Orthogonalitätsrelation</u>
(hier angeschrieben für die Betriebslagerung)

$$\int_0^L \mu(x) * \Phi_i(x) * \Phi_j(x) * dx = \begin{cases} M_{gen\,i} & \text{für } i = j \\ 0 & \text{für } i \neq j \end{cases} \tag{9}$$

wobei:
$M_{gen\,i}$ - i-te generalisierte Masse bzgl. der BL
$\mu(x)$ - Massenbelegung

erhält man letztendlich

$$\underline{Ex}_{gen\,i} = \sum_j \underline{ex}_{gen\,j} * \left\{ \frac{1}{M_{gen\,i}} * \int_0^L \mu(x) * \Phi_i(x) * \varphi_j(x) * dx \right\} \tag{10}$$

"Umrechnungs- oder kürzer
endformel" :
$$\underline{Ex}_{gen\,i} = \sum_j \underline{ex}_{gen\,j} * \{ a_{ij} \} \tag{11}$$

wobei:
a_{ij} - Koeffizient Exzentrizitätsübergangsmatrix

Bild 3: Herleitung Exzentrizitätsübergangsmatrix

6 Schwinggeschwindigkeiten versus generalisierte Restexzentrizitäten - ein Beispiel

Bild 4 zeigt einen untersuchten Rotor. Es handelt sich dabei um ein einfaches Rohr, das am linken und rechten Ende jeweils auf gleichsteifen Federn gelagert ist. Für die Betriebslagerung bzw. die Auswuchtmaschine wurden Steifigkeiten von 350 und 70 N/µm angenommen, was schon einem extremen Steifigkeitsverhältnis von 5 zu 1 entspricht.

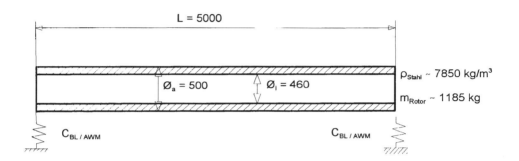

wobei:

C_{BL} = 350 N/µm BL ≙ Betriebslagerung

C_{AWM} = 70 N/µm AWM ≙ Auswuchtmaschine

Bild 4 : Untersuchter Rotor

Bild 5 zeigt die ersten 10 Eigenformen des Rotors bzgl. der Auswuchtmaschine und der Betriebslagerung. Wie nicht anders erwartet, sind die ersten Eigenformen noch unterschiedlich, spätestens ab der sechsten Eigenform sind sie jedoch praktisch annähernd deckungsgleich.

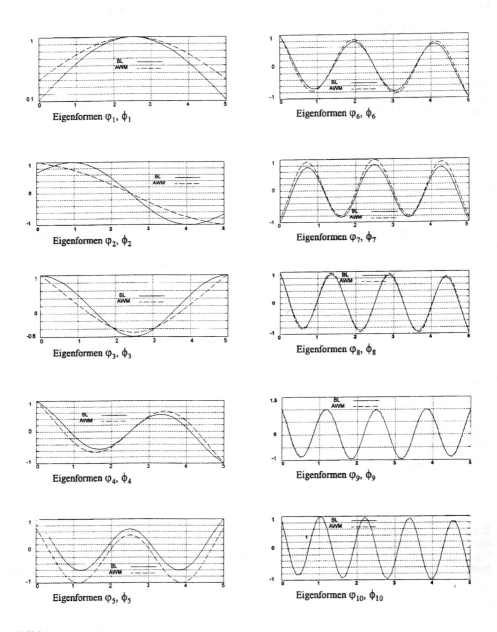

Bild 5: Die ersten 10 Eigenformen in der Betriebslagerung (BL) und in der Auswuchtmaschine (AWM).

Bild 6 gibt die zugehörige Exzentrizitätsübergangsmatrix wieder, wobei für den Fall, daß die generalisierten Exzentrizitäten bzgl. der Auswuchtmaschine allesamt 1 µm sind, die Umrechnungsergebnisse angegeben sind.

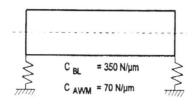

$$Ex_{gen\,i} = \sum_{j=1}^{10} a_{ij} \cdot ex_{gen\,j}$$

Ex_{gen} [μm]		j = 1	2	3	4	5	6	7	8	9	10		ex_{gen} [μm]
1.00	i = 1	1.08963	0	-.09522	0	.00229	0	-.01106	0	.01805	0		1
0.64	2	0	.82537	0	-.16478	0	-.01728	0	-.00230	0	.00126		1
0.85	3	.21687	0	.78963	0	-.16448	0	.05281	0	-.04499	0		1
0.96	4	0	.36161	0	.98959	0	-.16476	0	-.10474	0	-.12033		1
1.31	5	.08094	0	.13597	0	1.07567	0	.14338	0	-.12845	0	=	1
0.90	6	0	.05690	0	.02878	0	1.07195	0	-.12918	0	-.13335		1
1.16	7	-.02839	0	-.00341	0	.01481	0	1.05656	0	.12452	0		1
0.85	8	0	.00608	0	-.03023	0	-.03797	0	1.04470	0	-.12761		1
1.00	9	.02019	0	-.02368	0	-.04966	0	.05524	0	1.00271	0		1
0.77	10	0	-.01372	0	-.05911	0	-.07305	0	-.08539	0	.99786		1

Bild 6: Transformation der generalisierten Exzentrizitäten beim Übergang auf andere Lagerbedingungen per Exzentrizitätsübergangsmatrix

Die deutliche Diagonaldominanz der Matrix und die konkreten Umrechnungsergebnisse untermauern die Aussage der - in erster grober Näherung - eins zu eins Übertragbarkeit von generalisierten Exzentrizitäten (bis hinauf zur 10. Eigenform, gleichwohl wir in der Praxis in aller Regel nur eine bis maximal drei Eigenformen auszuwuchten haben).

Wem diese Näherung zu grob erscheint, der schaue sich vergleichsweise einmal einen relevanten Ausschnitt des Verlaufs der Schwinggeschwindigkeit in der Auswuchtmaschine und in der Betriebslagerung über der Drehzahl, gemessen am linken Lager(ständer)kopf, an (s. Bild 7).
Der Rotor hat dabei bzgl. der ersten 10 Eigenformen in der Auswuchtmaschine generalisierte Exzentrizitäten, die allesamt gleich 1 μm sind, wobei mit modalen Dämpfungsgraden von jeweils einem Prozent gerechnet wurde.
Man erkennt, daß beide Kurven drehzahlabhängig sogar um 1 bis 2 Größenordnungen differieren.

Generalisierte Exzentrizitäten (bzw. modale Unwuchten) sind also in dem Fall, daß sich die Eigenformen bzgl. der Auswuchtmaschine und der Betriebslagerung nicht wesentlich unterscheiden, der stabilere Beurteilungsmaßstab für den Auswuchtzustand von flexiblen Rotoren.

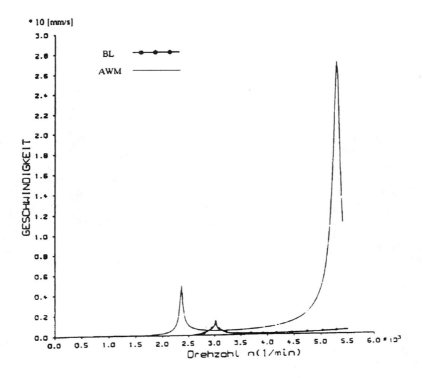

Bild 7: Schwinggeschwindigkeitsverlauf, gemessen am linken Lagerkopf

7 Zur Größe der zulässigen generalisierten Restexzentrizität bzw. modalen Restunwucht

7.1 Grundidee

Eine sinnvolle zulässige generalisierte Restexzentrizität bzw. modale Restunwucht kann man über den Ansatz der maximal zulässigen kräftemäßigen Lagerbeanspruchung infolge elastischer Rotorauslenkung z. B. bei Resonanzdurchfahrt oder sonstwie definierter Drehzahl bestimmen, wobei jede Eigenform separat betrachtet wird. In Anlehnung an (5) ergibt sich

$$\underline{ex}_{geni\,zul} = \frac{\underline{F}^{ei}_{L|R\,zul}}{\Omega^2 \cdot \underline{V}_i(\Omega) \cdot m^{ei}_{L|R}} \tag{12}$$

bzw. mit

$$\underline{ex}_{geni} = \frac{u_{geni}}{m_{geni}} \tag{6}$$

folgt

$$\underline{u}_{geni\,zul} = \frac{\underline{F}^{ei}_{L|R\,zul} \cdot m_{geni}}{\Omega^2 \cdot \underline{V}_i(\Omega) \cdot m^{ei}_{L|R}} \tag{13}$$

wobei die Kreisfrequenz Ω einer vorgegeben Drehzahl entspricht.

Zieht man auch noch die Starrkörperunwuchtkräfte ins Kalkül, so ergibt sich für die zulässige Starrkörperunwucht aus (2)

$$\underline{U}^{ei}_{L|R\,zul} = \frac{\underline{F}^{ei}_{L|R\,zul}}{\Omega^2} \tag{14}$$

7.2 Hilfsdiagramme

Um im konkreten Fall rechnen zu können, benötigt man ungefähre Vorstellungen bzgl der folgenden Größen:

A - Eigenfrequenzen ⟶ werden als bekannt vorausgesetzt
B - modale Dämpfungsgrade D_i ⟶ können in der Praxis abgeschätzt werden
C - Betrag der Vergrößerungsfunktion $\underline{V}_i = f(\eta_i, D_i)$ ⟶ kann berechnet werden
D - generalisierte Massen $m_{geni} = f(\mu(x), \varphi_i(x))$
E - eigenformspezifische Ersatzmassen $m^{ei}_{L|R} = f(\mu(x), \varphi_i(x))$

Um uns bezüglich der Größen D und E zu behelfen, treffen wir folgende Annahmen:
- Wir betrachten lediglich die ersten beiden Eigenformen
- Die Steifigkeits- und Massenbelegung $\mu(x)$ ist in erster grober Näherung konstant

Kurz gesagt, betrachten wir also eine uniforme Welle auf zwei gleichsteifen Stützen. Für diesen Fall zeigt <u>Bild 8</u> nützliche Hilfsdiagramme. Der Vollständigkeit halber aufgetragen ist der Betrag der Vergrößerungsfunktion über der bezogenen Drehzahl. Zudem sind berechnungsrelevante Parameter tabellarisch für verschieden ausgeprägte erste und zweite Eigenformen angegeben.

Vergrößerungsfunktion

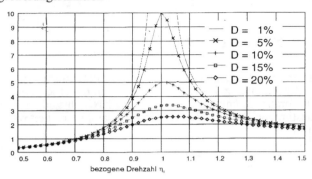

Erste Eigenform $\varphi_1 (x)$

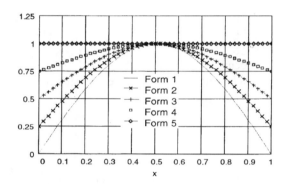

Form	$\dfrac{m_{gen1}}{m_{rotor}}$	$\dfrac{m_{LjR}^{e1}}{m_{Rotor}}$
1	0,50	0,32
2	0,58	0,36
3	0,69	0,41
4	0,83	0,46
5	1,00	0,5

Zweite Eigenform $\varphi_2 (x)$

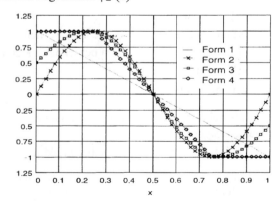

Form	$\dfrac{m_{gen2}}{m_{rotor}}$	$\dfrac{m_{LjR}^{e2}}{m_{Rotor}}$
1	0,33	± 0,17
2	0,50	± 0,16
3	0,59	± 0,20
4	0,67	± 0,23

Bild 8: Hilfsdiagramme (für $\mu (x)$ = konstant)

7.3 Beispiel

Für unser konkretes Zahlenbeispiel nehmen wir an, daß unsere Grundvoraussetzung - Eigenformen bzgl. der Auswuchtmaschine unterscheiden sich nicht grundsätzlich von denen bzgl. der Betriebslagerung - erfüllt ist.
Weiterhin unterstellen wir, daß lediglich die Starrkörperunwucht und die ersten beiden Eigenformen zu berücksichtigen sind.
Bild 9 zeigt den Beispielrotor, zugehörige Eigenformen und Berechnungsergebnisse, Vorgaben, zulässige Restunwuchten und damit real einhergehende Lagerkräfte in der Betriebslagerung.
Die Rotormasse wurde absichtlich zu 10000 kg gewählt, um leichter Relativaussagen treffen zu können.
Mit der Vorgabe, daß bei $n_{Betrieb}$ = 2500 U/min sowohl die Starrkörperunwuchtkräfte als auch beide Eigenformen mit jeweils maximal 5 % der Rotorgewichtskraft pro Lager "drücken" dürfen, lassen sich mit geschätzten modalen Dämpfungsgraden, den Gleichungen (13) und (14) sowie den Hilfsdiagrammen in Bild 8 entsprechende zulässige Restunwuchten berechnen.

Die Berechnung von $u_{gen2\,zul}$ soll hier exempl. nachvollzogen werden (vgl. Bild 8).

Mit
- $\Omega = \dfrac{2\Pi}{60} \cdot 2500 \,\dfrac{1}{s}$
- $\varphi_2(x) \triangleq Form\ 4 \quad \rightarrow \quad \dfrac{m_{gen2}}{m_{Rotor}} = 0{,}67, \quad \dfrac{m_{LjR}^{e2}}{m_{Rotor}} = \pm 0{,}23$
- $\eta_2 = \dfrac{2500}{3150} \approx 0{,}80$
- $F_{LjR\,zul}^{v2} = 0{,}05 \cdot (10\,000\,kg \cdot 9{,}81\,\dfrac{m}{s^2})$
- $D_{1|2BL} = 10\% \quad \rightarrow \quad V_2(\eta_2) \approx 1{,}7$

(15)

ergibt sich gemäß (13)

$$\underline{u}_{gen2\,zul} = \dfrac{F_{LjR\,zul}^{v2}}{\Omega^2 \cdot V_2(\eta_2)} \cdot \dfrac{m_{gen2}}{m_{LjR}^{e2}} \approx 0{,}12\ kgm \qquad (16)$$

$$\triangleq 0{,}48\ kg \cdot 0{,}25\ m$$

Man erkennt, daß sich die Werte für die generalisierte Masse und die eigenformspezifischen Ersatzmassen gemäß Bild 8 nur unwesentlich von den exakten Werten (vgl. Bild 9) unterscheiden.
Die mit der Starrkörperunwucht und der elastischen Auslenkung des Rotors mit der ersten und zweiten Eigenform jeweils einhergehenden Kräfte sind absichtlich separat in dem Diagramm aufgetragen, da sie sich aufgrund der möglichen unterschiedlichen Winkellagen der jeweiligen Unwuchten auch unterschiedlichst überlagern würden.
Im "worst case" würden hier bei Betriebsdrehzahl maximal Lagerkräfte von jeweils 3 x 5 gleich 15 % der Rotorgewichtskraft pro Lagerständer wirken.
Festzuhalten bleibt, daß sich bei Vorgabe anderer Randbedingungen (maximal zulässige Kräfte, Betrachtung anderer Drehzahlen, ...) auch andere zulässige Unwuchten ergeben.
In der Praxis erreichte modale Restunwuchten lassen sich empirisch per Testgewichtssetzungen verifizieren (vgl. ISO 5343 - Annex B - Experimental determination of equivalent modal unbalances).

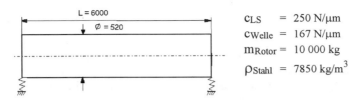

c_{LS}	=	250 N/μm
c_{Welle}	=	167 N/μm
m_{Rotor}	=	10 000 kg
ρ_{Stahl}	=	7850 kg/m³

i	$\dfrac{n_{krit\,i}}{[U\backslash min]}$	$\dfrac{m_{geni}}{m_{Rotor}}$	$\dfrac{m_{L/R}^{ei}}{m_{Rotor}}$	Eigenform i
1	1115	0,56	0,35	~Form 2*
2	3150	0,61	± 0,22	~Form 4*

*vgl. Bild 8

Vorgabe: Bei $n_{Betrieb}$ ~ 2500 U/min dürfen Starrkörperunwuchtkräfte und beide Eigenformen mit jeweils maximal 5 % der Rotorgewichtskraft pro Lager "drücken"

Mit: • $D_{1/2\,BL}$ ~ 10 %   • Gleichungen (13) und (14)   • Hilfsdiagramme Bild 8

Folgt: • $U_{zul_{L/R}}^r$ = 0,072 kgm   • $u_{gen\,1\,zul}$ = 0,11 kgm   • $u_{gen\,2\,zul}$ = 0,12 kgm

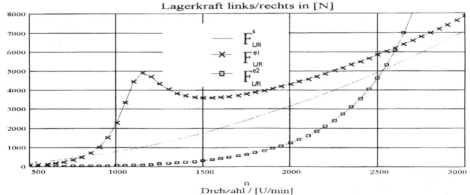

Bild 9: Beispielrotor, zugehörige Berechnungsergebnisse, Vorgaben und zulässige Restunwuchten, korrespondierende reale Lagerkräfte in der Betriebslagerung

8 Zusammenfassung

Ein und derselbe Rotor, mit ein und demselben Unwuchtzustand, kann bei Betriebsdrehzahl in der Auswuchtmaschine gegenüber der Betriebslagerung - aufgrund unterschiedlicher Steifigkeits- und Dämpfungsverhältnisse und somit auch unterschiedlicher Resonanzlagen - total unterschiedliche Schwinggeschwindigkeitsmeßwerte zeitigen.

Schwinggeschwindigkeitstoleranzen sind also nicht lagerungsunabhängig und somit auch kein stabiles Kriterium zur Beurteilung des Auswuchtzustandes von elastischen Rotoren.

Aufgezeigt wird, daß - sofern sich die Eigenformen bzgl. der Auswuchtmaschine und bezüglich der Betriebslagerung nicht wesentlich unterscheiden - modale Umwuchten ein wesentlich stabileres Kriterium darstellen.

Bei Vorgabe von maximal zulässigen Kräften, mit denen jede Eigenform sozusagen die Lager kräftemäßig beanspruchen darf, können ohne weiteres zulässige modale Restunwuchten berechnet werden. Die Überprüfung modaler Restunwuchten kann in der Praxis mittels Testgewichtsetzungen erfolgen.

9 Ausblick

Mit diesem Aufsatz wird dafür plädiert, die in der ISO 5343 erwähnten modalen Unwuchten anwendbarer zu machen und folglich in der Praxis in verstärktem Maße auch anzuwenden.

Zur Zeit werden in der ISO 5343 fixe Werte für modale Restunwuchten angegeben. Aufgezeigt wurde, daß modale Restunwuchten ein Funktional von zulässigen Kräften, Dämpfungsgraden, unterschiedlich ausgeprägten Eigenformen und bezogenen Drehzahlen sind. In diesem Sinne wird eine Flexibilisierung der modalen Restunwuchten vorgeschlagen.

Der hier vorgestellte Ansatz ist bezüglich der Rotorzielgruppe durchaus breitbandig zu verstehen. In einem ersten Schritt könnte man sich praktischen Rotoren(Walzen, Dekanter, Generatoren,...), die lediglich von einer oder zwei kritischen Drehzahlen beeinflußt werden, zuwenden, wobei hier diagrammatische Hilfen (vgl. Hilfsdiagramme Bild 8) vorstellbar wären. In einem weiteren, späteren Schritt könnten noch komplizierte Rotoren angegangen werden, wobei man dann wahrscheinlich auf Rechnerunterstützung angewiesen sein wird.

Die situationsangepaßte Vorgabe von modalen Restunwuchten für einzelne Eigenformen, d.h. die individuelle modale Betrachtung gegenüber dem "Summenkriterium" Schwinggeschwindigkeit, erscheint dem Verfasser ein Schritt nach vorn zu sein bei der gedanklichen Durchdringung des Auswuchtprozesses und seine bewußte "Zerlegung" in das sukzessive Auswuchten von einzelnen Eigenformen.

10 Referenzen

[1]   ISO 5343
Criteria for evaluating flexible rotor balance

[2]   Lingener, A.
Der Einfluß der Lagerbedingungen auf das Auswuchtergebnis bei elastischen Rotoren und die Anzahl der notwendigen Ausgleichsebenen

[3]   Maroske, D.
Vergleich von Beurteilungsmaßstäben für den Auswuchtzustand flexibler Rotoren, Diplomarbeit am Fachgebiet für Maschinendynamik der TH Darmstadt, 1993

Identifikation nichtlinearer Systeme durch bereichsweise lineare Modelle am Beispiel hydrodynamischer Wandler und Kupplungen

von H. Behrens, U. Folchert, A. Menne, H. Waller

1 Übersicht

Hydrodynamische Wandler und Kupplungen können Komponenten eines Antriebsstranges zwischen Motor und Arbeitsmaschine sein. Die Kenntnis ihrer dynamischen Eigenschaften ist unbedingt erforderlich, um das dynamische Verhalten des Gesamtsystems berechnen zu können und damit ein sicheres Betriebsverhalten zu garantieren. Zeitabhängige Erregungen resultieren aus stochastischen Belastungen der Arbeitsmaschinen oder aus Blockiervorgängen. Periodische Störungen kommen z.B. bei Kolbenmaschinen als Antriebsmaschinen vor. Das dynamische Verhalten von Wandlern und Kupplungen wird hier mit den Methoden der Systemidentifikation ermittelt.

Für eine physikalische a priori Modellierung existieren aus der Vergangenheit Ansätze von unterschiedlichen Autoren. Ausgegangen wird von einer eindimensionalen Stromfadentheorie. Ein Ansatz mit instationärem Impulssatz für Pumpe, Turbine und gegebenenfalls Leitrad liefert zusammen mit der Kontinuitätsgleichung ein nichtlineares physikalisches Modell für Wandler oder Kupplung. Dieses Modell konnte meist nicht durch Versuche verifiziert werden. Dabei waren die stationären Kennlinien schlechter als das dynamische Verhalten zu bestätigen.

Deshalb wird hier als Basis für die Identifikation zunächst von einem linearen Black-Box-Modell ausgegangen. Das nichtlineare Verhalten der hydrodynamischen Komponenten wird durch verschiedene lineare Modelle für unterschiedliche Betriebsbereiche angenähert. Drehmomente und Drehzahlen auf beiden Seiten des Wandler bzw. der Kupplung bilden die vier Zustandsvariablen für eine spezielle Zweitor- (Vierpol-) Beschreibung, die der Elektrotechnik entlehnt ist. Um diese linearen Modelle zu bestimmen, müssen vier Frequenzgangfunktionen ermittelt werden. Dazu werden Wandler bzw. Kupplung an einem speziellen ausgewählten Arbeitspunkt harmonisch mit unterschiedlichen Frequenzen erregt. Die Frequenzgänge liegen zunächst in nichtparametrischer Form vor. Die Parametrisierung erfolgt durch Annäherung mit gebrochen rationalen Funktionen. Dabei sind bestimmte Restriktionen einzuhalten, damit die Stabilität und Kausalität der gefundenen linearen Modelle gewährleistet ist. Durch eine nachfolgende Fourier-Transformation können diese Modelle in den Zeitbereich transformiert werden. Für die Durchführung von Zeitsimulationen erweist sich eine Umformung in Zustandsraummodelle als vorteilhaft. Durch eine geeignete Kopplung von unterschiedlichen linearen Modellen wird eine genaue Zeitsimulation über große Arbeitsbereiche möglich – sogar für Blockier- und Anfahrvorgänge eines gesamten Antriebsstrangs. Vergrößerungsfunktionen im Frequenzbereich können ebenfalls berechnet werden.

Speziell für diese Untersuchungen ist ein rechnergestützter Versuchsstand konstruiert und gebaut worden. Mit sekundärgeregelten hydrostatischen Antrieben können schnelle Erregungen realisiert werden. Die Prüflinge werden auf einem Stahlfundament zwischen diesen hydrostatischen Antrieben montiert, die sowohl als Antriebs- als auch als Bremsmaschine eingesetzt werden können. Auf beiden Seiten des Wandlers oder der Kupplung wird das Drehmoment und die Drehzahl gemessen. Erregerfunktionen und Messung werden gesteuert durch ein Netzwerk von Digitalrechnern, die auch die Auswertung der Ergebnisse übernehmen.

2 Zur mathematischen Modellierung

Für die mathematische Modellierung technischer Systeme gibt es unterschiedliche Vorgehensweisen:

1. Die das System beschreibenden Differentialgleichungen werden durch Sammeln aller physikalischen Vorkenntnisse (Bilanzgleichungen) aufgestellt.

2. Bei der sogenannten Black-Box-Modellierung wird ein allgemeines Differential- oder Integralgleichungssystem angesetzt und an das reale System angepaßt.

3. Bei einer hybriden Modellierung werden die Techniken der physikalischen und der Black-Box-Modellierung miteinander verknüpft.

2.1 Modellierung nach physikalischen Vorkenntnissen

Beim ersten Konzept werden die Gesetze der Strömungsmechanik zur mathematischen Modellierung der hydrodynamischen Wandler und Kupplungen angewendet. Der instationäre Impulssatz wird für einen mittleren Stromfaden angesetzt, von dem angenommen wird, daß er die gesamte Lösung repräsentiert. Die geometrischen Daten ergeben sich aus den Konstruktionsunterlagen. Für den Wandler resultieren daraus drei Gleichungen für die auf die drei Schaufelräder (Pumpe, Turbine, Leitrad) wirkenden Drehmomente. Im stationären Fall sind das die Eulerschen Turbinengleichungen. Zusätzlich muß die Bernoulli-Gleichung, die den Satz von der Erhaltung der Energie beinhaltet, berücksichtigt werden. Die Energieverluste werden dabei mehr global abgeschätzt. Auf diese Weise erhält man eine Gleichung für den Volumenstrom. Die sich ergebenden hochgradig nichtlinearen Differentialgleichungen können in der Regel nicht analytisch gelöst werden.

Mit den Gleichungen ist nach unserer Erfahrung nur eine grobe Abschätzung des realen dynamischen Verhaltens hydrodynamischer Komponenten möglich. Man bedenke dazu die Annahmen bei der Festlegung eines mittleren Stromfadens. Experimentell konnten die Differentialgleichungen nicht verifiziert werden.

Deshalb erschien es uns notwendig, andere Techniken anzuwenden, um die Modellierung hydrodynamischer Leistungsübertragung zu verbessern.

2.2 Black-Box-Modellierung

Allgemeine Ein-/Ausgangs-Beziehungen kann man zugrunde legen, wenn keine oder nur unvollständige physikalische Gesetze aufgestellt werden können. Dieses Vorgehen bezeichnet man als Black-Box-Identifikation (Bild 2.1a). Das Verhalten *linearer Systeme* wird heute meist durch Zustandsraummodelle beschrieben (Bild 2.1b).

a) Ein-Ausgangsmodell   b) Zustandsraummodell

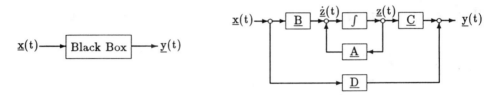

Bild 2.1: Modellierung linearer Systeme

Drei unterschiedliche mathematische Formulierungen sind gebräuchlich:

1. Die Differentialgleichung im Zustandsraum.

$$\dot{z}(t) = A\, z(t) + B\, x(t) \tag{1}$$

$$y(t) = C\, z(t) + D\, x(t) \tag{2}$$

2. Die Gewichtsfunktion (oder die Matrix der Gewichtsfunktionen). λ_i sind die Eigenwerte von A.

$$h(t) = e^{At} = \sum_i k_i e^{\lambda_i t} \tag{3}$$

3. Der Frequenzgang.

$$H(\Omega) = C(j\Omega I - A)^{-1} B + D \tag{4}$$

$$h_{ij} = \sum_l \frac{(A_{ij})_l}{j\Omega - (\lambda_{ij})_l} = \frac{\sum\limits_l (b_{ij})_l (j\Omega)^l}{\sum\limits_k (a_{ij})_k (j\Omega)^k} \tag{5}$$

Frequenzgänge und Gewichtsfunktion sind über die Fourier-Transformation miteinander verknüpft.

Für nichtlineare Systeme steht eine nicht so weit ausgebaute Theorie zur Verfügung. Da das Superpositionsprinzip nicht gilt, muß hier jeder Einzelfall speziell untersucht werden. Für die Beschreibung nichtlinearer Systeme durch Ein-/Ausgangs-Beziehungen können Volterra-Reihen oder besonders bei diskreten Systemen Gabor-Kolmogoroff-Polynome verwendet werden. Beide sind jedoch sehr allgemeine Ansätze und sind daher für die Anwendung meist zu schwierig in der Handhabung. Deshalb werden oft vereinfachte Modelle – Wiener- oder Hammerstein-Modelle – bevorzugt. Diese Modelle setzen sich aus einem linearen dynamischen und einem nichtlinearen statischen Teil zusammen.

3 Lineare Modellierung und Identifikation von hydrodynamischen Wandlern und Kupplungen

Im nachfolgenden Kapitel wird auf das spezielle Problem der Modellierung und Identifikation von hydrodynamischen Komponenten eingegangen. Ziel war es, anwendungsfreundliche Modelle und Methoden zu entwickeln, um Simulationsrechnungen im Zeit- und Frequenzbereich für das gesamte Antriebssystem durchführen zu können. Zuerst mußte eine geeignete mathematische Formulierung gefunden werden. Zu Beginn des Forschungsprojektes wurde keine Möglichkeit gesehen, das nichtlineare physikalische Modell, basierend auf der Stromfadentheorie, zu verifizieren und das reale Verhalten damit in einem großen Betriebsbereich zu approximieren. Für eine nichtlineare Black-Box-Identifikation lagen außerdem keine handhabbaren Methoden vor. So wurde die Entscheidung zugunsten einer stückweisen Linearisierung an unterschiedlichen Arbeitspunkten gefällt (Bild 3.1). Dazu wurde der gesamte Betriebsbereich in mehrere Teilbereiche eingeteilt. Diese Methode wird auch in der Regelungstechnik oft erfolgreich angewendet.

3.1 Vierpol-Beschreibung im Frequenzbereich

Bei der Festlegung der mathematischen Beschreibung sind die physikalischen Ein-/Ausgangs-Eigenschaften des realen Systems zu berücksichtigen. Bei den hier betrachteten hydrodynamischen Komponenten ist es wesentlich, daß sowohl Drehzahlen, als auch Drehmomente, pumpen- oder turbinenseitig, Ein- oder Ausgangsgrößen sein können.

Es ist daher zweckmäßig, mit Übertragungsmodellen im Frequenzbereich zu arbeiten, da hierbei eine unterschiedliche Zuordnung von Ein- und Ausgangsgrößen leicht möglich ist. Ein lineares Modell im Frequenzbereich mit – wie hier vorliegend – zwei Eingangs- und Ausgangsgrößen wird in Anlehnung an die Elektrotechnik „Zweitor" bzw. „Vierpol" genannt (Bild 3.2).

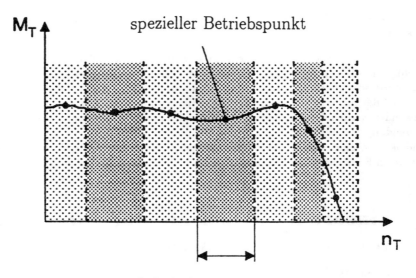

Bild 3.1: Unterteilung des gesamten Betriebsbereiches in Teilbereiche

Die Matrix $D(\Omega)$, die hier das Übertragungsverhalten zwischen den Drehzahlen und den Momenten beschreibt, wird *dynamische Dämpfungsmatrix* genannt.

$$\begin{bmatrix} M_P(\Omega) \\ M_T(\Omega) \end{bmatrix} = \begin{bmatrix} d_{11}(\Omega) & d_{12}(\Omega) \\ d_{21}(\Omega) & d_{22}(\Omega) \end{bmatrix} \begin{bmatrix} n_P(\Omega) \\ n_T(\Omega) \end{bmatrix} \qquad (6)$$

$$\boldsymbol{M}(\Omega) = \boldsymbol{D}(\Omega) \cdot \boldsymbol{n}(\Omega) \qquad (7)$$

Zwei unabhängige Experimente sind erforderlich, um die vier Frequenzgangsfunktionen $d_{ij}(\Omega)$ für einen Frequenzpunkt zu bestimmen. Für jedes dieser Experimente ist das hydrodynamische System monofrequent und harmonisch angeregt worden. Durch Bestimmung der Amplituden (Fourier-Analyse) der vier Zustandsvariablen aus beiden Experimenten kann die dynamische Dämpfungsmatrix $D(\Omega)$ für einen Frequenzpunkt berechnet werden. Die Indizes 1 und 2 der Drehmomente und Drehzahlen in Gleichung (8) charakterisieren die beiden linear unabhängigen Experimente.

$$\begin{bmatrix} d_{11} & d_{12} \\ d_{21} & d_{22} \end{bmatrix}_{(\Omega)} = \begin{bmatrix} M_{P1} & M_{P2} \\ M_{T1} & M_{T2} \end{bmatrix}_{(\Omega)} \begin{bmatrix} n_{P1} & n_{P2} \\ n_{T1} & n_{T2} \end{bmatrix}_{(\Omega)}^{-1} \qquad (8)$$

$$\boldsymbol{D}(\Omega) = \boldsymbol{M}(\Omega) \cdot \boldsymbol{n}(\Omega)^{-1} \qquad (9)$$

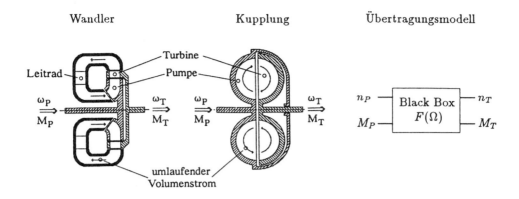

Bild 3.2: Hydrodynamische Komponenten und ihre Modelldarstellung

In der vorliegenden Form stellt die dynamische Dämpfungsmatrix ein nicht-parametrisches Modell für das dynamische Verhalten der hydrodynamischen Komponenten dar. Für eine Parametrisierung müssen die vier Elemente von $D(\Omega)$ durch komplexe rationale Funktionen angenähert werden.

$$d_{ij}(\Omega) = \frac{\sum\limits_{k=0}^{m}(h_{ij})_k \, (j\Omega)^k}{\sum\limits_{l=0}^{n}(a_{ij})_l \, (j\Omega)^l} \qquad (10)$$

Einschränkungen, wie sie durch die lineare Systemtheorie gefordert werden (Stabilität, Kausalität), müssen natürlich eingehalten werden, sollen hier aber nicht weiter erörtert werden. Wenn nun die Funktionen für alle vier Elemente $d_{ij}(\Omega)$ vorliegen, kann das dynamische Verhalten im Frequenzbereich – auch für gesamte Antriebsstränge – analysiert werden.

Durch inverse Fourier-Transformation der Gleichung (6) bzw. (7) erhält man die Differentialgleichung im Zeitbereich. Die Transformation ist besonders einfach, wenn für die vier Elemente $d_{ij}(\Omega)$ ein gemeinsames Nennerpolynom geschätzt wird.

$$M_P(\Omega)\sum_{l=0}^{n}a_l(j\Omega)^l = n_P(\Omega)\sum_{k=0}^{m}(b_{11})_k(j\Omega)^k + n_T(\Omega)\sum_{k=0}^{m}(b_{12})_k(j\Omega)^k \qquad (11)$$

$$M_T(\Omega)\sum_{l=0}^{n}a_l(j\Omega)^l = n_P(\Omega)\sum_{k=0}^{m}(b_{21})_k(j\Omega)^k + n_T(\Omega)\sum_{k=0}^{m}(b_{22})_k(j\Omega)^k \qquad (12)$$

3.2 Zustandsraum-Darstellung

Durch eine anschließende Transformation der Gleichungen (11) und (12) in den Zustandsraum erhält man eine geeignete Formulierung für Simulationsrechnungen mit den

Methoden der numerischen Integration.

$$\dot{z}(t) = A\,z(t) + B\,n(t)$$
$$M(t) = C\,z(t) + D\,n(t) + E\,\dot{n}(t) \tag{13}$$

Auf diese Weise kann das nichtlineare Verhalten von Wandlern und Kupplungen in einem kleinen Bereich um einem speziellen Betriebspunkt angenähert werden. Für Simulationen über einen großen Betriebsbereich müssen mehrere solcher linearen Modelle, die für die entsprechenden Teilbereiche bestimmt worden sind, aneinandergereiht werden. Dabei sind besondere Umschalt- und Übergangsbedingungen zwischen den Teilmodellen zu beachten.

4 Der Versuchsstand

Für die Identifikation hydrodynamischer Wandler und Kupplungen sind schnelle Erregungen nötig. Für den erstellten Verspannungsprüfstand sind zwei hydrostatische Antriebe vorgesehen worden. Diese besitzen im Vergleich zu Elektromotoren gleicher Leistung ein hohes Antriebsmoment und ein kleines Trägheitsmoment und zeichnen sich somit durch hohe Dynamik aus. Die verwendeten Hydrostaten (Leistung 100 KW, maximale Drehzahl 1860 min^{-1}) sind Axialkolbenmaschinen, die mit konstantem Druck (300 bar) arbeiten, der durch zusätzlich eingebaute Hydrospeicher stabilisiert wird. Eine Schwenkscheibe dient zur Steuerung des Drehmomentes bzw. der Drehzahl durch Veränderung des Volumenstroms. Die Hydrostaten können im Vierquadrantenbetrieb arbeiten. Dabei speist die als Bremse arbeitende Maschine die Bremsenergie in das hydraulische Netz zurück. Daher muß die zentrale Druckversorgung nur für die Deckung der Verlustenergie des Versuchsstandes ausgelegt sein. Der Versuchsstand besteht aus einem Stahlfundament (Bild 4.1), auf dem die Hydrostaten und die Prüflinge in unterschiedlichen Lagen zueinander montiert werden können. Somit können unterschiedliche Bauarten hydrodynamischer Komponenten und auch ganze Wellenzüge experimentell analysiert werden. Ein VMEbus-Echtzeitrechnersystem bestehend aus drei Motorola Zentraleinheiten der 68000er-Reihe ist für die Meßwertverarbeitung und Steuerung der Versuche installiert worden. Als Betriebssystem wird UNIX verwendet, das um das Echtzeitsystem VMEexec erweitert ist. Das Rechnersystem enthält A/D- und D/A-Wandler sowie weitere I/O-Module.

Hier sollen einige Daten genannt werden, um einen generellen Eindruck der Betriebsbreite des Versuchsstandes zu erhalten. Harmonische Erregungen können bis ca. 20 Hz realisiert werden (z.B. eine Amplitude von 50 U/min mit 15 Hz bei 1000 U/min oder eine Amplitude von 500 U/min mit 2 Hz bei 500 U/min). Die maximale Winkelbeschleunigung beträgt ca. 5000 U/min/sec. Eine Verzögerung von 1000 U/min auf 0 U/min kann damit in 0,2 sec erfolgen.

Ein Nachteil hydrostatischer Antriebe soll nicht unerwähnt bleiben. Die neun Axialkolben generieren Schwingungen, deren Frequenzen ganzzahlige Vielfache der Drehzahl sind und deutlich bei der Messung des Drehmomentes sichtbar werden. Diese Störungen

Bild 4.1: Foto des Versuchsstandes

liegen in der Frequenz jedoch deutlich höher als die Nutzsignale, so daß eine Vorfilterung Abhilfe schafft.

5 Analysierte Komponenten

Die technischen Daten der Prüflinge sind nachfolgend angegeben.

Hydrodynamische Wandler

		VOITH E7ys	VOITH W405 TB 416
Typ			
Schaufelzahl	Pumpenrad	13	16
	Turbinenrad	40	28
	Leitrad	32	24
maximaler Strömungsdurchmesser		510 mm	405 mm
maximale Eingangsleistung		–	280 kW
maximale Pumpendrehzahl		–	2500 min^{-1}

Hydrodynamische Kupplung

		VOITH 422 TH
Typ		
Schaufelzahl	Außenrad	46
	Innenrad	48
Profildurchmesser		422 mm

Zwei unterschiedliche Innenräder wurden bei verschiedenen Füllungsgraden und Ölviskositäten untersucht.

6 Ergebnisse

Die Koeffizienten $d_{ij}(\Omega)$ der Dämpfungsmatrizen für Wandler und Kupplung sind als Kennfelder im Frequenzbereich in den Bildern 6.2 und 6.3 abgebildet. In den Kennfeldern ist außerdem die Abhängigkeit vom Drehzahlverhältnis bzw. Schlupf angegeben.

Die Dämpfungsmatrizen können durch gebrichen rationale Funktionen angenähert werden. Nach einer Fourier-Transformation in den Zeitbereich lassen sich lineare Zustandsraummodelle ableiten. Jedes Modell ist natürlich nur für einen begrenzten Betriebsbereich um den jeweiligen Arbeitspunkt gültig. Die Größe des Bereichs hängt von der Drehzahlamplitude bei der Messung des Frequenzgangs und vom Kurvenverlauf des stationären Verhaltens ab. Eine Simulationsrechnung für die Kupplung über einen großen Betriebsbereich, bei der zwischen 8 Modellen umgeschaltet wurde, ist in Bild 6.1 gezeigt. Als Eingabe für die Simulation wurden die gemessenen Drehzahlen von Pumpe und Tur-

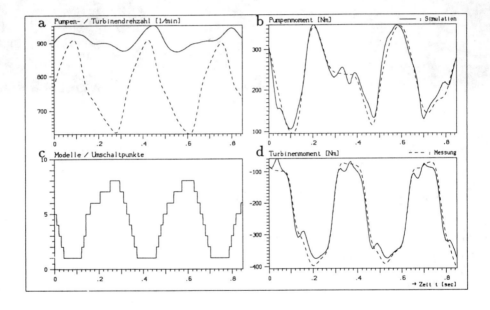

Bild 6.1: Simulation im Zeitbereich für die Kupplung : a) Pumpen- und Turbinendrehzahl als Eingabe für die Simulation; b+d) Simulation (durchgezogen) und Meßwerte (gestrichelt); b) Pumpenmoment; d) Turbinenmoment; c) Schaltpunkte der 8 verwendeten Modelle

bine benutzt (Bild 6.1a). Die Schaltpunkte (Bild 6.1c) hängen von der Betriebsbreite des zugrundeliegenden Modells ab. Die Differenzen zwischen simulierten und gemessenen Drehmomenten (Bild 6.1b+d) sind Modellfehler, die z.B. aus der Linearisierung resultieren. In den Doktorarbeiten von U. Folchert [1] und A. Menne [4] sind weitere Einzelheiten zu finden.

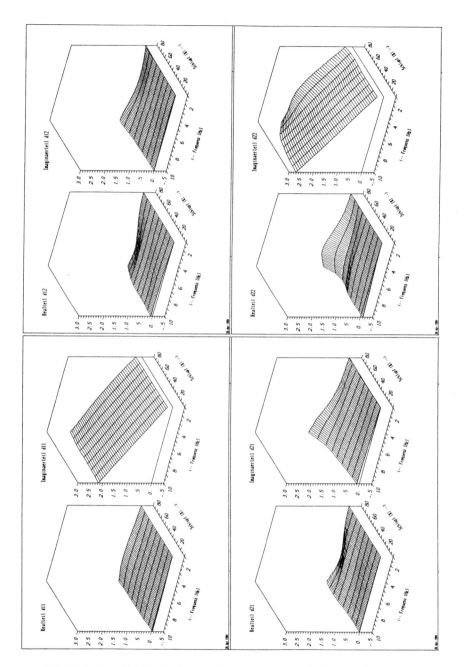

Bild 6.2: Kennfeld für die dynamische Dämpfungsmatrix des Wandlers E7ys abzüglich der Steigungen in den stationären Punkten

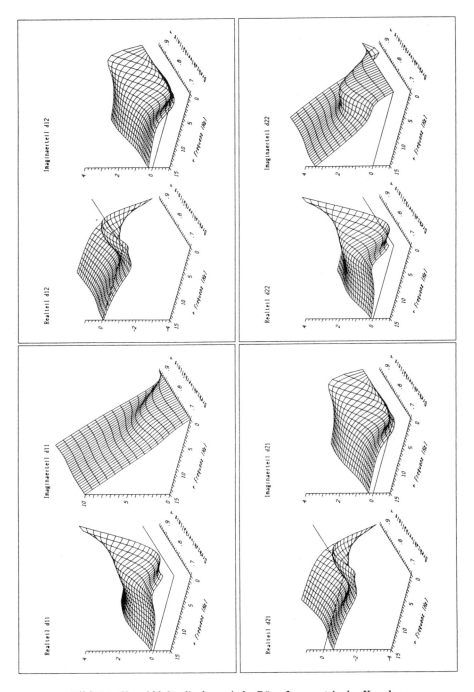

Bild 6.3: Kennfeld für die dynamische Dämpfungsmatrix der Kupplung

Literaturverzeichnis

[1] Folchert, U., 1993, „Identifikation der dynamischen Eigenschaften hydrodynamischer Kupplungen", Dissertation, Mitteilungen aus dem Institut für Mechanik der Ruhr-Universität Bochum, Heft 1/1994.

[2] Herbertz, R., 1973, „Untersuchung des dynamischen Verhaltens von Föttinger-Getrieben", Dissertation Technische Universität Hannover.

[3] Isermann, R., 1988, „Identifikation dynamischer Systeme", Band I und II, Springer-Verlag, Berlin / Heidelberg / New York / London / Paris / Tokyo.

[4] Menne, A., 1993, „Identifikation der dynamischen Eigenschaften hydrodynamischer Wandler", Dissertation, Mitteilungen aus dem Institut für Mechanik der Ruhr-Universität Bochum, Heft 1/1994.

[5] Unbehauen, R., 1990, „Systemtheorie, Grundlagen für Ingenieure", R. Oldenbourg Verlag, München/Wien.

[6] VDI-Richtlinie 2153, 1992, „Hydrodynamische Leistungsübertragung. Begriffe – Bauformen – Wirkungsweise".

Ein neues Identifikationsverfahren für dynamische Koeffizienten von Labyrinthdichtungen

von K. Kwanka

Zusammenfassung

Die Strömung durch berührungslose Labyrinthdichtungen führt zu Phänomenen, die oberhalb der Stabilitätsgrenze selbsterregte Schwingungen der Rotoren von Turbomaschinen hervorrufen. Bei der Beschreibung der Mechanismen kommt meist ein linearer Ansatz zum Einsatz, unter Verwendung von dynamischen Steifigkeits- Dämpfungs- und Trägheitskoeffizienten. Während die experimentelle Bestimmung der Steifigkeitskoeffizienten über statische Messungen vergleichsweise einfach ist, erfordert die Identifikation der Dämpfungs- und Trägheitskoeffizienten eine Bewegung des sich drehenden Rotors in Bezug auf das Gehäuse.
Die meisten Ansätze verwenden einen schweren und steifen Rotor, der weit entfernt von seiner Stabilitätsgrenze arbeitet und bestimmen direkt oder indirekt die instationären Kräfte. Diese Vorgehensweise kann sich insbesondere bei gasdurchströmten kurzen Dichtungen und den damit verbundenen relativ kleinen Kräften als schwierig erweisen. Im vorliegenden Beitrag wird eine Vorgehensweise vorgestellt, bei der sich die dynamischen Koeffizienten aus der Änderung der Stabilitätsgrenze bzw. der Schwingfrequenz einer schlanken Welle bestimmen lassen. Hervorgerufen wird die Änderung durch die strömungsbedingten Kräfte des auf der Welle angebrachten Prüflabyrinths. Die Destabilisierung (oder ggf. Stabilisierung) der Welle bis an die Stabilitätsgrenze erfolgt über ein Magnetlager. Abschließend wird die Eignung des Identifikationsverfahrens anhand von Ergebnissen, die an einem neuen Prüfstand gewonnen wurden, nachgewiesen.

1 Einleitung

Durch die Steigerung der Leistungsdichte liegen die Betriebsparameter von Turbomaschinen oft nahe der Stabilitätsgrenze. Sobald die Grenzdrehzahl oder ein bestimmtes verarbeitbares Gefälle überschritten sind, werden die Unwuchtschwingungen des Rotors von selbsterregten Schwingungen mit rasch ansteigender Amplitude überlagert und ein weiterer Betrieb der Turbomaschine ist meist nicht mehr möglich. Die Anregung erfolgt im wesentlichen durch die bei stationären Anlagen in der Regel eingesetzten Gleitlager und durch die Strömung des Arbeitsmediums durch die Beschaufelung bzw. durch Spalte und Dichtungen. Um zum einen Instabilitäten und somit kostspielige Änderungen zuverlässig auszuschließen und zum anderen eine Überdimensionierung zu vermeiden, wird eine möglichst genaue Voraussage der Stabilitätsgrenze schon in der Entwurfsphase angestrebt. Experimentelle Ergebnisse

können sowohl zu einer Überprüfung und Weiterentwicklung der numerischen Verfahren zur Berechnung der strömungsbedingten Kräfte herangezogen werden, als auch unmittelbar in eine rotordynamische Auslegung eingehen. Zusätzlich läßt sich die Wirksamkeit von Stabilisierungsmaßnahmen auf einfache Weise abschätzen.
Für die strömungsbedingte Kraft $\vec{F}$ ist ein linearer Ansatz mit Hilfe von Steifigkeits-, Dämpfungs- und Trägheitskoeffizienten üblich. Bei einer kleinen Auslenkung aus der zentrischen Lage sind die Koeffizienten in den Hauptdiagonalen gleich, während sich die Koeffizienten in den Nebendiagonalen im Vorzeichen unterscheiden.

$$\vec{F} = -\begin{pmatrix} K & k \\ -k & K \end{pmatrix}\begin{pmatrix} x \\ y \end{pmatrix} - \begin{pmatrix} D & d \\ -d & D \end{pmatrix}\begin{pmatrix} \dot{x} \\ \dot{y} \end{pmatrix} - \begin{pmatrix} M & m \\ -m & M \end{pmatrix}\begin{pmatrix} \ddot{x} \\ \ddot{y} \end{pmatrix} \qquad (1)$$

Die experimentelle Bestimmung der Steifigkeitskoeffizienten ist über statische Messungen, d.h. Messung des Druckverlaufs oder Kraftmessung bei einem statisch in Bezug auf das Gehäuse ausgelenkten Rotor, relativ einfach realisierbar. Wesentlich aufwendiger gestaltet sich die Ermittlung der Dämpfungs- und Trägheitskoeffizienten, die eine Bewegung des sich drehenden Rotors gegenüber dem Gehäuse erfordert.
Im wesentlichen werden bei allen Verfahren aus der Eingang-Ausgangbeziehung eines bekannten Schwingsystems die gesuchten dynamischen Koeffizienten ermittelt. Als Eingang kann eine bekannte Kraft oder eine Auslenkung dienen. Um die Antwort des Systems zu bestimmen, wird eine instationäre Kraft- oder Wegmessung notwendig. Die Behandlung des Problems kann im Zeit- oder im Frequenzbereich erfolgen.
Den Frequenzgang eines Rotorsystems erhalten Bently und Myszynska [1] durch eine asynchrone Erregung mittels einer unabhängig drehenden Unwucht bekannter Größe. Mit diesem Verfahren werden die dynamischen Koeffizienten eines Gleitlagers bestimmt. Die Anwendung auch bei Dichtungen wird vorgeschlagen. Eine harmonische Bewegung des Rotors in einer Ebene in Bezug auf das Gehäuse erreicht Childs et al. [2] über einen hydraulischen Schwingerreger. Die dynamischen Koeffizienten ergeben sich aus der bekannten Bewegung und der daraus resultierenden Reaktionskraft, die gemessen wird. Eine Welle-in-Welle-Anordnung benützen Millsaps und Martinez-Sanches [3], um Dreh- und Schwingfrequenz zu trennen. Der drehende Rotor bewegt sich auf einer Kreisbahn im Gehäuse und erzeugt harmonische Druckschwankungen. Wright [4] setzt elektromagnetisch betriebene Stäbe ein, um mit einem steifen Rotor konische Schwingbewegungen mit konstanter Amplitude an der Stabilitätsgrenze zu erzielen und die dynamischen Koeffizienten von Dichtungen zu bestimmen.
Neue experimentelle Ansätze verwenden für die Lagerung des Rotors mit der zu untersuchenden Dichtung aktive Magnetlager. Über die Magnetlagerung wird der Rotor bei Nordmann [5] zu einer vorgegebenen Bewegung im Gehäuse gezwungen, die wiederum aufgrund der Regelung zu meßbaren Strömen und somit magnetischen Reaktionskräften auf den Rotor führt. Die Anregung des Rotors in fünf Freiheitsgraden erlaubt es, auch die Momentkoeffizienten zu bestimmen, die bei langen Dichtungen von Interesse sein können. Bisher sind nur Messungen mit Wasser als Strömungsmedium bekannt. Ein Prüfstand für extreme Betriebsparameter wird von Wagner und Pietruszka in [6] vorgestellt. Mit Hilfe eines Identifikationsalgorithmus soll ein Modell unter Einschluß der strömungsbedingten Kräfte an das reale, in Magnetlagern abgestützte Rotorsystem angepaßt werden. Veröffentlichungen über Erfahrungen bzw. Meßergebnisse sind nicht bekannt.

2 Identifikationsverfahren

Mit Ausnahme von Bently und Muszynska [1] kommen bei allen bisher erwähnten Prüfständen sehr steife und daher auch schwere Rotoren zum Einsatz. Die Realisierung einer Schwingbewegung des drehenden Rotors mit ausreichend großer Amplitude und somit meßbarer Systemantwort hat aufwendige Prüfstandskonzepte zur Folge. Die im System auftretenden Kräfte sind extrem hoch, verglichen mit den strömungsbedingten Kräften, wie sie insbesondere bei gasförmigen Medien auftreten. Die in einzelnen Kammern zu erwartenden Druckunterschiede in Umfangsrichtung sind sehr klein und erfordern eine teure und hochentwickelte Meßtechnik für instationäre Drücke.

Eine Suche nach vollständig neuen Ansätzen erscheint lohnend. Ein solcher Ansatz besteht darin, den konkret meßbaren Einfluß einer Labyrinthdichtung auf die Stabilität und die Schwingfrequenz einer schlanken Welle für die Identifikation der dynamischen Koeffizienten zu benutzen. Um die Welle destabilisieren oder ggf. auch stabilisieren zu können, kommt ein Magnetlager zum Einsatz. Die Grundlagen für die Auslegung des Magnetlagers gehen auf Ulbrich [7] zurück, der auf die Vorzüge von Magnetlagern bei experimentellen Untersuchungen im Bereich der Rotordynamik hingewiesen hat. Das vorliegende Konzept zur Simulation strömungsbedingter Kräfte ist schon zu einem früheren Zeitpunkt von Kwanka [8] eingesetzt worden. Während die Nebensteifigkeit q des Magnetlagers zu einer nichtkonservativen und somit erregenden Querkraft führt, läßt sich über die Hauptsteifigkeit r die Schwingfrequenz bzw. Schwingform einer Welle beeinflussen.

$$\vec{F} = -\begin{pmatrix} r & q \\ -q & r \end{pmatrix} \begin{pmatrix} x \\ y \end{pmatrix} \qquad (2)$$

$$q = k_i V_l$$

$$r = k_i V_d + k_s$$

V_l und V_d sind in Grenzen frei wählbare Verstärkungen mit veränderbarem Vorzeichen; k_i stellt den Kraft-Stromfaktor und k_s den Kraft-Wegfaktor der linearisierten Kraftgleichung des Magnetlagers dar. Da das Magnetlager nicht zur Lagerung benötigt wird, kann auf die aufwendige Regelung verzichtet werden.

Im folgenden soll der Identifikationsvorgang ausgehend von einer Laval-Welle in Gleitlagern beschrieben werden, wobei vereinfachend angenommen wird, daß die Kräfte eines Magnetlagers eines Prüflabyrinths an der gleichen axialen Wellenposition angreifen. In Bild 1 ist das Zeigerdiagramm des Einmassen-Schwingungssystems an der Stabilitätsgrenze zu sehen. Die Amplitude der Schwingung sei a, die Schwingfrequenz ist durch die Eigenfrequenz Ω des Schwingers festgelegt. Die erregende Querkraft Q durch das Magnetlager steht im Gleichgewicht zu der Dämpfungskraft D, die im wesentlichen aus den Gleitlagern stammt und die durch die Lagererregung verringert wird. Die an der Stabilitätsgrenze wirkende Nebensteifigkeit des Magnetlagers q_0 ist durch die eingestellte Verstärkung gegeben.

$$q_0 = \frac{(D\Omega a - ka)_{LAGER}}{a} \qquad (3a)$$

$$Q = q_0 a$$

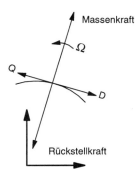

Bild 1. Zeigerdiagramm mit Magnetlager- und Dämpfungskraft

Wird nun in einem zweiten Schritt das Prüflabyrinth durchströmt, so wirken strömungsbedingt konservative Rückstellkräfte, die die Eigenfrequenz des Systems verändern, und nichtkonservative Querkräfte, die die Stabilitätsgrenze beeinflussen. Die nun an der Stabilitätsgrenze eingestellte Nebensteifigkeit des Magnetlagers beträgt q und unterscheidet sich von dem Wert q_0 bei fehlendem Labyrintheinfluß.

$$q = \frac{(D\Omega a - ka)_{LAGER}}{a} - q_{DICHTUNG} \tag{3b}$$

$$Q = qa$$

Die Änderung der Koppel- oder Nebensteifigkeit Δq des Magnetlagers an der Stabilitätsgrenze ist ein Maß für die nichtkonservativ wirkenden Koeffizienten des Prüflabyrinths, die in $q_{DICHTUNG}$ zusammengefaßt sind.

$$q_{DICHTUNG} = q_0 - q = \Delta q \tag{4}$$

Wird nun für die Auslenkung in Gl. 1 eine Zirkumpolarbewegung angenommen,

$$x = a \cos \Omega t$$
$$y = a \sin \Omega t \tag{5}$$

läßt sich die Änderung der Nebensteifigkeit mit einem Teil der gesuchten dynamischen Koeffizienten angeben.

$$\Delta q = \frac{F_t}{a} = k - D\Omega - m\Omega^2 \tag{6}$$

Ähnlich kann bei den konservativ wirkenden dynamischen Koeffizienten vorgegangen werden. In diesem Fall muß die Änderung der Schwingfrequenz aufgrund der Dichtung durch die Hauptsteifigkeit des Magnetlagers kompensiert werden. Die durch die eingestellten Verstärkungen bekannte Änderung Δr ist durch den verbliebenen Teil der dynamischen Koeffizienten festgelegt.

$$\Delta r = \frac{F_r}{a} = -K - d\Omega + M\Omega^2 \tag{7}$$

Nun kann über eine Veränderung des Lagerabstandes oder über eine Veränderung der Hauptsteifigkeit des Magnetlagers die Schwingfrequenz Ω der Welle variiert werden. Mit jeweils drei Differenzen Δr_i und Δq_i bei den drei bekannten Schwingfrequenzen Ω_i sind sämtliche dynamische Koeffizienten berechenbar.

$$\begin{pmatrix} -1 & -\Omega_1 & \Omega_1^2 & & & \\ -1 & -\Omega_2 & \Omega_2^2 & & 0 & \\ -1 & -\Omega_3 & \Omega_3^2 & & & \\ \hline & & & 1 & -\Omega_1 & -\Omega_1^2 \\ & 0 & & 1 & -\Omega_2 & -\Omega_2^2 \\ & & & 1 & -\Omega_3 & -\Omega_3^2 \end{pmatrix} \begin{pmatrix} K \\ d \\ M \\ \hline k \\ D \\ m \end{pmatrix} = \begin{pmatrix} \Delta r_1 \\ \Delta r_2 \\ \Delta r_3 \\ \Delta q_1 \\ \Delta q_2 \\ \Delta q_3 \end{pmatrix} \qquad (8)$$

Werden alle Koeffizienten berücksichtigt, so liegen die gemessenen Änderungen Δr_i bzw. Δq_i im Idealfall auf Parabeln, deren Verlauf durch die gesuchten Koeffizienten festgelegt ist und deren Schnittpunkte mit der Ordinate die Steifigkeiten angeben. Kann der Einfluß der Trägheitskoeffizienten - wie häufig bei kompressiblen Medien - vernachlässigt werden, so liegen die Meßergebnisse auf Geraden, deren Steigungen die Dämpfungskoeffizienten darstellen. Da Fehler nicht zu vermeiden sein dürften, können Messungen bei einer größeren Anzahl von Schwingfrequenzen die Genauigkeit der aus einer Kurvenanpassung hervorgehenden Koeffizienten verbessern.

Eine weitere Möglichkeit, die Genauigkeit der Messungen zu erhöhen, wird aus den nächsten Überlegungen ersichtlich (s.a. Bild 2). Die Stabilitätsgrenze steigt mit zunehmender Wellensteifigkeit und damit höherer Schwingfrequenz an. Bei größerer Erregung durch das Prüflabyrinth oder weicherer Welle reicht die Dämpfung der Gleitlager nicht mehr aus, um das System zu stabilisieren. Die Welle muß durch eine Zeichenumkehr der Nebensteifigkeit des Magnetlagers und damit gegenläufige Erregung stabilisiert werden. Die gegenläufige Erregung wird bei durchströmtem Labyrinth so lange verringert, bis die Welle instabil wird ($\Delta q = q_0 + q$).

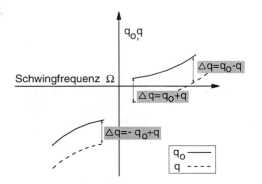

Bild 2.
Einfluß der Erregung durch das Prüflabyrinth auf die Stabilitätsgrenze der gleich- und der gegenläufigen Schwingbewegung
(q und q_0 stellen Koppelsteifigkeiten des Magnetlagers an der Stabilitätsgrenze dar)

Wird hingegen die gegenläufige Erregung erhöht, so läßt sich die Stabilitätsgrenze der gegenläufigen Schwingbewegung bestimmen und zusätzliche Meßpunkte für negative Schwingfrequenzen können in die Auswertung einbezogen werden ($\Delta q = -q_0 + q$). Bei einer gleichläufigen Erregung durch das Prüflabyrinth erhöht sich die Stabilitätsgrenze der gegenläufigen Schwingbewegung.

Die bisherigen Überlegungen setzen Vereinfachungen und Vernachlässigungen voraus, auf die nun eingegangen werden muß. Die Ergebnisse einer numerischen Simulation des Identifikationsvorganges mit dem Ziel einer konzeptionellen Entwicklung und Dimensionierung eines Prüfstandes sind in die folgenden Aussagen mit eingegangen. Stillschweigend wurde angenommen, daß die Querkraft nicht die Eigenfrequenz und die Rückstellkraft nicht die Stabilitätsgrenze beeinflussen.

- Die Veränderung der Schwingfrequenz durch die nichtkonservative Labyrinthkraft ist praktisch vernachlässigbar. Erst bei noch schlankeren Wellen sind meßbare Veränderungen zu erwarten.
- Die konservative Labyrinthkraft beeinflußt über die Schwingform auch die Stabilitätsgrenze. Diese Veränderung wird sich der gesuchten und zur Identifikation benötigten Veränderung überlagern. Der dadurch bedingte Fehler dürfte sich im niedrigen Prozentbereich bewegen und wiederum bei niedriger Wellensteifigkeit ausgeprägter sein. Wird die Änderung der Schwingfrequenz vorab durch das Magnetlager kompensiert, so ist praktisch kein Einfluß auf die Stabilitätsgrenze bemerkbar.
- Bisher wurde davon ausgegangen, daß die Kräfte des Prüflabyrinthes und des Magnetlagers an der gleichen axialen Wellenposition angreifen. Bei unterschiedlichem Angriffspunkt muß die mit Hilfe des Magnetlagers gemessene Änderung der Stabilitätsgrenze auf die Position des Labyrinthes transformiert werden. Eine Möglichkeit der Umrechnung bietet ein Vergleich der Schwingform an den beiden Wellenpositionen. Der Energieeintrag E in das Schwingsystem muß für beide Positionen gleich sein, so daß für eine zirkumpolare Schwingbahn gilt

$$E = 2\pi (a^2 \Delta q)_{MAGNETLAGER} = 2\pi (a^2 \Delta q)_{DICHTUNG}. \tag{9}$$

Der Umrechnungsfaktor läßt sich mit Hilfe der Schwingbahnamplituden ermitteln.

$$\frac{\Delta q_{DICHTUNG}}{\Delta q_{MAGNETLAGER}} = \left(\frac{a_{MAGNETLAGER}}{a_{DICHTUNG}}\right)^2 \tag{10}$$

Für jede Schwingfrequenz und damit Schwingform (aber auch Magnetlagerposition) ist ein Umrechnungsfaktor zu bestimmen. Für die Umrechnung der konservativ wirkenden Kraft sind ähnliche Überlegungen anzustellen.

- Als weitere vereinfachende Annahme verbleibt die Frequenzabhängigkeit der dynamischen Koeffizienten. Abschätzungen mit einem nach der Bulk-Flow-Methode arbeitenden Programm haben insbesondere für die stabilitätsrelevanten Koeffizienten in einem weiten Schwingfrequenzbereich nur eine geringe Abhängigkeit ergeben. Gegebenenfalls kann eine vorgegebene Frequenzabhängigkeit mit in die Kurvenanpassung einbezogen werden.

3 Prüfstand und erste Ergebnisse

Wie schon erwähnt, ist der Prüfstand aus einer numerischen Simulation mit Hilfe von Finiten Elementen hervorgegangen. Der Rotordurchmesser beträgt in weiten Bereichen 23 mm, der Lagerabstand kann zwischen 770 und 890 mm variiert werden. Damit läßt sich die Schwingfrequenz über den Lagerabstand im Bereich von 26 bis 35 Hz verändern. Der Prüfstand mit der Positionierung der wichtigsten Komponenten auf der Welle ist in Bild 3 zu sehen. Das Prüflabyrinth ist mittig zwischen den Lagern angeordnet an den Ort, an dem die größten Amplituden der Schwingform zu erwarten sind. Das Magnetlager ist möglichst nahe an die eine Seite des Prüflabyrinths herangerückt, ohne allerdings die Abströmung zu stören. Die Fanglager sollen ein Anstreifen der Dichtspitzen bei instabiler Welle verhindern.

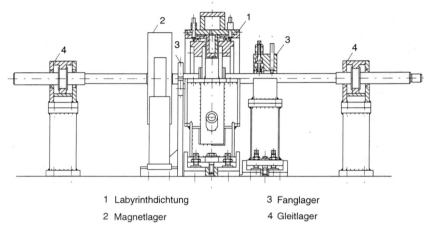

1 Labyrinthdichtung   3 Fanglager
2 Magnetlager   4 Gleitlager

Bild 3. Prüfstand zur Identifikation von dynamischen Koeffizienten von Labyrinthdichtungen

Die Luft tritt über einen Verteilring in das Gehäuse ein und wird anschließend über einen Düsenring geleitet, der für den Eintrittsdrall in die Dichtung sorgt. Zwei Prüflabyrinthe sind symmetrisch zum Düsenring angeordnet, so daß die strömungsbedingten Kräfte verdoppelt und gleichzeitig gemittelt werden. Die geometrischen Randbedingungen lassen sich durch einen Austausch des Düsenrings und der Dichtungseinsätze auf einfache Weise variieren. Die ersten Untersuchungen sind mit einem Kamm-Nut Labyrinth, bestehend aus zwei Kammern, bei einer Rotordrehzahl von 700 U/min durchgeführt worden. (Rotordurchmesser 180 mm, Spaltweite 0,5 mm; Kammerhöhe 8,0 mm; Kammerlänge 9,2 mm; Dichtspitzenbreite 0,6 mm; Kammhöhe 3,0 mm)
Die Möglichkeiten des neuen Identifikationsverfahrens wird durch Messungen bei sehr niedrigen am Prüflabyrinth anliegenden Drücken und damit auch kleinen Kräften deutlich. In Bild 4 ergeben sich bei einem Differenzdruck von 5 kPa aus dem Verlauf der bestangepaßten Geraden eine Koppelsteifigkeit k von 4,3 N/mm und eine Hauptdämpfung C von 3,6 Ns/m. Bei gleichen Bedingungen müßten mit den herkömmlichen Meßverfahren, bei einer angenommenen Bewegung des Rotors von 0,1 mm, instationäre Kräfte unterhalb von 0,5 N meßbar sein.
Die bei einer Schwingfrequenz gemittelten Meßwerte sind aus jeweils fünf Meßreihen hervorgegangen, wobei die Einzelmessungen maximal um ±1 N/mm vom Mittelwert

abweichen. Durch die Veränderung des Lagerabstandes sind bei fünf Schwingfrequenzen Messungen möglich. Bei jedem Meßpunkt muß von einer geringfügigen Änderung des Schwingsystems, erkennbar an der Schwingfrequenz und Systemdämpfung im Vergleich zu vorangegangenen Messungen bei gleichem Lagerabstand, ausgegangen werden. Somit ist bei jedem Meßdurchgang sowohl die Messung mit durchströmtem Labyrinth als auch die Messung ohne Durchströmung durchzuführen.

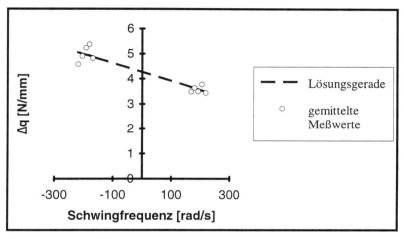

Bild 4. Identifikationsvorgang bei kleinem Differenzdruck

Bei größeren Differenzdrücken ist das erwartete Verhalten der Nebensteifigkeit und der Dämpfung zu beobachten (s. a. Bild 5). Beide nehmen aufgrund des höheren Druckniveaus und des steigenden Zuströmdralls zu.

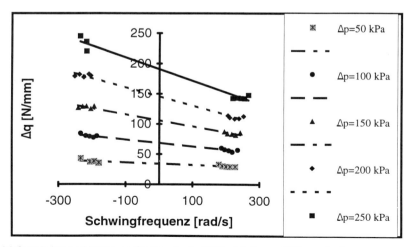

Bild 5. Meßergebnisse und bestangepaßte Geraden in Abhängigkeit vom Differenzdruck

4 Schlußfolgerung und Ausblick

Erste Messungen mit dem neuen Identifikationsverfahren führen zu plausiblen Ergebnissen. Deutlich wird auch der vergleichsweise einfache Aufbau und die problemlose Handhabung des Prüfstandes. Insbesondere bei Labyrinthdichtungen für gasförmige Medien und den dabei zu erwartenden kleinen Kräften ist damit ein Weg aufgezeigt, die dynamischen Koeffizienten zu bestimmen. Die Dämpfungswerte sollten insbesondere bei höheren Differenzdrücken bei einer Stabilitätsbetrachtung nicht vernachlässigt werden.
Weitere Untersuchungen bei unterschiedlichen Geometrien und Strömungsbedingungen sind in Bearbeitung. Ein Vergleich mit berechneten Werten und mit anderen Messungen wird angestrebt. Schließlich ist beabsichtigt, nach Möglichkeiten einer Minimierung der erregenden Kräfte zu suchen. Ein direkter Vergleich verschiedener Dichtungskonzepte ist möglich.

5 Literaturverzeichnis

[1] Bently, D. E., Muszynska, A.: *Stability Evaluation of Rotor/Bearing System by Perturbation Tests*. NASA Conference Publication 2250, Proceedings of a workshop held at Texas A&M University, 1982, S. 307-322.

[2] Childs, D. W., Nelson, C. E., Nicks, C., Scharrer, J., Elrod, D., Hale, K.: *Theory Versus Experiment for the Rotordynamic Coefficients of Annular Gas Seals: Part 1 - Test Facility and AS.aratus*. Trans. ASME, J. of Tribology, Vol. 108, 1986, S. 426- 432.

[3] Millsaps, K. T., Martinez-Sanches, M.: *Static and Dynamic Pressure Distribution in a Short Labyrinth Seal*. NASA Conference Publication 3122, Proceedings of a workshop held at Texas A&M University, 1990, S. 135-146.

[4] Wright, D. V.: *Labyrinth Seal Forces on a Whirling Rotor*. ASME Applied Mechanics Division, Proceedings of a Symposium on Rotor Dynamical Instability, Adams M. L. Jr. (Editor), ASME Book-Vol. 55, 1983, S. 19-31.

[5] Nordmann, R.: *Rotordynamische Kennzahlen von berührungslosen Dichtungen und Laufrädern - Grundsatzreferat*. VDI Berichte Nr. 1082, 1993, S. 249-276.

[6] Wagner, N. G., Pietruszka, W. D.: *Identification of Rotordynamic Parameters on a Test Stand with Magnetic Bearings*. Magnetic Bearings, Proceedings of the First International Symposium, ETH Zürich, Switzerland, June 6-8,1988/ G. Schweitzer (Editor), Springer Verlag, 1988, S. 289-299.

[7] Ulbrich, H.: *New Test Techniques Using Magnetic Bearings*. Magnetic Bearings, Proceedings of the First International Symposium, ETH Zürich, Switzerland, June 6-8,1988/ G. Schweitzer (Editor), Springer Verlag, 1988, S. 281-288.

[8] Kwanka, K.: *Laufstabilität eines dreifach gelagerten Rotorsystems bei Anregung durch nichtkonservative Querkräfte*. VDI Fortschritt-Berichte, Reihe 11 Nr. 141, 1990

Identifikation von Dämpfungskoeffizienten für Wälzlager

von R.Zeillinger, H.Köttritsch, H.Springer

1 Einleitung

Der Betrieb einer rotierenden Maschine bei kritischen Drehzahlen verursacht mechanische Schwingungen, Lärmbelästigung und kann die Gebrauchsdauer von Maschine oder Werkzeug drastisch herabsetzen. Die Berechnung der zu erwartenden dynamischen Eigenschaften einer rotierenden Maschine erfordert daher insbesondere die Kenntnis der Lagersteifigkeits- und vor allem der Dämpfungseigenschaften. Während die Wälzlagersteifigkeit bereits ausreichend genau berechnet werden kann [1], findet man in der Literatur nur wenige Ansätze zur Untersuchung der dämpfungswirksamen Mechanismen einer Wälzlagerstelle.

In der vorliegenden Arbeit werden Dämpfungs- und Steifigkeitsparameter eines Rillenkugellagers auf der Basis gemessener Übertragungsfunktionen zwischen Wellenzapfen und Gehäuse experimentell identifiziert. Unterschiedliche Dämpfungsquellen im Lager werden durch besondere Versuchsanordnungen separiert gemessen.

2 Lagerdämpfungsmodelle in der Literatur

Klumpers [3] und Ophey [7] entwickelten theoretische Modelle, um das Dämpfungsvermögen des elastohydrodynamischen Schmierkontaktes zwischen den Wälzkörpern und den Laufbahnen zu berechnen. Für die Abschätzung der Dämpfung in den Schmierfilmen werden die Ergebnisse der Squeezefilm-Theorie für ebene Platten nach Vanherck [9] (Klumpers) bzw. nach Waring [12] (Ophey) verwendet. Als dämpfungswirksame Fläche wird die Hertz'sche Kontaktfläche angesetzt. Die theoretisch ermittelten Dämpfungswerte hängen von der Rotordrehzahl, der Ölviskosität und der Lagerluft ab. Von den Autoren experimentell ermittelte Dämpfungsdaten waren jedoch zumindest um den Faktor 10 höher als die theoretisch berechneten Werte. Beide Autoren vermuten daher in den Fügestellen zwischen den Lagerringen und den Lagergehäusen Mechanismen mit hohem Dämpfungsvermögen.

Walford und Stone [10, 11] bildeten zusätzlich zum EHD-Schmierfilm auch die Einlaufzone des Schmieröls vor dem EHD-Kontakt durch ein Kelvin-Voigt-Modell ab, wodurch bei Annäherung der Kugel an die Laufbahn zusätzlich Steifigkeits- und Dämpfungskräfte wirksam werden. Walford zeigt, daß der EHD-Schmierfilm aufgrund seiner enorm hohen Steifigkeit nicht dämpfungswirksam werden kann. Nach Walford ist bei einer Schwingbewegung im Lager die effektive Nachgiebigkeit fast ausschließlich auf die

Materialdeformation der Wälzkörper und Laufbahnen zurückzuführen, wodurch es aber in der angesprochenen Einlaufzone zu Dämpfung zufolge Verdrängung des Öles kommt. Rechnung und Experiment zeigen ein abnehmendes Dämpfungsvermögen mit steigender Drehzahl, jedoch keinen einheitlichen Trend bezüglich der axialen Vorspannung des Lagers. Darüberhinaus waren die gemessenen Dämpfungswerte um den Faktor 30 bis 100 höher als die berechneten. Auch Walford und Stone vermuteten daher ein erhebliches Dämpfungsvermögen der Lagerfügestellen.

Gezielte Untersuchungen der Paßfugendämpfung zwischen den Ringen und den Lagerumbauteilen wurden bisher lediglich von Ophey [8] publiziert. An dem bereits von Klumpers vorgestellten Prüfstand wurden zwischen Lager und Gehäuse sogenannte Dämpfungsbuchsen montiert, die aus verschiedenen Werkstoffen und mit unterschiedlichen Passungen hergestellt wurden. Trotz der festgestellten lediglich geringen Abnahme der Lagersteifigkeit (ca.-5%) bei eingebauter Buchse konnte Ophey viskose Dämpfungskoeffizienten im Durchschnitt um den Faktor 3 über den von Klumpers angegebenen Werten für Lager ohne Buchsen messen. Ein eindeutiger Zusammenhang zwischen Dämpfungsvermögen und Fugenpassung konnte aber auch hier nicht angegeben werden.

Aus den bisher durchgeführten Untersuchungen lassen sich im wesentlichen vier Hauptdämpfungsquellen einer Wälzlagerverbindung ableiten:

Quelle 1: EHD-Schmierfilmdämpfung infolge Verdrängungseffekten innerhalb des Wälzkontaktes zwischen den Wälzkörpern und den Laufbahnen, siehe [3, 7, 8, 10, 11].

Quelle 2: Schmierfilmdämpfung infolge Verdrängungseffekten in der Einlaufzone des Schmieröls vor dem eigentlichen Wälzkontakt, siehe [10, 11].

Quelle 3: Materialdämpfung infolge der elastischen Verformung der Wälzkörper und der Laufbahnen, siehe [2, 4].

Quelle 4: Fügestellendämpfung in den Paßfugen zwischen den Lagerringen und den Lagerumbauteilen, siehe [8].

Walford und Stone zeigten deutlich, daß die Dämpfung der Quelle 1 im Vergleich zu Quelle 2 vernachlässigbar gering ist. Auch die Dämpfungsquelle 3 wird von den meisten Autoren a priori Null gesetzt, jedoch gibt es keine experimentellen Untersuchungen, die diese Annahme bestätigen. Vergleicht man die in der Literatur vorhandenen Rechenergebnisse mit den vorliegenden Experimenten, erkennt man die nur unzulängliche Beschreibbarkeit des Gesamtdämpfungsvermögens durch die Quellen 1 bis 3.

3 Lagerprüfstand und Meßeinrichtungen

Entsprechend den meisten Anwendungen in der Praxis wird als Prüfstandskonfiguration eine rotierende Welle in einem stehenden Prüfstandsgehäuse gewählt, siehe Abb. 1. Ein sehr steif ausgeführter Rotor wird von zwei aufgeschrumpften Rillenkugellagern des Typs 6309 getragen. Rotor und Lager sitzen in einem massiven Gehäuse, das sich aus der Grundplatte, den beiden Lagerböcken und zwei zusätzlichen Versteifungen zusammensetzt. Durch die extrem steife Konstruktion aller Bauteile wird sichergestellt, daß die Lagerverbindungen die nachgiebigsten Elemente des gesamten Systems sind. Das Dämpfungsvermögen des gesamten Prüfstandes wird dadurch hauptsächlich durch die Dämpfungseigenschaften der beiden Lagerverbindungen bestimmt.

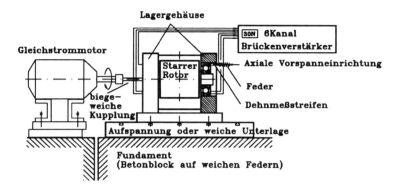

Abbildung 1: Der Wälzlagerprüfstand

Je nach Versuchsaufbau, siehe Tabelle 1, variiert die unterste Eigenfrequenz des starren Rotors in den nachgiebigen Lagern zwischen 250 Hz und 1000 Hz. Die Ergebnisse einer experimentellen Modalanalyse bestätigen das Starrkörperverhalten aller Einzelteile (Rotor $f_{Rres.}$= 2,98 kHz, Lagerbock $f_{LBres.}$= 1,46 kHz, etc.) bis zu einer Frequenz von rund 1000 Hz. Materialdämpfung durch Bauteildeformationen kann daher weitgehend ausgeschlossen werden. Die niedrigsten Eigenfrequenzen des zusammengebauten Gehäuses liegen bei 796 Hz (Gehäusetorsion um die Rotorachse) und bei 1300 Hz (Gehäusebiegung). Durch ausschließliches Anregen des Systems in einer Symmetrieebene des Gehäuses (siehe Abb.1) wird jedoch bei den Lageruntersuchungen keine der beiden Gehäuseeigenformen angeregt. Die Lager werden durch drei am Umfang des Außenringes um 120° versetzte Bolzen axial vorgespannt. Durch DMS-Vollbrücken an jedem Bolzen kann die axiale Vorspannkraft zuverlässig gemessen werden. Die Experimente werden an Rillenkugellagern des Typs 6309 mit eingeschränkten Fertigungstoleranzen (Toleranzklasse P5) durchgeführt. Einflüsse und Wechselwirkungen auf das Dämpfungsvermögen der Lagerstelle durch extreme Formabweichungen der Lagerkomponenten (Laufbahnwelligkeit, etc.) werden daher vorerst minimiert. Der Antrieb des Rotors erfolgt mit einem drehzahlregelbaren Gleichstrommotor über eine sehr biegeweiche, aber ausreichend torsionssteife Kupplung.

Die Erregung des Rotors erfolgt in radialer Richtung in der Rotormittelebene mit einem Modalhammer mit eingebauter piezoelektrischer Kraftmeßzelle, siehe beispielsweise [6]. Alternativ steht bei Rotorstillstand ein elektrodynamischer Krafterreger für Sinussweep-Anregung zur Verfügung.

Die radialen Schwingungen zwischen Rotor und Gehäuse werden kontaktlos mit Wirbelstromsensoren nahe den Lagerstellen gemessen. Bei stillstehendem Rotor kommen piezoelektrische Beschleunigungsaufnehmer zum Einsatz. Aus dem Erregersignal und den Schwingungssignalen werden mit Hilfe eines 3-Kanal FFT-Analysators HP3566A experimentelle Übertragungsfunktionen (FRF) gebildet. Die Speicherkapazität des Analysators von 8192 Samples pro Block erlauben eine ausreichende Abtastung des Erregerimpulses im Zeitbereich (6 bis 7 Punkte) bei gleichzeitig hoher Auflösung der Übertragungsfunktionen im Frequenzbereich (Δf=1 Hz).

Tabelle 1: Einige Prüfstandsdaten

Prüflager: Rillenkugellager 6309 $D = 100\ mm$, $d = 45\ mm$, 8 Wälzkörper , $d_{WK} = 17,462\ mm$ Prüfstand: Lagerabstände vom Rotormittelpunkt $a_1 = a_2 = 90\ mm$ Rotormasse $m_R = 22\ kg$ Gehäusemasse $m_G = 174\ kg$ (193 kg)			
Konfiguration (a) Rillenkugellager		**Konfiguration (b) Lagerersatzkörper**	
Einbauverhältnisse:		*Einbauverhältnisse:*	
DGBB/Gehäuse	$-2, +2, +9\ \mu m$	Scheibe/Gehäuse	$+14\ \mu m$
DGBB/Rotor	$-20\ \mu m$	Scheibe/Rotor	$-6\ \mu m$
Lagerluft	$\sim -1\ \mu m$		
Betriebsverhältnisse:		*Betriebsverhältnisse:*	
entfettete und geölte Wälzkontakte		entfettete, geölte, trockene Paßfugen	
Axiale Vorspannung	0 bis 1500 N		
Drehzahl	0 bis 1000 U/min		

4 Mechanisches Modell und Parameteridentifikation

Das mechanische Modell zur Beschreibung des dynamischen Prüfstandverhaltens besteht aus zwei Starrkörpern (Rotor und Gehäuse) die durch zwei viskoelastisch modellierte Lagerverbindungen (Kelvin-Voigt-Elemente) miteinander verbunden sind, siehe Abb.2.

Das dargestellte Mehrfreiheitsgrad-Starrkörpermodell wird durch lineare Bewegungsgleichungen der Form

$$\underline{M}\,\underline{\ddot{y}} + \underline{C}\,\underline{\dot{y}} + \underline{K}\,\underline{y} = \underline{f}(t) \qquad (1)$$

beschrieben, wobei $\underline{M}$ eine gegebene $(n \times n)$-dimensionale Massenmatrix bezeichnet, die aus der Geometrie der Bauteile ausreichend genau berechenbar ist. $\underline{C}$ und $\underline{K}$ sind $(n \times n)$-dimensionale Dämpfungs- und Steifigkeitsmatrizen deren Elemente die gesuchten Lagerkoeffizienten enthalten. Die $(n \times 1)$-dimensionalen Vektoren $\underline{f}(t)$ und $\underline{y}(t)$ beschreiben die Erregerkraft und die Schwingungsantwort des Systems. Die Anzahl n der zu berücksichtigenden Freiheitsgrade des Systems (1) hängt von den Auflagerbedingungen des Prüfstandgehäuses, dem Ort der Erregung und der Symmetrie der getesteten Prüfstandskonfiguration ab. Bei dem hier vorgestellten Prüfstand werden Modelle mit zwei, vier und fünf Freiheitsgraden berücksichtigt.

Bei weicher Lagerung des Prüfstandgehäuses gelingt durch Abspalten von Starrkörpereigenformen eine wesentliche Verringerung des numerischen Aufwandes der Identifikationsroutinen. Der obere Teil in Abb. 3 zeigt die Identifikation frequenzabhängiger Lagerparameter, im unteren Teil der Abbildung ist die Identifikation von im Bereich der Resonanz gemittelten Lagersteifigkeiten und Dämpfungen angedeutet, siehe auch [6].

Bei vertikaler Erregung am Rotor wurde teilweise auch ein Ausweichen des Rotors in horizontaler Ebene und umgekehrt gemessen. Die Amplitude dieser Koppelbewegung

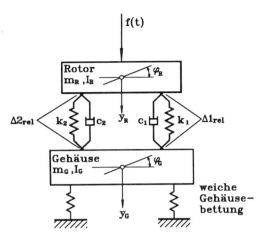

Abbildung 2: Mechanisches Mehrfreiheitsgrad Starrkörpermodell zur Identifikation der Lagerparameter

Eingangsdaten:
  Gemessene FRF: H_{ij}^E
  Gerechnete FRF: H_{ij}^M

1. *frequenzabhängige Lagerkoeffizienten*
   $k_{1,2}(f)$, $c_{1,2}(f)$:
   $f_l = f_{min} (\Delta f) f_{max}$
   $Re\{H_{ij}^M(f_l) - H_{ij}^E(f_l)\} = 0$
   $Im\{H_{ij}^M(f_l) - H_{ij}^E(f_l)\} = 0$
   $i = 1, j = 1, 2$

2. *gemittelte Lagerkoeffizienten*
   $\overline{k}_{1,2}, \overline{c}_{1,2}$:
   $f_l = f_{min} (\Delta f) f_{max}$
   $RES = \sum_{i,j,l}\{H_{ij}^M(f_l) - H_{ij}^E(f_l)\}^2 \to min.$
   $i = 1; j = 1, 2; l = 1, \ldots n$

Abbildung 3: Methoden zur Identifikation der Lagerkoeffizienten

hängt von der momentanen Wälzkörperstellung in den Lagern ab und ist daher eher von zufälliger Natur. Koppelterme in den Steifigkeits- und Dämpfungsmatrizen, wie in der hydrodynamischen Lagertheorie erforderlich, bleiben hier unberücksichtigt. Bei den Experimenten wurden Koppelschwingungen in der Größenordnung bis etwa 5% der Schwingbewegung in Richtung der Erregung gemessen.

Weiters sei angemerkt, daß Wälzlager im allgemeinen auch eine Steifigkeit gegen Verkippen der Ringe zueinander aufweisen was bei stark exzentrischer Erregung am Rotor relevant sein kann. Bei den hier verwendeten einreihigen Rillenkugellagern kann (vor allem bei Erregung in der Rotormittelebene) die Auswirkung der Kippsteifigkeit vernachlässigt werden. Bei zweireihigen Lagern oder Rollenlagern ist die genauere Modellierung der Lagersteifigkeiten empfehlenswert.

Die Gültigkeit des linearen Modells (1) hängt von der Größenordnung der angeregten Schwingungsamplituden ab. Bei großer Lagerluft und geringer Belastung oder axialer Vorspannung zeigt sich ein deutlich nichtlineares Übertragungsverhalten der Lagerverbindungen. Bei axialen Vorspannungen von $F_a >$ 300 N (alle Wälzkörper haben Laufbahnkontakt) verhält sich die hier verwendete Versuchsanordnung ausreichend linear bis zu Relativschwingungen von $x_{rel} \leq 0,5 \mu m$ in den Lagern in horizontaler und vertikaler Richtung. Bei hoher axialer Lagervorspannung von $F_a =$ 1200 N kann der lineare Bereich bis ca. $x_{rel} = 3,6 \mu m$ angegeben werden.

5 Ausgewählte Ergebnisse

5.1 Ergebnisse für den wälzgelagerten Rotor (Konfiguration (a) in Tabelle 1)

Die Nyquist-Darstellung in Abb. 4 zeigt repräsentativ eine mit Wirbelstromsensoren aufgenommene Übertragungsfunktion. Die gute Übereinstimmung der nach Gleichung (1)

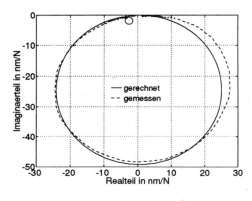 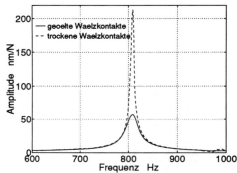

Abbildung 4: Gemessene und mit gemittelten Lagerkoeffizienten gerechnete Übertragungsfunktionen (Konfig.(a), $-2\,\mu m$ Gehäusepassung)

Abbildung 5: Gemessene Übertragungsfunktionen bei trockenem und geöltem Lager (Konfig.(a), $-2\,\mu m$ Gehäusepassung)

Tabelle 2: Einige Ergebnisse für fettfreie und geölte Wälzkontakte (siehe Abb. 1)

Schmierzustand	Lager 1		Lager 2	
der Wälzlager	k_1 in N/m	c_1 in Ns/m	k_2 in N/m	c_2 in Ns/m
fettfrei	2,45 E8	442	2,62 E8	518
geölt	2,45 E8	1415	2,63 E8	1835

mit 4 Freiheitsgraden mit den gemittelten Lagerkoeffizienten berechneten Übertragungsfunktion mit der gemessenen Übertragungsfunktion weist auf eine ausreichend gute Modellierung der Lagerparameter hin.

Zwischen Rotor und Innenring war bei der angegebenen Preßpassung keine Relativverschiebung meßbar. Auch zwischen Außenring und Gehäuse waren im Vergleich zu den Deformationen in den Wälzkontakten bei den untersuchten und vom Hersteller empfohlenen Passungen keine nennenswerten Relativbewegungen vorhanden. Lediglich bei der untersuchten fettfreien Spielpassung von $+9\,\mu m$ im Durchmesser ist auch in der Fügestelle zwischen Lageraußenring und Gehäuse eine Relativschwingung meßbar. Geringste Ölmengen in der Spielpassung blockieren jedoch diese Fügestelle; siehe auch Abschnitt 5.2. Bei praxisnahen Einbauzuständen eines Lagers sind daher die dämpfungswirksamen Mechanismen in der Fügestelle im Vergleich zur Dämpfung in den Wälzkontakten von untergeordneter Bedeutung.

Ein wesentlicher Parameter für die Lagerdämpfung ist der Schmierzustand der Laufbahnkontakte. Bereits wenige Tropfen Öl (z.B. 0,1 ml Shell Tellus S68 pro Lager) in den Wälzkontakten führen zu einem drastisch ansteigenden Dämpfungsvermögen der Lagerstellen, siehe Abb. 5 und Tab. 2. Darüberhinaus zeigt die deutliche Änderung des dynamischen Systemverhaltens zufolge gering modifizierter Lagereigenschaften (Schmierzustand), daß die Gesamtdämpfung des Rotor-Lager-Systems maßgeblich durch die Dämpfungseigenschaften der Prüflager bestimmt ist. In Übereinstimmung mit den Untersuchungen von Walford und Stone ist mit steigender Drehzahl ein Abfallen der Lagerdämpfung festzustellen. Die Lagersteifigkeit steigt erwartungsgemäß mit der Rotordrehzahl

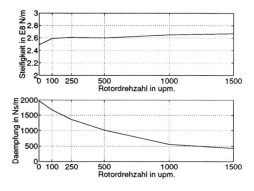
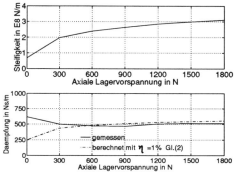

Abbildung 6: Lagersteifigkeit und Dämpfung in Abhängigkeit von der Drehzahl (Konfig.(a), $-2\,\mu m$ Gehäusepassung, geölte Wälzkontakte)

Abbildung 7: Lagersteifigkeit und Dämpfung in Abhängigkeit von der axialen Lagervorspannung (Konfig.(a), $+9\,\mu m$ Gehäusepassung geölt, entfettete Wälzkontakte)

etwas an, siehe Abb. 6.

Verwendet man Materialdämpfungsgesetze wie beispielsweise in [5] dargestellt, dann läßt sich die Dämpfung der trockenen Wälzkörper-Laufbahn-Kontakte durch einen Verlustkoeffizienten η der Form

$$\eta = \frac{\Delta E_D}{2\,\pi\,E_{elast}} = \frac{\Delta E_D}{\pi\,k\,x^2} = 2\,\pi\,f\,\frac{c}{k} \qquad (2)$$

beschreiben, wobei ΔE_D die Dissipationsenergie pro Schwingungszyklus, x die Schwingamplitude, k und c die lokalen äquivalenten Steifigkeiten bzw. Dämpfungen und f die Frequenz bedeuten, siehe auch [13].

Aus den in Abb. 7 dargestellten experimentell bestimmten Lagerdämpfungen läßt sich mit Gleichung (2) ein mittlerer Verlustkoeffizient von $\eta = 1$ % ableiten. Der Vergleich der in Abb. 7 mit $\eta = 1$ % gerechneten Dämpfungswerte (strichlierte Linie) mit den experimentell bestimmten Werten zeigt, daß dieses Materialgesetz zur Beschreibung der Dämpfung der trockenen Hertz Kontakte gut anwendbar ist. Bei sehr niedrigen Lagerbelastungen oder Lagervorspannungen ergeben sich mit diesem Ansatz jedoch deutlich geringere Rechnungswerte als experimentell bestimmt.

5.2 Ergebnisse bei Lagerung des stehenden Rotors mit massiven Scheiben (Konfiguration (b) in Tabelle 1)

Das Ersetzen der Wälzlager durch massive Lagerersatzscheiben gleicher Hauptabmessungen und gleichen Gewichtes unterdrückt die Dämpfungsmechanismen in den Wälzkontakten. Die Gehäusepassung wird zur weichsten Stelle im System und bestimmt daher maßgeblich das Dämpfungsvermögen des gesamten Prüfstandes.

Abbildung 8 zeigt experimentelle Übertragungsfunktionen zufolge der Nachgiebigkeit der Fügestellen zwischen dem Gehäuse und den Scheiben. Auch bei diesen Untersuchungen ist der enorme Einfluß von Öl vorhanden. Bereits 0,1 ml Öl pro Gehäusepassung (siehe Tabelle 1) führen zu drastisch erhöhten Fügestellensteifigkeiten und Dämpfungen (Vollinie in Abb. 8). Selbst nach gründlicher Reinigung der Gehäusepassung ohne

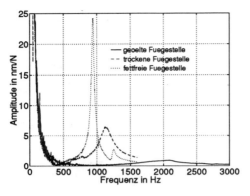
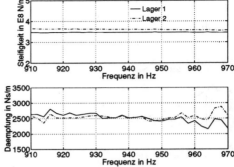

Abbildung 8: Experimentelle Übertragungsfunktionen der Außenring-Gehäuse-Fügestelle in vertikaler Richtung bei unterschiedlichen Schmierzuständen

Abbildung 9: Steifigkeit und Dämpfung der fettfreien Außenring-Gehäuse Fügestelle in vertikaler Richtung in Abhängigkeit der Frequenz

Lösungsmittel sind noch wesentlich höhere Steifigkeiten und Dämpfungen (strichlierte Linie) als bei fettfreien Oberflächen (punktierte Linie) meßbar.

In Abb. 9 sind die Fügestellensteifigkeiten und Dämpfungen in vertikaler Richtung bei fettfreien Oberflächen dargestellt. Die Identifikation wurde innerhalb der halben Bandbreite (-3dB) mit einem 4 Freiheitsgrad-Modell nach Gleichung (1) durchgeführt. Die lineare Modellierung der Gehäusepassung hat jedoch nur für äußerst geringe Relativausschläge Gültigkeit. Experimente mit harmonischer Anregung zeigten bereits bei Schwingausschlägen von $x \geq 0,2\ \mu m$ ein deutlich nichtlineares Systemverhalten in Form von Phasensprüngen.

6 Zusammenfassung

Ausgehend vom derzeitigen Stand der Erkenntnisse sind in dieser Arbeit eine Reihe von möglichen Dämpfungsquellen innerhalb einer Wälzlagerverbindung aufgezeigt. Besondere Versuchsanordnungen erlauben die getrennte Bestimmung des Dämpfungsvermögens der Wälzkontakte und der Gehäusepassung.

Sowohl für die Wälzkontakte als auch für die Gehäusepassungen wurde ein hohes Dämpfungsvermögen festgestellt. In praxisnahen Einbaufällen wird jedoch die Fugensteifigkeit i.a. wesentlich höher sein als die Steifigkeit der Wälzkontakte. Das hohe Dämpfungsvermögen der Gehäusepassung kann daher in praktischen Fällen kaum wirksam werden.

Die Dämpfung der trockenen Wälzkontakte läßt sich mit einem Verlustkoeffizienten aus der Theorie der Materialdämpfung gut beschreiben. Die damit abgeschätzten Dämpfungswerte können als Mindestdämpfung der Wälzlagerstelle aufgefaßt werden.

Bereits geringste Mengen Öl in den Wälzkontakten führen zu einem drastisch höheren Dämpfungsvermögen der gesamten Wälzlagerverbindung. In Übereinstimmung mit Walford und Stone sinkt jedoch das Dämpfungsvermögen mit steigender Rotordrehzahl wieder deutlich ab. Dieses Verhalten läßt eher auf dämpfungswirksame Mechanismen in der Einlaufzone zwischen Wälzkörper und Laufbahnen (Quelle 2) schließen. Der bei rotierendem Lager vorhandene EHD-Schmierfilm in den Wälzkontakten (Quelle 1) scheint von untergeordneter Bedeutung zu sein.

7 Danksagung

Die Autoren bedanken sich beim österreichischen 'Forschungsförderungsfond für die gewerbliche Wirtschaft' für die finanzielle Unterstützung des Projektes 'Dämpfung in Wälzlagerverbindungen'. Desweiteren gilt der Dank dem Institut für Maschinendynamik und Meßtechnik der TU-Wien für die Bereitstellung der Infrastruktur, sowie SKF Österreich AG für die gewährten finanziellen Mittel.

Literatur

[1] Harris T.A.: Rolling Bearing Analysis. John Wiley and Sons, Inc. New York, 1991.

[2] Hunt K.H., Crossley F.R.E.: Coefficient of Restitution Interpreted as Damping in Vibroimpact. *Journal of Applied Mechanics*, 1975, pp.440-445.

[3] Klumpers K.J.:Theoretische und experimentelle Bestimmung der Dämpfung spielfreier Wälzlager. Fortschrittsbericht VDI-Zeitschrift, Reihe 1, Nr.74, 1980, pp.124.

[4] Krempf P., Sabot J.: Identification of the Damping in a Hertzian Contact from Experimental Non-Linear Resonance Curve. IUTAM Symposium on Identification of Mechanical Systems. University of Wuppertal, 1993.

[5] Lazan J.: Damping of Materials and Members in Structural Mechanics. Pergamon Press, Oxford 1968.

[6] Nordmann R.: Identification of Stiffness and Damping Coefficients of Journal Bearings by Means of the Impact Methode. *Dynamics of Rotors*, (Ed. o. Mahrenholtz), CISM Courses and Lectures No.273, Springer-Verlag, Wien, New York 1980, pp.395-409.

[7] Ophey L.: Dämpfungs- und Steifigkeitseigenschaften vorgespannter Schrägkugellager. Fortschrittsberichte VDI Reihe 1, Nr.138, Düsseldorf, VDI-Verlag 1986, RWTH Aachen.

[8] Ophey L.: Experimentelle Untersuchung des Einflusses von Lagerbüchsen auf das Steifigkeits- und Dämpfungsverhalten wälzgelagerter Welle-Lager-Systeme. Forschungsheft Nr. 166, Forschungsvereinigung für Antriebstechnik E.V., Forschungsvorhaben Nr. 19/III, Berichtzeitraum 1980-1982, RWTH Aachen 1984.

[9] Vanherck P.: Dimensioning of Liquid Film Dampers. CRIF-Report, MC26, Nov. 1968.

[10] Walford T.L.H., Stone B.J.: Some Damping and Stiffness Characteristics of Angular Contact Ball Bearings under Oscillating Radial Load. *Vibr. in Rotating Machinery Conference, J.MechE Conference*, Paper C274/80, 1980, pp.157-162.

[11] Walford T.L.H., Stone B.J.: The Sources of Damping in Rolling Element Bearings under Oscillating Conditions. *Proc. Inst. Mech. Engineers*, Pt.C, Vol.197, 1983, pp.225-232.

[12] Waring A.E.: The Damping in Fluid-Filled Metal-to-Metal Joints Undergoing Normal Vibration. PhD-Thesis, University of Bristol, 1969.

[13] Zeillinger R., Springer H., Köttritsch H.: Experimental Determination of Damping in Rolling Bearing Joints. *The 39th ASME International Gas Turbine & Aeroengine Congress/Users Symposium & Exposition*, 1994, The Hague, The Netherlands.

Experimentelle Modalanalyse rotierender Laufräder

von H. Irretier, F. Reuter

1 Einführung

Bisher bekannte experimentelle Modalanalysetechniken zur Bestimmung der Eigenfrequenzen, modalen Dämpfungen und Eigenformen beschränken sich auf Untersuchungen im Stillstand der Maschine. Dadurch können Veränderungen infolge der Rotation nicht erfaßt werden. In der vorliegenden Arbeit wird ein vollkommen berührungslos arbeitendes Meß- und Analyseverfahren vorgestellt, um entsprechende Untersuchungen an rotierenden Maschinen wie **Radialrädern, Verdichtern, Ventilatoren, Turbinenscheiben** u. ä. vornehmen zu können. Dies geschieht auf der Grundlage gemessener Frequenzgänge, auf die im folgenden Abschnitt näher eingegangen wird.

2 Theoretische Grundlagen

In Abbildung 1 ist schematisch eine mit der Drehfrequenz Ω^* rotierende Struktur abgebildet. Die Anregung der Struktur erfolgt harmonisch mit der Frequenz Ω durch einen raumfesten berührungslosen **Magneterreger** am Ort P_E. Die Schwingungsantwort wird ebenfalls berührungslos mit einem raumfesten **Wirbelstrom-Wegaufnehmer** am Ort P_A gemessen. Infolge der Rotation ändern sich die Orte P_E und P_A aus der Sicht der Struktur laufend. Durch schrittweise Veränderung der Erregerfrequenz Ω (**STEP-SINE-Versuch**) lassen sich damit entsprechende Frequenzgänge $_s\bar{H}$ messen. Durch Anwendung gängiger Modalanalysealgorithmen lassen sich daraus die modalen Parameter $_s\omega$ (**Eigenfrequenz**), $_sD$ (**modale Dämpfung**) und $_s\Psi$ (**Eigenform**) im stationären (daher der vorangestellte Index "s") Koordinatensystem, d.h. dem Meßkoordinatensystem, bestimmen[1]. Diese modalen Parameter müssen in das Strukturkoordinatensystem umgerechnet werden. Damit dies gelingt, ist es erforderlich, die theoretischen Frequenzgänge rotierender Strukturen näher zu betrachten.

Dazu ist es zweckmäßig, sogenannte **harmonische** Strukturen (einfache rotationssymmetrische **Kreisscheiben**) und sogenannte **periodische** Strukturen (Maschinenbauteile

---
[1] Daß die Anwendung gängiger Modalanalysealgorithmen auf Frequenzgänge rotierender Strukturen zulässig ist, wird in [2] ausführlich gezeigt.

wie **Radialräder, Verdichter, Ventilatoren, Turbinenscheiben** u. ä.) zu unterscheiden.

Im folgenden wird eine lineare Theorie sowie RAYLEIGHsche modale Dämpfung und damit reelle Eigenformen vorausgesetzt. Die Links-Eigenformen werden näherungsweise gleich den Rechts-Eigenformen angenommen. Weiterhin wird angenommen, daß die Struktur Störungen in der Rotationssymmetrie aufweist (sogenannte **Verstimmung**), womit sich die "doppelten" Eigenfrequenzen ω_{ns} (n Zahl der **Knotendurchmesser**, s Zahl der **Knotenkreise** der zugehörigen Eigenform Ψ_{ns}) aufsplitten in die Frequenzen ω_{ns}^s (**sinus - Form**) und ω_{ns}^c (**cosinus - Form**) und die Lage der Knotendurchmesser damit auf der Struktur festgelegt ist.

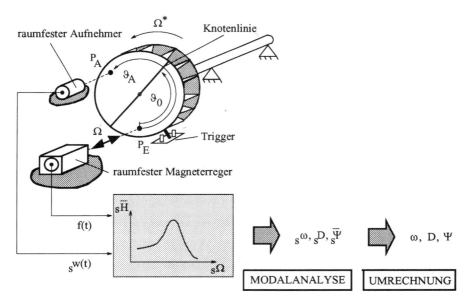

Abbildung 1: Prinzip der Modalanalyse rotierender Strukturen.

2.1 Harmonische Strukturen

Unter Annahme reeller **harmonischer** Eigenformen

$$\begin{aligned}{}^h\Psi_{ns}^s(r,\vartheta) &= \Phi_{ns}^s(r)\cdot\sin(n\vartheta) &\to& \quad \text{sinus-Form} \\ {}^h\Psi_{ns}^c(r,\vartheta) &= \Phi_{ns}^c(r)\cdot\cos(n\vartheta) &\to& \quad \text{cosinus-Form}\end{aligned} \quad (2.1)$$

kann für einen raumfesten Antwortort P_A für die Schwingungsantwort bei harmonischer Anregung mit $\hat{f}\cdot e^{j(\Omega t-\beta)}$ folgende Beziehung hergeleitet werden (siehe [1], [2]):

$$\,_s^h\bar{w}(t) = \hat{f} \cdot \sum_{n=0}^{\infty} \left[\,_s^h\bar{H}_n^+ \cdot e^{j((\Omega+2n\Omega^*)t-\beta)} + \,_s^h\bar{H}_n^- \cdot e^{j((\Omega-2n\Omega^*)t-\beta)} + \,_s^h\bar{H}_n^0 \cdot e^{j(\Omega t-\beta)} \right] \quad (2.2)$$

Man erkennt, daß die rotierende, harmonisch angeregte Struktur aus der Sicht eines raumfesten Betrachters mit unendlich vielen Frequenzen $\Omega \pm 2n\Omega^*, n = 0, 1, 2, ..., \infty$ und Ω antwortet. Für die zur Beschreibung der Schwingungsantwort erforderlichen Frequenzgänge $\,_s^h\bar{H}_n^\pm$ und $\,_s^h\bar{H}_n^0$ erhält man:

$$\,_s^h\bar{H}_n^\pm(\Omega \pm n\Omega^*) = \frac{1}{4} \sum_{s=0}^{\infty} \left(\frac{-\Phi_{ns}^s(r_A)\,\Phi_{ns}^s(r_E)}{{}^h\Omega^{s\pm}} + \frac{\Phi_{ns}^c(r_A)\,\Phi_{ns}^c(r_E)}{{}^h\Omega^{c\pm}} \right) \cdot e^{\mp jn(\vartheta_A - 2\vartheta_{0ns})}$$

$$\,_s^h\bar{H}_n^0(\Omega \pm n\Omega^*) = \frac{1}{4} \sum_{s=0}^{\infty} \left[\left(\frac{\Phi_{ns}^s(r_A) \cdot \Phi_{ns}^s(r_E)}{{}^h\Omega^{s+}} + \frac{\Phi_{ns}^c(r_A) \cdot \Phi_{ns}^c(r_E)}{{}^h\Omega^{c+}} \right) \cdot e^{jn\vartheta_A} + \right.$$

$$\left. + \left(\frac{\Phi_{ns}^s(r_A) \cdot \Phi_{ns}^s(r_E)}{{}^h\Omega^{s-}} + \frac{\Phi_{ns}^c(r_A) \cdot \Phi_{ns}^c(r_E)}{{}^h\Omega^{c-}} \right) \cdot e^{-jn\vartheta_A} \right]$$

(2.3)

Darin ist als Abkürzung eingeführt:

$$\,^h\Omega^{s,c\pm} = \,^h m_{ns}^{s,c} \cdot \left(\,^h\omega_{ns}^{s,c\,2} - (\Omega \pm n\Omega^*)^2 + 2j \cdot \,^h D_{ns}^{s,c} \cdot (\Omega \pm n\Omega^*) \cdot \,^h\omega_{ns}^{s,c} \right) \quad (2.4)$$

Darin sind $\,^h\omega_{ns}^{s,c}$ die Eigenfrequenzen, $\,^h D_{ns}^{s,c}$ die modalen Dämpfungen und $\,^h m_{ns}^{s,c}$ die modalen Massen der rotierenden Struktur. ϑ_A ist die beschreibende Winkelkoordinate im raumfesten Koordinatensystem und ϑ_{0ns} beschreibt die Lage der Knotenlinien (vgl. Abbildung 1). Die Nenner der Frequenzgänge sind analog denen nicht-rotierender Strukturen aufgebaut, wogegen die Zähler allerdings einen vollkommen anderen Aufbau zeigen, d.h. neben Eigenformgrößen noch e-Funktionen enthalten. Man erkennt anhand der Nenner, daß die rotierende Struktur mit unendlich vielen Frequenzen $\Omega \pm n\Omega^*, n = 0, 1, 2, ..., \infty$ modal angeregt wird (sogenannte effektive Anregungsfrequenzen). Für spätere Betrachtungen ist die Tatsache wesentlich, daß die Antwortfrequenzen in Gl.(2.2) und Anregungsfrequenzen in Gl.(2.4) nicht übereinstimmen und um die Frequenz $\pm n \cdot \Omega^*$ gegeneinander verschoben sind.

2.2 Periodische Strukturen

Komplizierte beschaufelte Maschinenteile können mit harmonischen Eigenformen nicht beschrieben werden, da der Verlauf der Eigenformen in Umfangsrichtung im allgemeinen nicht mehr sinusförmig ist und diametrale Knotenlinien gekrümmt verlaufen können. Solche Eigenformen sind allgemeiner als **periodisch** zu bezeichnen und können durch die FOURIER-Reihen beschrieben werden:

$$^p\Psi_{ns}^s(r,\vartheta) = \sum_{u=0}^{\infty} \Phi_{ns_u}^s(r) \cdot \sin(u \cdot (\vartheta + \varphi_{ns_u}^s(r))) \quad \rightarrow \quad \text{sinus-Form} \qquad (2.5)$$

$$^p\Psi_{ns}^c(r,\vartheta) = \sum_{u=0}^{\infty} \Phi_{ns_u}^c(r) \cdot \cos(u \cdot (\vartheta + \varphi_{ns_u}^c(r))) \quad \rightarrow \quad \text{cosinus-Form}$$

Für einen raumfesten Antwortort P_A ergibt sich damit für die Schwingungsantwort:

$$^p_s\bar{w}(t) = \hat{f} \cdot \sum_{n=0}^{\infty}\sum_{u=0}^{\infty}\sum_{v=0}^{\infty} \Big[{}^p_s\bar{H}_{n_{uv}}^{++} \cdot e^{j((\Omega+(u+v)\Omega^*)t-\beta)} + {}^p_s\bar{H}_{n_{uv}}^{--} \cdot e^{j((\Omega-(u+v)\Omega^*)t-\beta)} +$$
$$+ {}^p_s\bar{H}_{n_{uv}}^{+-} \cdot e^{j((\Omega+(u-v)\Omega^*)t-\beta)} + {}^p_s\bar{H}_{n_{uv}}^{-+} \cdot e^{j((\Omega-(u-v)\Omega^*)t-\beta)} \Big]$$

(2.6)

Für die Frequenzgänge ${}^p_s\bar{H}_{n_{uv}}^{\pm\pm}$ und ${}^p_s\bar{H}_{n_{uv}}^{\pm\mp}$ gilt:

$$^p_s\bar{H}_{n_{uv}}^{\pm\pm}(\Omega \pm (u+v)\Omega^*) = \frac{1}{4}\sum_{s=0}^{\infty}\left(\frac{-\Phi^s}{^p\Omega^{s\pm}} + \frac{\Phi^c}{^p\Omega^{c\pm}}\right) \cdot e^{j(\mp v\vartheta_A \pm u\vartheta_{0ns_u} \pm v\vartheta_{0ns_v})}$$

$$^p_s\bar{H}_{n_{uv}}^{\pm\mp}(\Omega \pm (u-v)\Omega^*) = \frac{1}{4}\sum_{s=0}^{\infty}\left(\frac{+\Phi^s}{^p\Omega^{s\pm}} + \frac{\Phi^c}{^p\Omega^{c\pm}}\right) \cdot e^{j(\pm v\vartheta_A \pm u\vartheta_{0ns_u} \mp v\vartheta_{0ns_v})}$$

(2.7)

Mit den Abkürzungen und Beziehungen:

$$\Phi^{s,c} = \Phi_{ns_v}^{s,c}(r_A) \cdot \Phi_{ns_u}^{s,c}(r_E) \qquad (2.8)$$

$$^p\Omega^{s,c\pm} = {}^pm_{ns}^{s,c} \cdot \left({}^p\omega_{ns}^{s,c^2} - (\Omega \pm u\Omega^*)^2 + 2j \cdot {}^pD_{ns}^{s,c} \cdot (\Omega \pm u\Omega^*) \cdot {}^p\omega_{ns}^{s,c}\right) \qquad (2.9)$$

$$\vartheta_{0ns_u} = \vartheta_{0ns}(r_E) - \varphi_{ns_u}(r_E) \qquad (2.10)$$

$$\vartheta_{0ns_v} = \vartheta_{0ns}(r_A) - \varphi_{ns_v}(r_A) \qquad (2.11)$$

Aus den Nennern der Frequenzgänge folgt, daß man eine Eigenform neben ihrer Grundharmonischen n auch durch eine Harmonische u anregen kann. Man erkennt, daß die Antwortfrequenzen in Gl.(2.6) und Anregungsfrequenzen in Gl.(2.9) um die Frequenz $\pm v \cdot \Omega^*$ gegeneinander verschoben sind.

2.3 Umrechnung modaler Parameter vom Meß- in das Strukturkoordinatensystem

Die weiteren Betrachtungen beziehen sich auf den **Referenzort** $P_A = P_E$. Bezieht man die Frequenzgänge (2.3) und (2.7) nicht wie bisher geschehen auf die Anregungsfrequenzen sondern auf die Antwortfrequenzen und formt die Zähler so um, daß sie denen nichtrotierender Strukturen entsprechen, so ergeben sich folgende Frequenzgangausdrücke für **harmonische** Strukturen mit ${}_s^h\Omega_{mess}^{\pm n} = \Omega \pm 2n\Omega^*$

$$\boxed{{}_s^h\bar{H}_n^{s,c\pm}({}_s^h\Omega_{mess}^{\pm n}) = \sum_{s=0}^{\infty} \frac{{}_s^h\bar{\Psi}_{ns}^{s,c\pm} \cdot {}_s^h\bar{\Psi}_{ns}^{s,c\pm}}{{}_s^hm_{ns}^{s,c} \cdot ({}_s^h\omega_{ns}^{s,c2} - {}_s^h\Omega_{mess}^{\pm n^2} + 2j \cdot {}_s^hD_{ns}^{s,c} \cdot {}_s^h\Omega_{mess}^{\pm n} \cdot {}_s^h\omega_{ns}^{s,c})}} \qquad (2.12)$$

bzw. für **periodische** Strukturen mit ${}_s^p\Omega_{mess}^{\pm u\pm v} = \Omega \pm (u \pm v)\Omega^*$

$$\boxed{{}_s^p\bar{H}_{nuv}^{s,c\pm\pm}({}_s^p\Omega_{mess}^{\pm u\pm v}) = \sum_{s=0}^{\infty} \frac{{}_s^p\bar{\Psi}_{ns_{uu}}^{s,c\pm\pm} \cdot {}_s^p\bar{\Psi}_{ns_{vv}}^{s,c\pm\pm}}{{}_s^pm_{ns}^{s,c} \cdot ({}_s^p\omega_{ns}^{s,c2} - {}_s^p\Omega_{mess}^{\pm u\pm v\,2} + 2j \cdot {}_s^pD_{ns}^{s,c} \cdot {}_s^p\Omega_{mess}^{\pm u\pm v} \cdot {}_s^p\omega_{ns}^{s,c})}} \qquad (2.13)$$

Die komplexen Zählergrößen ${}_s^h\bar{\Psi}_{ns}^{s,c\pm}$ und ${}_s^p\bar{\Psi}_{ns_{uu}}^{s,c\pm\pm}$ bzw. ${}_s^p\bar{\Psi}_{ns_{vv}}^{s,c\pm\pm}$ werden als **Rotations-Eigenformwerte** bezeichnet. Auf deren Bedeutung wird untenstehend bei der Umrechnung in das *Strukturkoordinatensystem* näher eingegangen. Die Frequenzgänge (2.12) und (2.13) werden mit entsprechender Versuchstechnik direkt gemessen (vgl. Abbildung 1). Daraus können dann mit den gängigen Frequenzbereichs-Modalanalyseverfahren die modalen Parameter zunächst im *Meßkoordinatensystem*, d.h.

$${}_s^h\omega_{ns}^{s,c} \quad , \quad {}_s^hD_{ns}^{s,c} \quad , \quad {}_s^h\bar{\Psi}_{ns}^{s,c\pm}$$

für **harmonische** Strukturen, bzw.

$${}_s^p\omega_{ns}^{s,c} \quad , \quad {}_s^pD_{ns}^{s,c} \quad , \quad {}_s^p\bar{\Psi}_{ns_{uu}}^{s,c\pm\pm}$$

für **periodische** Strukturen ermittelt werden. Die modalen Parameter im *Strukturkoordinatensystem* erhält man aus Umrechnungsbeziehungen, die durch einen Vergleich der Frequenzgänge (2.12) und (2.13) mit den Frequenzgängen (2.3) und (2.7) hergeleitet werden können. Für **harmonische** Strukturen erhält man für Eigenfrequenzen, modale Dämpfungen und Eigenformen folgende Umrechnungsbeziehungen:

$$\boxed{{}^h\omega_{ns}^{s,c} = {}_s^h\omega_{ns}^{s,c} \mp n \cdot \Omega^*} \qquad (2.14)$$

$$\boxed{{}^hD_{ns}^{s,c} = {}_s^hD_{ns}^{s,c} \cdot \frac{{}_s^h\omega_{ns}^{s,c}}{{}^h\omega_{ns}^{s,c}}} \qquad (2.15)$$

$$\Phi_{ns}^{s,c\pm}(r_0) = \left| {}_s^h\bar{\Psi}_{ns}^{s,c\pm} \right| \cdot 2\sqrt{\frac{{}_h\omega_{ns}^{s,c}}{{}_s^h\omega_{ns}^{s,c}}} \qquad (2.16)$$

$$\vartheta_{0_{ns}}^{s\pm} = \frac{\pm \arg {}_s^h\bar{\Psi}_{ns}^{s\pm} \mp \frac{\pi}{2}}{n} \quad , \quad \vartheta_{0_{ns}}^{c\pm} = \frac{\pm \arg {}_s^h\bar{\Psi}_{ns}^{c\pm} + \frac{\pi}{2}}{n} \qquad (2.17)$$

Gl.(2.14) zeigt, daß sich die gesuchten Eigenfrequenzen der Struktur mit Hilfe der Frequenzdifferenz von Anregungs- und Antwortfrequenzen ergeben. Gl.(2.15) bedeutet allgemein $D \cdot \omega = const.$, unabhängig von der zugrunde liegenden Frequenzskala. Gl.(2.16) und (2.17) zeigen, daß sich die gesuchten Eigenformparameter $\Phi_{ns}^{s,c\pm}$ im wesentlichen aus dem *Betrag* und die gesuchten Winkel $\vartheta_{0_{ns}}^{s,c\pm}$, die die Lage der Knotenlinien auf der Struktur angeben, im wesentlichen aus dem *Argument* der *komplexen Rotations-Eigenformwerte* ergeben. Die gesuchten Eigenformen ergeben sich damit zu:

$$\begin{aligned}
{}^h\Psi_{ns}^s(r_0,\vartheta) &= \Phi_{ns}^s(r_0) \cdot \sin(n(\vartheta - \vartheta_{0_{ns}}^s)) & (2.18) \\
{}^h\Psi_{ns}^c(r_0,\vartheta) &= \Phi_{ns}^c(r_0) \cdot \cos(n(\vartheta - \vartheta_{0_{ns}}^c) + \frac{\pi}{2}) & (2.19)
\end{aligned}$$

Entsprechende Beziehungen können für **periodische** Strukturen hergeleitet werden:

$$ {}^p\omega_{ns}^{s,c} = {}_s^p\omega_{ns}^{s,c} \mp v \cdot \Omega^* \qquad (2.20)$$

$$ {}^pD_{ns}^{s,c} = {}_s^pD_{ns}^{s,c} \cdot \frac{{}^p\omega_{ns}^{s,c}}{{}_s^p\omega_{ns}^{s,c}} \qquad (2.21)$$

$$\Phi_{ns_u}^{s,c\pm\pm}(r_0) = \left| {}_s^p\bar{\Psi}_{ns_{uu}}^{s,c\pm\pm} \right| \cdot 2\sqrt{\frac{{}^p\omega_{ns}^{s,c}}{{}_s^p\omega_{ns}^{s,c}}} \qquad (2.22)$$

$$\vartheta_{0_{ns_u}}^{s\pm\pm} = \frac{\pm \arg {}_s^p\bar{\Psi}_{ns_{uu}}^{s\pm\pm} \mp \frac{\pi}{2}}{u} \quad , \quad \vartheta_{0_{ns_u}}^{c\pm\pm} = \frac{\pm \arg {}_s^p\bar{\Psi}_{ns_{uu}}^{c\pm\pm} + \frac{\pi}{2}}{u} \qquad (2.23)$$

Die gesuchten Eigenformen ergeben sich aus dem **Zusammenbau** aller u Eigenformparameter zu:

$$^p\Psi^s_{ns}(r_0,\vartheta) = \sum_{u=0}^{\infty} \Phi^s_{ns_u}(r_0) \cdot \sin(u(\vartheta - \vartheta^s_{0_{ns_u}})) \qquad (2.24)$$

$$^p\Psi^c_{ns}(r_0,\vartheta) = \sum_{u=0}^{\infty} \Phi^c_{ns_u}(r_0) \cdot \cos(u(\vartheta - \vartheta^c_{0_{ns_u}}) + \frac{\pi}{2}) \qquad (2.25)$$

Mit anderen Worten heißt das, daß so viele Frequenzgänge ausgewertet werden müssen, wie die betrachtete Eigenform Harmonische besitzt, um diese vollständig zusammenbauen zu können.

3 Experimentelle Ergebnisse

Die vorstehend beschriebenen experimentellen Untersuchungen und Analysen wurden an einer rotierenden **Kreisscheibe** und an einem rotierenden **Verdichterlaufrad** durchgeführt.

3.1 Kreisscheibe

Abbildung 2 zeigt schematisch die untersuchte rotierende Kreisscheibe mit den zwei Verstimmungsmassen von jeweils $m_V = 0,047 kg$. Der Scheibendurchmesser beträgt $600mm$, die Scheibendicke $3mm$. Infolge der Verstimmung ist die Lage der Knotendurchmesser der untersuchten $ns = 1/0$-Eigenform bekannt (siehe rechten Teil der Abbildung). Bezüglich weiterer Kenndaten des Versuchsaufbaus und der Meßwerterfassung wird auf [1] verwiesen.

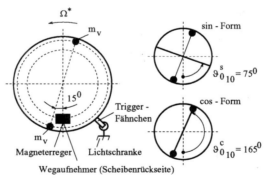

Abbildung 2: Rotierende Kreisscheibe mit Verstimmungsmassen (Position zum Zeitpunkt der Meßwerterfassung bzw. Triggerung).

Die Abbildungen 3, 4 und 5 zeigen die mit dem am Institut für Mechanik der Universität-Gh Kassel entwickelten Modalanalyseprogramm **MAEX** identifizierten Eigenfrequenzen, modale Dämpfungen bzw. Eigenformparameter $\Phi^{\mu+}_{10}(r_0)$, $\mu = s, c$ im Vergleich mit berechneten FEM-Werten im Stillstand und für drei unterschiedliche Drehfrequenzen der

Scheibe. Man erkennt in Abbildung 3 den Anstieg der Eigenfrequenzen infolge wirkender **Fliehkräfte** und in Abbildung 4 die Zunahme der modalen Dämpfungen infolge **aerodynamischer Kräfte** und Lagerreibung. Für die berechneten Eigenfrequenzen ergeben sich etwas erhöhte Werte infolge der im Rechenmodell ideal starr angenommenen zentralen Einspannung der Scheibe.

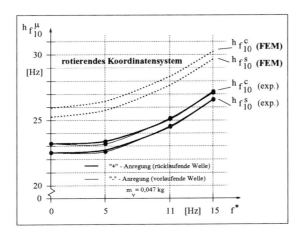

Abbildung 3: Verläufe der Eigenfrequenzen $^h f_{10}^\mu$ über der Rotationsfrequenz f^*.

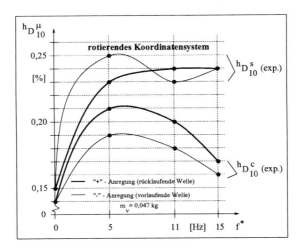

Abbildung 4: Verläufe der modalen Dämpfungen $^h D_{10}^\mu$ über der Rotationsfrequenz f^*.

In Abbildung 5 zu erkennen ist ein leichter Abfall der experimentell ermittelten Eigenformparameter $\Phi_{10}^{\mu+}(r_0)$, $\mu = s, c$ infolge **aerodynamischer Einflüsse** (Luftreibung und mitbewegte Luftmassen), die im FE-Rechenmodell nicht berücksichtigt sind. Die Lage der Knotenlinien konnte für die unterschiedlichen Drehfrequenzen mit einer Genauigkeit von $\vartheta_{0_{10}}^s = 75_{-5,2^0}^{-0,9^0}$ (sinus-Form) bzw. $\vartheta_{0_{10}}^c = 165_{-4,4^0}^{-1,4^0}$ (cosinus-Form) identifiziert werden.

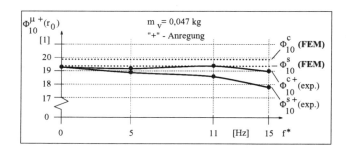

Abbildung 5: Verlauf der Eigenformparameter $\Phi_{10}^{\mu+}(r_0)$, $\mu = s, c$ über der Rotationsfrequenz f^* bei der Verstimmung $m_V = 0,047 kg$ und "+" - Anregung.

3.2 Verdichterlaufrad

Abbildung 6 zeigt das untersuchte Verdichterlaufrad mit Erreger und Aufnehmern.

Abbildung 6: Verdichterlaufrad

Der Laufraddurchmesser beträgt $760mm$ und die Breite der zehn Schaufeln $112mm$. Bezüglich weiterer Kenndaten wird auf [2] verwiesen. Die folgenden Abbildungen 7 und 8 zeigen experimentell ermittelte Eigenfrequenzen und modale Dämpfungen der untersuchten $ns = 1/0$- und $ns = 2/0$-Eigenform im Vergleich mit theoretischen Werten, die mit dem am Institut für Mechanik der Universität-Gh Kassel entwickelten FE-Programm **FEARS** berechnet wurden. In Abbildung 7 ist die Änderung der "gyroskopischen" Eigenfrequenzen $^g f_1$ (für **Gegenlauf GG**) und $^g f_2$ (für **Gleichlauf GL**) des untersuchten $ns = 1/0$-Modes mit der Drehfrequenz infolge wirkender **Kreiselkräfte** deutlich zu sehen. Ebenso zu erkennen ist der Anstieg der "elastischen" Eigenfrequenzen $^p f_{20}^s$ und $^p f_{20}^c$ des untersuchten $ns = 2/0$-Modes mit der Drehfrequenz infolge wirkender **Fliehkräfte**. Die berechneten Werte (**FEARS**) zeigen gute Übereinstimmung mit den experimentellen Werten.

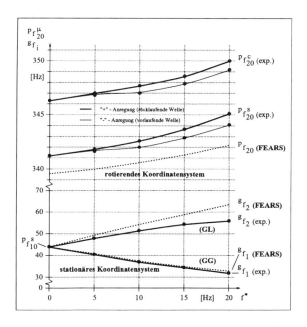

Abbildung 7: Verläufe der Eigenfrequenzen $^g f_i$ und $^p f_{20}^\mu$ über der Rotationsfrequenz f^*.

In Abbildung 8 ist der Anstieg der modalen Dämpfungen des untersuchten $ns = 1/0$-Modes ($^g D_1$ und $^g D_2$) und des untersuchten $ns = 2/0$-Modes ($^p D_{20}^s$ und $^p D_{20}^c$) infolge **aerodynamischer Kräfte** und Lagerreibung deutlich zu sehen. Die modalen Dämpfungen des $ns = 1/0$-Modes nehmen bei höheren Drehzahlen durch abnehmende Taumelbewegungen des Rotors wieder ab.

Zur experimentellen Bestimmung der Eigenformen des Verdichters ist ein weiterentwickelter Magneterreger mit integrierter Wegmessung erforderlich, der sich in der Entwicklung befindet.

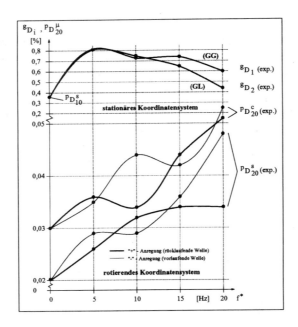

Abbildung 8: Verläufe der modalen Dämpfungen $^g D_i$ und $^p D_{20}^\mu$ über der Rotationsfrequenz f^*.

4 Zusammenfassung

Es wurde ein Verfahren zur experimentellen Ermittlung der modalen Parameter rotierender Maschinenteile vorgestellt. Der Einfluß der Rotation auf die modalen Parameter infolge **Flieh-**, **Kreisel-** und **aerodynamischen Kräften** wurde am Beispiel einer **Kreisscheibe** und eines **Verdichterlaufrades** dargestellt. Die Vorteile des vorgestellten Meßverfahrens liegen in der berührungsfrei arbeitenden Meßtechnik und universellen Verwendbarkeit zur Untersuchung einer Vielzahl rotierender Maschinenbauteile.

Die vorstehend beschriebenen Arbeiten wurden im Rahmen des Projektes "Modalanalyse in rotierenden Maschinen" durch die Deutsche Forschungsgemeinschaft gefördert. Hierfür danken die Autoren für die gewährte Unterstützung.

Literatur

[1] Irretier, H.; Reuter, F.: *Experimentelle Modalanalyse in rotierenden Maschinen*, DFG - Zwischenbericht, Institut für Mechanik, Universität-Gh Kassel, 1992

[2] Irretier, H.; Reuter, F.: *Experimentelle Modalanalyse in rotierenden Maschinen*, DFG - Abschlussbericht, Institut für Mechanik, Universität-Gh Kassel, 1994

Modale Analyse an rotierenden Maschinen mittels Magnetlager

von P. Förch, A. Reister, C. Gähler, R. Nordmann

1 Einleitung

Die experimentelle Modale Analyse ist eine Methode zur Bestimmung des dynamischen Verhaltens mechanischer Systeme. Bei rotierenden Maschinen ist in der Praxis die Messung der Ausgangsfrequenzspektren üblich. Zwar werden so die auftretenden Schwingungserscheinungen erfaßt, aber die Anregungsmechanismen, welche die Schwingungen hervorrufen, bleiben nach Art und Größe unbekannt. Um die modalen Parameter eines Systems identifizieren zu können, ist es unerläßlich eine rotierende Struktur gezielt mit einer bekannten Kraft anzuregen und die Übertragungsfunktion zwischen Aus- und Eingang zu ermitteln.

Das BRITE/EURAM-Projekt MARS (Modal Analysis of Rotating Structures) hat das Ziel, mit neuen Methoden die experimentelle Modale Analyse an rotierenden Strukturen durchzuführen. Letztendlich soll ein Finite-Elemente-Programm entwickelt werden, mit dem alle rotordynamischen Effekte rechnerisch nachvollziehbar sind. Mit einem Anpassungsverfahren soll es dann auch möglich sein, Rechenmodelle unter Berücksichtigung aller Rotationseffekte an die Meßergebnisse anzupassen.

Im experimentellen Teil des Projektes werden zur Anregung einer Teststruktur Magnetlager eingesetzt. Bei deren Entwicklung stand besonders die Aufgabe im Vordergrund, eine Struktur definiert mit einer exakt meßbaren Kraft anregen zu können.

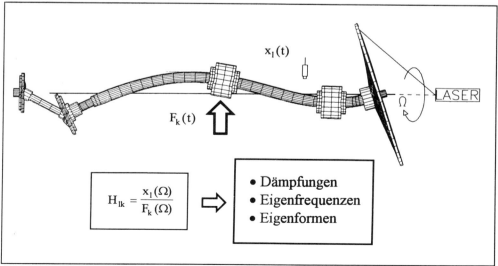

Bild 1: Identifikation der modalen Parameter

In Bild 1 ist prinzipiell die Identifikationsmethode zur Ermittlung der modalen Parameter dargestellt. In die Struktur wird an einer Stelle eine Kraft F_k eingeleitet, während die Schwingungen x_l entlang der Welle mit einem Wegaufnehmer gemessen werden. Zur Messung der Scheibenschwingungen steht ein Laser zur Verfügung. Mit Hilfe der gemessenen Übertragungsfunktionen lassen sich die modalen Parameter der Struktur ermitteln.

2 Die Problematik der Anregung bei rotierenden Maschinen

Bei der Modalen Analyse an rotierenden Strukturen besteht das größte Problem darin, eine Welle während der Rotation mit einer definierten Kraft anzuregen, ohne das dynamische Verhalten des Systems selbst zu verändern. Viele in der Praxis angewandte Anregungsmethoden beeinflussen jedoch die rotierende Struktur und verfälschen damit die experimentell bestimmten modalen Größen.

2.1 Einige Anregungsmethoden in der Rotordynamik [1]

Morton entwickelte eine Anregungsmethode (siehe Bild 2), bei der eine rotierende Welle mit einer Kraft F über ein Foliengleitlager vorbelastet wird. Die Struktur wird breitbandig angeregt, indem die Vorlast sprungartig von dem Foliengleitlager genommen wird. Die Methode hat den Nachteil, daß in der Kontaktfläche Reibkräfte auftreten, welche in vertikaler Richtung zusätzlich anregend wirken können. Sowohl diese Reibkraft, als auch die Anregungskraft in horizontaler Richtung, werden über Dehnungsmeßstreifen aufgenommen. Man mißt also eine Kraft, die eine Anregung in verschiedene Richtungen bewirkt. Weiterhin muß die Steifigkeit des Ölfilms berücksichtigt werden und es ist zu beachten, daß die Kraft nicht punktförmig eingeleitet wird.

Bei der Methode von Rogers/Ewins (siehe Bild 3), bei der die Welle über eine Führung mittels eines elektrodynamischen Erreger angeregt wird, entstehen ebenfalls Reibkräfte in der Fügefläche. Hier wird jedoch nur die horizontale Anregungskraft gemessen. Vorteilhaft beim elektrodynamischen Erreger ist die Flexibilität bei der Anregungsart und daß bei einer Sinusanregung pro Frequenz mehr Energie in die Struktur eingeleitet werden kann.

Die von Nordmann/Schöllhorn bzw. Lund/Tonnesen vorgestellte Stoßanregung der Welle mittels eines Hammers (siehe Bild 4) hat den Vorteil, daß sie einfach und schnell anzuwenden ist, aber auch den Nachteil, daß beim Anschlag zwischen der Welle und dem Hammerkopf Reibung entsteht. Weiterhin ist zu erwähnen, daß das Kraftsignal über einen bestimmten Umfangswinkel in die rotierende Welle eingeleitet wird.

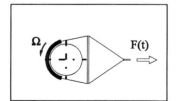
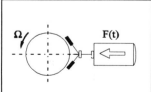
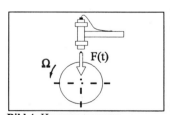

Bild 2: Anregungsmethode nach Morton

Bild 3: Anregungsmethode nach Rogers/Ewins

Bild 4: Hammeranregung

2.2 Die Anregung mittels Magnetlager

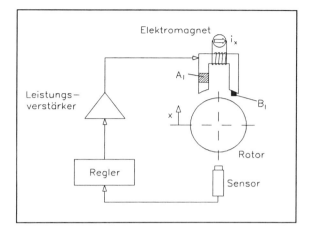

Ein Magnetlager ist ein aktives Lager, wobei mittels Sensoren die Lage eines Rotors gemessen wird. Dieses Signal wird einem Regler zugeführt, der über ein Regelgesetz einen Strom der Spule zuführt. Die stromdurchflossene Spule erzeugt eine elektromagnetische Kraft, die die Welle in der Schwebe halten kann [2]. Schematisch ist in Bild 5 die Funktion einer elektromagnetischen Lagerung dargestellt.

Bild 5: Funktionsprinzip der elektromagnetischen Lagerung

Bisher stand bei der Magnetlagerentwicklung die reine Tragfunktion des Lagers im Vordergrund. Es wurde vorrangig eingesetzt zur Reduzierung von im Betrieb auftretenden Schwingungen, da es in der Lage ist, seine Steifigkeit und die Dämpfung in weiten Bereichen zu variieren. Aufgrund der vielfältigen Möglichkeiten der Reglerauslegung, ist das Magnetlager auch dazu geeignet, gezielt rotierende Systeme anzuregen. Deshalb bietet es sich an, auch dieses Lager zur Anregung solcher Strukturen einzusetzen, um deren dynamisches Verhalten zu identifizieren. Durch die berührungslose Anregung ist das Magnetlager prädestiniert für Untersuchungen an rotierenden Maschinen. Ein weiterer Vorteil ist die Flexibilität bei der Kraftsignalerzeugung nach Art und Richtung. Als Nachteil der Methode ist vor allen Dingen die teure und komplexe Technik zu nennen.

Besonderes Augenmerk muß auf die Kraftmessung gelegt werden, da diese entscheidend für die Güte der Messung ist. Deshalb soll auf diese Thematik im folgenden näher eingegangen werden.

2.2.1 Indirekte Kraftmeßmethode bei Magnetlagern

Bei dieser Methode wird die Reaktionskraft gemessen, die entsteht, wenn eine Krafteinleitung über die Magnetlager erfolgt. Die Reaktionskraft wird zum Beispiel wie in Bild 6 dargestellt, als Schnittkraft zwischen Gehäuse und Umgebung gemessen [3,4]. Bei der Auswertung muß die Trägheit des Statorteils m berücksichtigt werden, die in der gemessenen Reaktionskraft enthalten ist. Zu beachten sind auch die Steifigkeit k und Querempfindlichkeit k_q der Piezoquarze hinsichtlich ihres Einflusses auf die Dynamik des Gesamtsystems. Nach Gleichung 2.1 ergibt sich die auf den Rotor wirkende Kraft. Dabei bezeichnen x und y die Auslenkung des Statorteils.

$$\begin{bmatrix} F_x \\ F_y \end{bmatrix} = \begin{bmatrix} m & 0 \\ 0 & m \end{bmatrix} \begin{bmatrix} \ddot{x} \\ \ddot{y} \end{bmatrix} + \begin{bmatrix} k & k_q \\ k_q & k \end{bmatrix} \begin{bmatrix} x \\ y \end{bmatrix} \qquad (2.1)$$

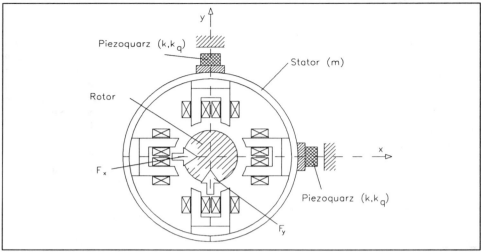

Bild 6: Indirekte Kraftmeßmethode

2.2.2 Direkte Kraftmeßmethode bei Magnetlagern

Als direkte Kraftmeßmethoden bezeichnet man Verfahren, die Größen messen, aus denen sich die magnetische Kraft direkt berechnen läßt.

- Messung von Strom und Weg

Linearisiert man die Kraftformulierung um die Ruhelage der Welle, so kann man die Kraft F des vormagnetisierten Lagermagneten durch den Weg x und den Spulenstrom i ausdrücken, mit k_s als Kraft-Weg-Konstante und k_i als Kraft-Strom-Konstante.

$$F(x,i_x) = k_s \cdot x + k_i \cdot i_x \qquad (2.2)$$

Diese Formel für die Lagerkraft ist nur gültig, wenn die dynamische Wegamplitude sehr viel kleiner als der Luftspalt ist. Im allgemeinen ist dies bei der gezielten Kraft- oder Weganregung nicht gegeben. Weiterhin werden Sättigungs-, Hysterese- und Wirbelstromeffekte bei dieser einfachen Methode nicht berücksichtigt. Dem Problem versucht man in jüngster Zeit durch die Verwendung eines Kraftkennfeldes zu begegnen, aus dem in Abhängigkeit von x und i die Magnetlagerkraft ermittelt werden kann. Eine höhere Genauigkeit wird auch erzielt, wenn eine nichtlineare Kraftformulierung verwendet wird.

- Messung der magnetischen Flußdichte B

Eine weitere Methode ist die direkte Messung der magnetischen Flußdichte B mittels Hallsensoren (siehe auch Bild 5). Mit der Polschuhfläche A_l und der Permeabilitätskonstanten μ_0 läßt sich die Lagerkraft berechnen.

$$F(B) = \frac{B^2 A_l}{\mu_0} \qquad (2.3)$$

Mißt man die Flußdichte direkt im Luftspalt zwischen Rotor und Stator, so stellt die daraus bestimmte Kraft die tatsächlich auf den Rotor wirkende Größe dar. Der Vorteil dieser Methode liegt darin begründet, daß alle nichtlinearen Effekte direkt durch die Messung der Flußdichte berücksichtigt werden. Da aber keine konstante Verteilung über der Polschuhfläche vorliegt und der Hallsensor nur in einem Punkt die Flußdichte mißt, muß dieser Fehler durch eine Korrektur der Polschuhfläche A_l in Gleichung 2.3 korrigiert werden.

3 Die Modale Analyse an rotierenden Maschinen im Projekt MARS

Im Rahmen des Projektes MARS wurde ein Prüfstand aufgebaut, der im wesentlichen aus einer magnetgelagerten Welle mit überhängender Scheibe besteht.
Ziel des Projektes ist die rotordynamische Untersuchung der Biegeschwingungen des Rotors bis 200 Hz in Abhängigkeit von der Rotordrehzahl. Da die Drehzahlabhängigkeit der Eigenfrequenzen vor allem durch die gyroskopischen Effekte verursacht wird, wurde ein Rotor mit überhängender Scheibe ausgewählt. Durch ein hohes polares Trägheitsmoment der Scheibe werden die gyroskopischen Effekte verstärkt.

Weiterhin sollen verschiedene Faktoren untersucht werden, die Einfluß auf das Biegeschwingungsverhalten des Rotors nehmen. Im einzelnen sind dies:

- "starre" oder "flexible" Rotorteile,

- "starre" oder "frei-freie" Lagerung des Rotors,

- "starres" oder "flexibles" Fundament.

3.1 Beschreibung des Prüfstandes

In Bild 7 ist eine Prinzipskizze des Prüfstandes dargestellt. Der Rotor wird mit einem AC-Motor (M) über eine Kupplung (K) angetrieben. Über einen Drehencoder (DE) kann die Drehzahl des Rotors ermittelt werden. Der Rotor selbst besteht aus einer Welle (W), einer Rotorscheibe (S) und den aufgeschrumpften Magnetlagerhülsen (MLH). Die Anregung des Rotors erfolgt über die beiden Magnetlager (ML1,ML2). Die Kraft wird durch Messung der Flußdichte (B) über Hallsensoren (HS) im Luftspalt gemessen. Die Schwingungsausschläge (x) entlang der Welle werden über Wirbelstromsensoren (WS) gemessen. Zur Ermittlung der Scheibenschwingungen kommt ein Laservibrometer zum Einsatz.

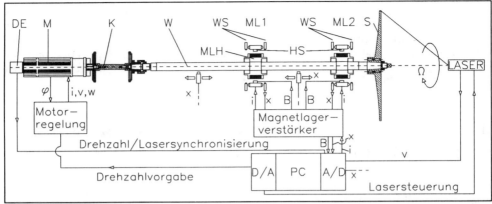

Bild 7: Prinzipieller Meßaufbau

Um diese Untersuchungen systematisch durchführen zu können, wurden drei Prüfstandskonfigurationen entwickelt, die modular aufeinander aufbauen und es erlauben, einzelne Effekte getrennt voneinander zu untersuchen.

3.1.1 Prüfstandskonfiguration 1

In Bild 8 ist der magnetgelagerte Rotorstrang mit starrer Scheibe abgebildet. Da die Magnetlagerkraft exakt gemessen wird, spielt die Dynamik (Steifigkeit) der Magnetlager für die Messungen am Rotor keine Rolle. Somit kann die Rotordynamik des ungelagerten (frei-freien) Systems ermittelt werden, während der Rotorstrang in Magnetlagern schwebt. In dieser Konfiguration wirken die Magnetlager als Lagerung und gleichzeitig als Erreger. Durch die wahlweise Verwendung einer starren oder weichen Scheibe kann der Einfluß flexibler Rotorteile auf die Gesamtdynamik des Systems ermittelt werden. Die starre Scheibe hat in Verbindung mit der Rotorwelle bis zu einer Eigenfrequenz von 200 Hz keine Eigendynamik. Im Vergleich dazu wurde eine Scheibe gefertigt, die gleiche Massen und Trägheiten, sowie den gleichen Massenschwerpunkt besitzt, aber im betrachteten Frequenzbereich ein dynamisches Verhalten aufweist. Die flexible Scheibe besteht aus einen Außenring, der mit der Nabe über einen dünnen umlaufenden Steg verbunden ist. Sie ist in den Bildern 8-10 jeweils rechts von der starren Scheibe dargestellt.

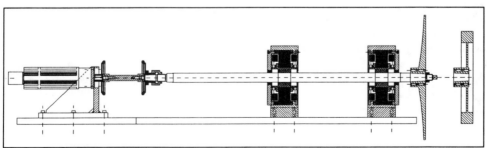

Bild 8: Prüfstandskonfiguration 1

3.1.2 Prüfstandskonfiguration 2

Gegenüber Konfiguration 1 wird der Rotor hier von Wälzlagern getragen. Dadurch wird eine annähernd starre Lagerung realisiert. Die Magnetlager haben nur noch die Funktion von Erregern.

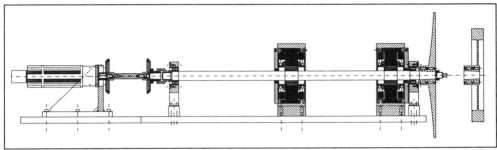

Bild 9: Prüfstandskonfiguration 2

3.1.3 Prüfstandskonfiguration 3

Zur Untersuchung des Verhaltens gekoppelt rotierend-stehender Strukturen wird die Konfiguration 2 nun auf eine flexible Grundplatte montiert. Diese Platte ist ihrerseits wälzgelagert.

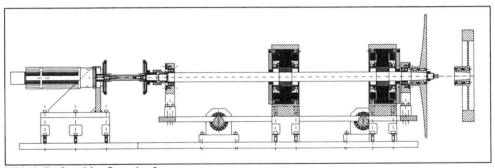

Bild 10: Prüfstandskonfiguration 3

3.2 Das Magnetlager als Erreger im MARS-Projekt

Die im Projekt MARS verwendete Kraftmeßmethode basiert auf der Messung der Flußdichte im Luftspalt. Dieses Prinzip wurde vereinfacht in 2.2.2 vorgestellt. Da aber das Magnetlager die Welle mit einer bestimmten Kraft gezielt auslenken soll, müssen gerade Effekte berücksichtigt werden, die bei einem System auftreten, bei dem die Welle nicht in der Magnetlagermitte rotiert. Durch die Auslenkung in beliebiger Richtung, verändern sich die Luftspalte unter den einzelnen Polschuhen. Dies führt bei herkömmlichen Magnetlagerbauweisen (siehe Bild 11), bei denen die einzelnen Polpaare magnetisch gekoppelt sind, zu einem Flußausgleich zwischen den einzelnen Polpaaren $\phi_{Ausgleich}$. Der Flußausgleich führt bei der Kraftmessung, die auf Spulenstrom und Weg basiert, zu einer fehlerhaften Berechnung der Kraft. Im hier verwendeten Magnetlager wird der Flußausgleich verhindert, indem die einzelnen Polpaare durch einen Luftspalt s_y entkoppelt werden (Bild 12).

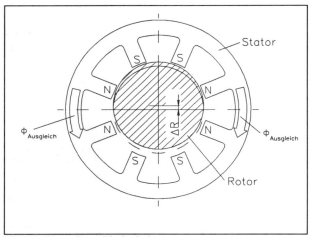

Bild 11: Magnetlager-Blechschnitt

Die Messung mit Hallsensoren im Luftspalt bedingt eine Vergrößerung des Luftspaltes um ε_0. Dies führt zu einer Verringerung der Kraft. Um den Nachteil der hierdurch verringerten Kraft zu minimieren, werden nur in den Luftspalten der Nordpole Hallsensoren eingesetzt. Der dadurch zusätzlich verursachte Flußunterschied unter den einzelnen Polschuhen, d. h. der Kraftunterschied bei den Polschuhen wird bei der Berechnung der resultierenden Gesamtkraft berücksichtigt. Zur Berechnung der Magnetlagerkraft infolge der Einzelkräfte wird ein magnetisches Netzwerkmodell des Magnetlagers zugrunde gelegt, das z. B. alle relevanten Widerstände berücksichtigt. Um höhere Genauigkeit zu erzielen, werden auch die Luftspalte s_y als Widerstände mit berücksichtigt.

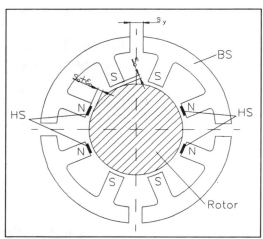

Bild 12 MARS-Blechschnitt

In Bild 12 ist der ausgewählte Polschnitt gezeigt, der einen Kompromiß darstellt zwischen den konstruktiven Vorteilen der konventionellen Lagerbauart und den Anforderungen an das Magnetlager als Erreger und gleichzeitiges Meßinstrument.
In [5] wird detailliert auf das verwendete Magnetlager und dessen Kraftmeßmethode eingegangen.

In dem eingesetzten Magnetlager bestehen folgende Möglichkeiten zur Kraftsignalerzeugung nach Art und Richtung:

- maximal 2 sinusförmige Kräfte in beliebiger radialer Richtung pro Magnetlager
- eine sinusförmige Kraft pro Magnetlager, die synchron mit Rotordrehzahl umläuft
- eine mit Rotordrehzahl umlaufende konstante Kraft (Simulation einer Unwucht)
- Anregung von reelen oder komplexen Eigenformen im Stillstand oder bei Rotation

4 Zusammenfassung

Es wird eine Methode vorgestellt, welche die berührungslose Modale Analyse an rotierenden Strukturen ermöglicht. Die Modale Analyse wird an einem modular aufgebauten Prüfstand durchgeführt, der aus einer einfachen Rotorwelle mit überhängender Scheibe besteht. Der Prüfstand ermöglicht es, verschiedene rotordynamische Effekte zu untersuchen, wie z. B. „starre" oder „flexible" Rotorelemente auf der Welle, oder die Untersuchung der gekoppelten Schwingungen zwischen stehenden und rotierenden Strukturen. Zur Anregung der Struktur werden Magnetlager eingesetzt, bei deren Entwicklung besonders auf die exakte Kraftmessung Wert gelegt wurde. Zur Messung der Wellenschwingungen kommen Wirbelstromsensoren zum Einsatz. Die Scheibenschwingungen können mittels eines Laservibrometers gemessen werden.

5 Danksagung

Diese Arbeit wurde von der Europäischen Union im Rahmen des BRITE/EURAM II-Programmes unterstützt (Vertragsnummer: BRE2-CT92-0223). Wir danken den EU-Betreuern des Projekts für ihre Unterstützung sowie allen Partnern für die wertvollen Diskussionen. Folgende Partner nehmen an dem Projekt teil:

- Imperial College London; Prof. D. J. Ewins
- ETH Zürich; Prof. G. Schweitzer
- Universität Kaiserslautern; Prof. R. Nordmann

Literatur

[1] Nordmann, R., Matros M., Neumer T.: Parameter Identifikation in Rotating Machinery by Means of Active Magnetic Bearings. IFTOMM, 4th Conference on Rotor Dynamics, Chicago, Illinois, 1994

[2] Schweitzer, G.; Traxler, A.; Bleuler, H.: Magnetlager: Grundlagen, Eigenschaften und Anwendungen berührungsfreier, elekromagnetischer Lager. Springer-Verlag Berlin, Heidelberg, 1993

[3] Ulbrich, H.: New Test Techniques Using Magnetic Bearings. Magnetic Bearings, Proceedings of the First International Symposium, June 6-8, 1988, Zurich, Switzerland

[4] Lee, C.-W.; Kim J.-S.: Modal Testing and Suboptimal Vibration Control of Flexible Rotor Bearing System by Using a Magnetic Bearing. Journal of Dynamic Systems, Measurement and Control, Vol. 114 p. 244-252, June, 1992

[5] Gähler, C., Förch, P.: A Precise Magnetic Bearing Exciter for Rotordynamic Experiments. Proceedings of the Fourth International Symposium of Magnetic Bearings, August 23-26, 1994, Zurich, Switzerland

Spezielle Probleme der Rotordynamik

Ein Beitrag zur Klassifizierung von Rotorschwingungen und deren Ursachen

von A. Tondl, H. Springer

1 Einleitung

Für die Zustandsüberwachung, die Diagnose und die Beurteilung der Beanspruchung von rotierenden Maschinen ist es von großer Bedeutung, einer bestimmten, gemessenen Biegeschwingungsform der Welle oder einer bestimmten Bahnkurve (Trajektorie) des Wellenzapfens mit unerwünscht hohen Amplituden bestimmte Ursachen und Wirkungsmechanismen ihrer Entstehung zuordnen zu können. Diese Zuordnung ist vielfach sehr schwierig und auch nicht immer eindeutig durchführbar. Für den in der Praxis tätigen Betriebsüberwachungsingenieur und Meßtechniker stellt sich meist die Frage, wie eventuelle im Schwingungssignal einer Rotorwelle enthaltene, drehzahlsynchrone oder nichtsynchrone Anteile im Hinblick auf einen aufkommenden nichtlinearen Selbsterregungsmechanismus (etwa zufolge Laständerung) oder einen sich entwickelnden Wellenriß oder eine sonstige latente Schädigung im Rotor oder in den Lagern zu deuten sind. Die Fragen der Betriebssicherheit und Verläßlichkeit einer rotierenden Maschine und ihrer Teile hängen in hohem Ausmaße von der Beantwortung dieser Frage ab, siehe z.B. [1].

In den folgenden Gegenüberstellungen von beobachtbaren Schwingungsbildern und deren mögliche Ursachen soll der klassische Resonanzfall (Hauptresonanz), nämlich die Übereinstimmung von Frequenzen einer eingeprägten Erregung mit einer der Eigenfrequenzen des linearisierten Rotor-Lager-Systems, nicht betrachtet werden. Insbesondere soll die Betriebsdrehzahl außerhalb der Eigenfrequenzen des linearen Systems liegen. In den vorhandenen Richtlinien zur Beurteilung der Wellenschwingung von Turbosätzen, z.B. [2], finden sich exemplarisch Hinweise zur Deutung der Ursachen von gemessenen Wellenschwingungsformen. Meist handelt es sich hierbei um drehzahlsynchrone, elliptische oder kreisförmige Bahnkurven der Welle, die im wesentlichen auf Unwuchtänderungen mit unterschiedlichen Ursachen oder auf Änderungen der Wellenvorkrümmung oder Kupplungsversatz zurückzuführen sind. Weniger Hinweise finden sich im Hinblick auf Schwingungsbilder deren Ursachen nichtlineare Selbsterregungsmechanismen sein können. Die vorliegende Zusammenstellung soll hier einen kleinen Beitrag liefern. Im übrigen erheben die aufgelisteten Fälle selbstverständlich keinen Anspruch auf Vollständigkeit. Gerade deshalb wäre es auch wichtig, wenn andere Autoren aus Theorie und Praxis ihre Erfahrungen einbringen könnten, mit dem Ziel der Entwicklung eines computerunterstützten Expertensystems für eine künftig verläßliche und möglichst umfassende Beurteilung von Schwingungen und deren Entstehungsmechanismen in rotierenden Maschinen.

2 Schwingungen in Rotor-Lager-Systemen mit horizontaler Welle

2.1 Drehzahlsynchrone Gleichlaufschwingungen (ausgenommen Resonanzdurchfahrt bei Drehzahländerung)

Schwingungsbild	Mögliche Ursachen und Mechanismen
Plötzlich auftretende Änderung der radialen Schwingungsamplitude der Welle	• Sprunghafte Verschlechterung des Wuchtzustandes (z.B. durch Schaufelbruch bei Turbinen oder Verdichtern, Verlagerung der Wicklungen bei elektrischen Maschinen, Veränderungen von Schrumpfverbindungen zufolge Überdrehzahl, weitere Beispiele siehe [2]);
Langsame Änderung der Wellenschwingungsamplitude bei Änderungen der Maschinenbelastungen (z.B. Dampfturbinensatz)	• Änderung der Wellenvorkrümmung zufolge unsymmetrischer Aufheizung des Turborotors (weitere Beispiele siehe [2]);
	• Wuchtgüteveränderung durch Ansammlung von Kondensat in Rotorhohlräumen;
	• Korrosionsbedingte Verschlechterung der Wuchtgüte;
	• Änderungen der Lagerausrichtung zufolge ungenügender termischer Isolation der Lagerböcke;

Bemerkung: Durch Lagerausrichtefehler entstehen zwar keine zusätzlichen Wellenschwingungen [4], wegen der Nichtlinearität von Gleit- oder Wälzlagersteifigkeiten können durch Lagerbelastungsänderungen in statisch unbestimmten Rotor-Lager-Systemen jedoch Verschiebungen im Eigenwertspektrum (Dämpfungen, Eigenfrequenzen) des linearisierten Systems auftreten und so indirekt die Höhe der synchron erzwungenen Schwingungsausschläge beeinflußt werden; siehe auch Abschnitt 2.6., Bemerkung 2.

Mit der Zeit langsam anwachsende Schwingungsamplituden der Welle	• Anlaufen und Scheuern der vorgekrümmten Welle ("rubbing-effect") an einer bestimmten Dichtstelle im Gehäuse mit der relativen Gleitgeschwindigkeit $v_G = R\omega$; siehe Abb. 1

Bemerkung: Der Gleichlauffall $\Omega = \omega$ stellt die verschleißmäßig ungünstigste Form des rubbing-effects dar.

2.2 Schwingungen mit Gegenlaufkomponenten, die keine Sub- oder Superharmonischen der Drehfrequenz sind

Schwingungsbild	Mögliche Ursachen und Mechanismen
Der Rotor führt Gegenlaufschwingungen mit der Kreisfrequenz $\Omega = \lambda\omega$ aus, mit $\lambda = -r/(R-r)$, siehe Abb. 1. Im allgemeinen wird $\lambda \neq -n/m$ ($n, m \in \mathbb{N}$) sein. Es können sehr hohe Erregerkräfte und Schwingungsausschläge im System auftreten, siehe [5].	• Die Welle wälzt ohne Gleitung an der Gehäusedichtung ab;

Bemerkung: Zwischen den Grenzfällen des Gleichlauf-"Rubbing" mit voller Gleitung und dem Gegenlauf ohne Gleitung gibt es "Rubbing" mit reduzierter Gleitgeschwindigkeit und stoßhaftem Anlaufen der Welle an das Gehäuse, wobei die Wellenschwingungen auch chaotisch verlaufen können mit einem breitbandigen Frequenzspektrum, siehe z.B. [5], [6], [7] und andere Arbeiten.

2.3 Periodische Schwingungen mit dominanten sub- oder superharmonischen Komponenten

Schwingungsbild	Mögliche Ursachen und Mechanismen
Enthält die Rotorschwingung zwei Frequenzanteile, so ist die Form der Bahnkurve des Wellenmittelpunkts (komplexe Darstellung $z = x + iy$) beim Auftreten einer subharmonischen <u>Gleichlaufkomponente</u> durch $z = R_1 e^{i\omega t} + R_{1/N} e^{i(\omega/N)t}$ gegeben, wo $|R_1|$ die Amplitude der Unwuchtkomponente und $|R_{1/N}|$ die Amplitude der subharmonischen Komponente ist. Nach [8,9] besitzt die Auslenkung $|z|$ N-1 Maxima und N-1 Minima. Abb.2 zeigt beispielsweise die Verhältnisse für N=2. Enthält die Rotorschwingung eine subharmonische <u>Gegenlaufkomponente</u> 1/N-ter Ordnung, so gilt für die Bahnkurve des Wellenmittels $z = R_1 e^{i\omega t} + R_{1/N} e^{-i(\omega/N)t}$ und die Auslenkung $|z|$ hat dann N+1 Maxima und N+1 Minima. Abb.3 zeigt die Bahntrajektorien für N = 2 mit $R_1/R_{1/2} = 2$ bzw. $R_1/R_{1/2} = 1/2$. • *Bemerkung: In der Praxis sind die Bahntrajektorien wegen eventueller Gewichtswirkungen und sonstiger Störun-*	• Nichtlineare, meist subharmonische Resonanzen, die häufig zufolge der nichtlinearen Lagercharakteristiken zustandekommen. Im subharmonischen Resonanzfall liegt die Drehfrequenz des Rotors in der Nähe eines ganzzahligen Vielfachen $N \in \mathbb{N}$, im superharmonischen Fall in der Nähe eines ganzzahligen Bruchteils 1/N einer der Biegeeigenfrequenzen des Rotors. Die Auswirkung vorhandener Lager- oder sonstiger Nichtlinearitäten wird durch eine Abstimmung des Rotor-Lager-Systems auf innere Resonanz verstärkt. (Eine solche Abstimmung liegt dann vor, wenn Eigenfrequenzen Ω_j des linearen Rotorlagersystems sich wie kleine ganze Zahlen verhalten, $\Omega_j/\Omega_k = n/m$ ($n,m \in \mathbb{N}$)). • *Bemerkung1: Erscheint die nichtlineare Resonanz nicht von Anfang an im Wellenschwingungssignal, sondern erst nach längerer Betriebszeit der Maschi-*

gen nicht völlig symmetrisch. Abb.4 zeigt Bewegungstrajektorien der Welle, wie sie an einem starren, durch Gaslager unterstützten Rotor gemessen wurden. Ein Ende des Rotors führte Gleichlaufschwingungen, das andere Gegenlaufschwingungen mit subharmonischen Komponenten von jeweils der Ordnung 1/2 aus, siehe Abb.4, links. Abb.4 rechts zeigt die zugehörigen Zeitverläufe der Wellenausschläge in der vertikalen y-Richtung.

ne, so liegt die Vermutung nahe, daß die Nichtlinearität erst durch den Bruch oder die Lockerung eines tragenden Elements im System entstanden ist (z.B. Bruch einer Lagergehäuserippe, Lockerung der Lagerständerverschraubung, etc.)

• **Bemerkung 2**: Bei nichtlinearen Resonanzen von Rotorlagersystemen sind innerhalb eines gewissen Drehzahlintervalls in der Regel mehrere unterschiedliche stabile Schwingungen möglich, was durch Erhöhung der Drehzahl über die Stabilitätsgrenzdrehzahl hinaus und nachfolgender Drehzahlabsenkung gezeigt werden kann. Dieser Hystereseeffekt ist in Abb.5 schematisch gezeigt.

2.4 Periodische Schwingungen mit superharmonischen Komponenten

Schwingungsbild	Mögliche Ursachen und Mechanismen
Superharmonische Schwingungskomponenten, insbesondere der Ordnung N=2, die von Anfang an in der Maschine beobachtet werden.	• Rotoranisotropie in der Wellensteifigkeit (z.B. unzureichende Kompensation der Anisotropie einer Turbogeneratorwelle).
	• Schwankende Biegesteifigkeiten von Kupplungsverbindungen ("Ellbogeneffekt") zufolge unrichtiger Montage eines mehrfach gelagerten Rotor-Lager-Systems, siehe z.B. Abb.6.
Superharmonische Komponenten, insbesondere der Ordnungen N=2 und N=3 wachsen mit der Zeit im Schwingungssignal an.	• In der Welle entwickelt sich vermutlich ein Riß, siehe z.B. [10], [11] sowie zahlreiche andere Arbeiten zum Thema Welle mit Riß.

2.5 Unperiodische Resonanzschwingungen eines Rotors

Schwingungsbild	Mögliche Ursachen und Mechanismen
Neben der synchronen Unwuchtkomponente erscheinen im Schwingungsbild dominante Anteile deren Frequenzen in der Nähe der Biegeeigenfrequenzen Ω_1, Ω_2, Ω_3, ... des linearisierten Rotor - Lager -	• Es handelt sich wahrscheinlich um eine Kombinationsresonanz, die in der Nähe der Drehfrequenz $\omega \cong \Omega_i + \Omega_j$ des Rotors auftritt. Allgemein gilt $\omega \cong (N\Omega_i + M\Omega_j)/k$ mit i, j = 1, 2, ...und (M,N,k) $\in$ N.

Systems liegen. Diese Frequenzen verhalten sich im allgemeinen nicht wie kleine ganze Zahlen, d.h. $\Omega_i/\Omega_k \neq n/m$.

Resonanzen dieser Art kommen in Rotor-Lager-Systemen eher selten vor und bilden eine Ausnahme.

•Parametrische Kombinationsresonanz, wobei eine der oben erwähnten Eigenfrequenzen Ω_1 oder Ω_2 zu einer Torsionseigenschwingung des Rotors gehört, siehe z.B. [3]

2.6 Unperiodische Schwingungen mit dominanten Komponenten einer Selbsterregung

Schwingungsbild	Mögliche Ursachen und Mechanismen
Neben der synchronen Unwuchtschwingung tritt eine dominante Komponente auf, deren Frequenz niedriger ist als die halbe Drehfrequenz des Rotors. Diese selbsterregte Komponente hat <u>Gleichlaufcharakter</u>.	•Hier handelt es sich um selbsterregte Schwingungen, die infolge nichtlinearer Gleitlagercharakteristiken entstehen oder durch Strömungserregung in berührungslosen Spalt- oder Labyrinthdichtungen, siehe z.B. [3], [4], [12] und zahlreiche andere Arbeiten.

Bemerkung 1: *Je größer das Verhältnis der Steifigkeit des Rotors zur Steifigkeit der Schmierschicht im Gleitlager ist, desto näher liegt die Frequenz Ω der Selbsterregung beim halben Wert der Rotordrehfrequenz ω (starrer Rotor).*
Bemerkung 2: *Die selbsterregten Schwingungen müssen nicht nur beim Überschreiten einer bestimmten Stabilitätsgrenzdrehzahl angeregt werden, sie können auch infolge Änderung von Betriebsbedingungen in der rotierenden Maschine selbst auftreten, z.B. durch eine Veränderung des axialen Druckgradienten in einer berührungslosen Wellendichtung. Eine weitere Auslösung der Selbsterregung kann durch die Verringerung einer Lagerlast bei mehrfach (statisch unbestimmt) gelagerten Rotoren durch thermisch bedingte Deformationen in einem Lagerbock bewirkt werden (Änderung der Lagerausrichtung), siehe z.B. [13].*
Bemerkung 3: *Bei mehrstufigen Kreiselpumpen mit glatten zylindrischen Dichtungen kann der folgende Ausnahmefall auftreten: die selbsterregte Schwingung tritt nicht mit annähernd einer Eigenfrequenz des Systems Rotor+Lager+Dichtungen in Erscheinung, sondern mit einer Eigenfrequenz des Systems bei "trockenen" Dichtungen. Ursache dafür ist der Zusammenbruch der Dichtungsrückstellkraft im Fall der Selbsterregung, siehe [14].*

Neben der drehzahlsynchronen Unwuchtschwingung tritt (im überkritischen Drehzahlbereich) eine dominante <u>Gleichlaufkomponente</u> auf, deren Frequenz in der Nähe einer Eigenfrequenz des Rotor-Lager-Systems liegt.	•Hier handelt es sich um eine selbsterregte Schwingung zufolge der Wirkung innerer Dämpfung im Rotor. Diese Dämpfung besitzt zwei wesentliche Anteile: Materialdämpfung in der Welle und innere Fügestellenreibung die zwischen den einzelnen Rotorteilen zufolge unterschiedlicher Deformationen in den Füge-

Neben der drehzahlsynchronen Unwuchtschwingung treten <u>Gleich- oder Gegenlaufschwingungen</u> auf deren Frequenzen in der Nähe von Eigenfrequenzen des Rotor-Lager-Systems liegen. Diese Schwingungen können auch im unterkritischen Betrieb auftreten.

stellen entsteht; siehe z.B. [3], [4] und zahlreiche andere Arbeiten.

•Es handelt sich um selbsterregte Schwingungen zufolge Spaltströmungen zwischen Laufrad und Gehäuse von Strömungsmaschinen.
<u>*Bemerkung:*</u> *Schwingungen dieser Art können z.B. bei Wasserturbinen mit vertikaler Welle beobachtet werden; siehe auch Abschnitt 3.*

3 Schwingungen in Rotor-Lager-Systemen mit vertikaler Welle

3.1 Drehzahlsynchrone Gleichlaufschwingungen

Schwingungsbild	Mögliche Ursachen und Mechanismen
Plötzlich auftretende Erhöhung der radialen Wellenschwingungsamplitude.	•Sprunghafte Veränderung des Wuchtzustandes (siehe Abschnitt 2.1).
Änderung (Erhöhung, Verringerung) der radialen Schwingungsamplitude.	•Veränderung der Unwucht in Zentrifugen.
Mit der Zeit langsam anwachsende Schwingungsamplituden der Welle.	•"rubbing"-Effekt der Welle im Gehäuse (siehe Abschnitt 2.1).

3.2 Schwingungen mit Gegenlaufkomponenten, die keine Sub- oder Superharmonischen der Drehfrequenz sind

Schwingungsbild	Mögliche Ursachen und Mechanismen
Die Frequenz der Gegenlaufkomponenten liegt im allgemeinen wesentlich oberhalb der Drehfrequenz. Es können sehr hohe Beanspruchungen auftreten.	•Schlupffreies Abwälzen der Welle im Gehäuse, siehe Abschnitt 2.2 und [5].

3.3 Periodische Schwingungen mit dominanten sub- oder superharmonischen Komponenten

Schwingungsbild	Mögliche Ursachen und Mechanismen
Das Wellenschwingungssignal enthält dominante subharmonische Gleich - oder	•Die Ursache ist eine subharmonische Resonanz zufolge der Nichtlinearität der

Gegenlaufkomponenten überwiegend von der Ordnung 1/N mit N = 3,5,....siehe Abschnitt 2.3 sowie Abb.2 und Abb.3.	Lagerungskräfte. •*Bemerkung: Diese Art der subharmonischen Resonanz tritt bei vertikaler Welle weniger häufig auf, als für Systeme mit horizontaler Welle. Im übrigen gilt auch hier die Bemerkung 2 von Abschnitt 2.3 sowie Abb. 5.*
Die Wellenschwingung enthält eine dominante superharmonische Gleich- oder Gegenlaufkomponente, vor allem mit der Ordnung N = 3,5,....siehe Abschnitt 2.3	•Die Ursache ist eine superharmonische Resonanz zufolge nichtlinearer elastischer Rückstellkräfte im System (Schmierfilm, Wälzlager, Fügestellen in der Lagerstruktur, etc.).

3.4 Periodische Schwingungen mit superharmonischen (evtl. subharmonischen) Komponenten

Schwingungsbild	Mögliche Ursachen und Mechanismen
Das Wellenschwingungssignal enthält superharmonische (evtl. subharmonische) Komponenten insbesondere der Ordnung N = 2 bzw. N = 1/2.	•Es liegt eine Parametererregung vor, z.B. bei Wasserturbinen zufolge einer exzentrischen Lage der Läuferachse zur Achse des Labyrinthgehäuses, vor allem bei Labyrinthen mit dezentrierendem Effekt, siehe z.B. [15]. •Es liegt eine Anisotropie des Rotors vor (z.B. in der Steifigkeit) bei gleichzeitiger Unsymmetrie in der Lagerung, z.B. eine exzentrische Lage der Lagerachse (Lagerausrichtefehler) oder eine exzentrische Lage eines Labyrinthdichtungsgehäuses relativ zur Wellendrehachse.

Bemerkung: Da bei einer vertikalen Welle die "erregende" Wirkung des Rotorgewichts normal zur Wellenachse fehlt, ist es hier sehr schwierig, einen Wellenriß aus dem Schwingungssignal zu identifizieren.

3.5 Unperiodische Resonanzschwingungen eines vertikalen Rotors

Es gelten grundsätzlich die Aussagen des Abschnitts 2.5. Kombinationsresonanzen sind aber für vertikale Wellen kaum zu erwarten, da die meisten Maschinen überhaupt unterkritisch oder nicht sehr weit oberhalb der ersten kritischen Drehzahl arbeiten.

3.6 Unperiodische Schwingungen mit dominanten selbsterregten Komponenten

Schwingungsbild	Mögliche Ursachen und Mechanismen
Neben der drehzahlsynchronen Unwuchtschwingung existieren im Schwingungssignal Gleich- und/oder Gegenlaufkomponenten deren Frequenzen in der Nähe von Eigenfrequenzen des Rotor-Lager-Systems liegen. Bei Maschinen, die unterkritisch laufen, sind die Frequenzen der Selbsterregungskomponenten stets höher als die Maschinendrehfrequenz.	•Es liegen selbsterregte Schwingungen vor, die durch den Mechanismus von Spaltströmungen zwischen Laufrad und Gehäuse einer Strömungsmaschine angeregt werden können. Es erscheint stets die Komponente mit Gegenlauf, die Gleichlaufkomponente kann eine vergleichsweise kleine Amplitude haben oder überhaupt fehlen, siehe z.B. [16], [17], [18].

Bemerkung: _Schwingungen dieser Art können z.B. in vertikalen Kaplanturbinen nach einer plötzlichen Entlastung mit nachfolgendem Schließen des Leitapparates beobachtet werden. Da Wasserturbinen im unterkritischen Betrieb laufen, liegen die Frequenzen der Selbsterregungskomponenten stets oberhalb der Turbinendrehzahl._

	•Es können auch selbsterregte Schwingungen durch die Wirkung von teilweise mit Flüssigkeit gefüllten oder von Flüssigkeit durchströmten Rotoren sein, z.B. Zentrifugen, Laufräder, etc., siehe z.B. [19], [20], [21].

4 Zusammenfassung

Aus dem vorliegenden Beitrag ergeben sich sowohl Forderungen an den theoretisch arbeitenden Schwingungsanalytiker als auch an den in der Praxis stehenden Meßtechniker und Überwachungsingenieur. Einerseits verlangt die richtige Interpretation gemessener Schwingungssignale adäquate Modellbildungen und leistungsfähige theoretische Analysewerkzeuge, insbesondere auf dem Sektor der selbsterregten, nichtlinearen Schwingungen und andererseits müssen genügend genaue Meßverfahren und Diagnosesysteme zur sicheren Erkennung und Selektion von speziellen Komponenten in einem Schwingungssignal zur Verfügung stehen. Es ist beispielsweise nicht hinreichend, allein die Stabilitätsgrenzdrehzahl für das Einsetzen von selbsterregten Schwingungen in einer rotierenden Maschine zu kennen. Es muß zum Zweck einer genaueren Ursachenerkennung z.B. auch untersucht werden, bzw. bekannt sein, ob eine selbsterregte Komponente entweder als Gleich- oder als Gegenlaufschwingung auftreten wird. Dies ist zum Beispiel für vertikale Rotor-Lager-Systeme besonders wichtig, wenn starke Kreiselwirkungen auftreten.

Wie schon eingangs erwähnt wurde, kann dieser kleine Beitrag keinen Anspruch auf Vollständigkeit in der Beurteilung von gemessenen Rotorschwingungen erheben. Es soll daher an alle Fachkollegen appelliert werden, ihre umfangreichen Erfahrungen und Kenntnisse auch den in der Praxis stehenden Meß- und Überwachungsingenieuren zugänglich zu machen.

Literatur

[1] Kolerus, J., Zustandsüberwachung von Maschinen. Expert Verlag, 1986.
[2] VDI-2059 Blatt 1 bis Blatt 5, Wellenschwingungen von Turbosätzen (Industrie-, Dampf-, Gasturbinen und Wasserkraftmaschinen). VDI-Verlag Düsseldorf.
[3] Tondl A.: Some Problems of Rotor Dynamics, Publ. House of Czechoslovak Academy of Sciences, Prague, in co-edition with Chapman & Hall, London, 1965.
[4] Gasch, R., Pfützner, H. Rotordynamik - Eine Einführung. Springer-Verlag, Berlin 1975.
[5] Lingener, A., Experimental investigation of reverse whirl of a flexible rotor. Proc. 3rd Int. Conf. on Rotor Dynamics, Sept. 1990, INSA, Ed. M. Lalanne, R. Henry.
[6] de Kraker, D., Crooijmans, M.T.M., van Campen, D.H., The dynamics of a rotor with rubbing. Int. Conf. on Vibrations in Rotating Machinery, C 284/88, p.287-303, IMechE 1988.
[7] Szczygielski, W.M. Application of chaos theory to the contacting dynamics of high-speed rotors. Proc. of ASME Design Technology Conference, Rotating Machinery Dynamics, Boston, Sept. 1987.
[8] Tondl, A.: Notes on the identification of subharmonic resonances of rotors, Journal of Sound and Vibration, 1973, Vol. 31, No. 1, p. 119-127.
[9] Tondl A., Licht, L.: Nonlinear resonances of rotors and their identification, Acta Technica ČSAV, 1976, Vol. 21, No. 1, p.74-99.
[10] Gasch, R., Dynamic Behaviour of a Simple Rotor with a Cross-Sectional Crack. Internat. Conf. on Vibrations in Rotating Machinery, C 178/76, p. 123-128, IMechE 1976.
[11] Rothkegel, W., Rißerkennung bei Rotoren durch Schwingungsüberwachung. Diss. Uni. Hannover, VDI-Fortschrittberichte, Reihe 11, Nr. 180, VDI-Verlag, Düsseldorf 1993.
[12] Moser, F., Stabilität und Verzweigungsverhalten eines nichtlinearen Rotor-Lager-Systems. Dissertation, Techn. Universität Wien, 1993.
[13] Springer, H., Ecker, H., Gunter, E.J., Changes of Instability Thresholds of Rotors due to Bearing Misalignments. NASA-Conf. Publ. No. 2409 on Instability in Rotating Machinery, pp. 399-408, Carson City, NV, 1985.
[14] Tondl A.: Quenching of Self-Excited Vibrations, Academia, Prague, in co-edition with Elsevier Science Publishers, Amsterdam, 1991.
[15] Tondl A.: Analyse der stationären Bewegung eines Wasserturbinensystems (in Tschechisch), Strojnicky časopis, 32, 1981, No. 4, 425-434.
[16] Tondl A.: Analysis of self-excited vibrations in water machines due to leakage flow, Acta Technica ČSAV, Vol. 34, 1989, No. 2, 144-170.
[17] Tondl A.: Stability and self-excited vibrations induced by leakage flow of an elastically mounted disc, Proc. of the Internat. Conf. Engineering Aero-Hydroelasticity, Vol. II, 416-421, Prague, December 5-8, 1989.
[18] Tondl A.: Rotor instability due to the leakage flow induced pressure acting on the rotor disc, Proc. of 3rd Internat. Conf. on Rotordynamics, September 10-12, 1990, Lyon, Éditions du Centre National de la Recherche Scientific, Paris, 1990, pp. 3-8.
[19] Berman A. S., Lundgren T. S., Cheng A.: Asynchronous whirl in a rotating cylinder partially filled with liquid, J. Fluid Mechanics, 1985, Vol. 150, 311-325.
[20] Brommundt E.: Frequenzgänge eines teilweise mit idealer Flüssigkeit gefüllten, rotierenden starren Zylinders. Inst. für Technische Mechanik, TU Braunschweig Nr. 3/1985.
[21] Riedel, U., Laufstabilität flüssigkeitsgefüllter Zentrifugen. Diss. TU - Braunschweig. VDI-Fortschrittberichte, Reihe 11, Nr. 174, VDI-Verlag Düsseldorf 1992.

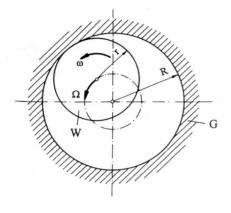

Abb.1: Zum "Rubbing"-Effekt der Welle W im Gehäusedichtspalt G (r = Wellenradius, R = Gehäuseradius, ϖ = Wellendrehwinkelgeschwindigkeit, $\Omega = \lambda\varpi$ = Umlaufwinkelgeschwindigkeit des Wellenmittelpunkts)

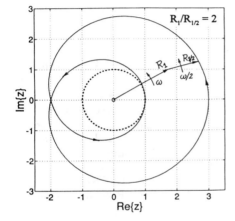
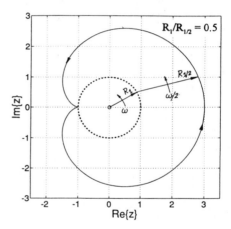

Abb.2: Bahnkurve der Rotorschwingung mit Synchronanteil R_1 und subharmonischem Gleichlaufanteil $R_{1/2}$

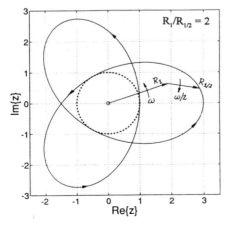
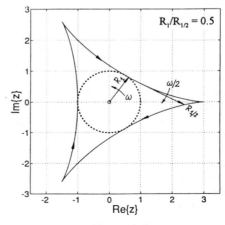

Abb.3: Bahnkurve der Rotorschwingung mit Synchronanteil R_1 und subharmonischem Gegenlaufanteil $R_{1/2}$

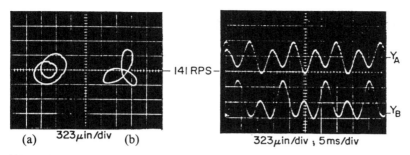

Abb.4: Gemessene Bahntrajektorien eines starren Rotors in Gaslagern, (a) = Bahnkurven am linken (subharm. Gleichlauf) und (b) = am rechten Rotorende (subharm. Gegenlauf)

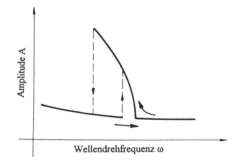

Abb.5: Zum Hystereseeffekt bei nichtlinearer subharmonischer Resonanz

Abb.6: Zum "Ellenbogen-Effekt" der Kupplung bei Montagefehlern von mehrfach gelagerten Rotorsystemen

Reibungsselbsterregte Torsionsschwingungen in Schneckenzentrifugen

von P. Stelter

Kurzfassung

Anhand eines in der Praxis aufgetretenen Schadensfalles wird aufgezeigt, daß die bei Zentrifugen gefürchteten Torsionsschwingungserscheinungen, auch "chattering" genannt, auf einen Selbsterregungsmechanismus durch eine fallende Reibungskennlinie zurückgeführt werden können. Ausgehend von der Bewegungsgleichung für das Gesamtsystem wird ein einfacher Torsionsreibschwinger modelliert, der die Selbsterregungsfähigkeit erklären kann. Durch Simulation wird gezeigt, wie äußere viskose Dämpfung die Schwingungen zum Verschwinden bringt.

1 Einleitung und Problemstellung

Vollmantel-Schneckenzentrifugen sind kontinuierlich arbeitende verfahrenstechnische Maschinen zur mechanischen Fest-Flüssig Trennung und Entwässerung von Suspensionen in der Verfahrens-, Nahrungsmittel- und Umwelttechnik. Die Maschinen haben folgendes Wirkungsprinzip: Die Suspension wird über ein zentral angeordnetes Aufgaberohr in die Maschine geleitet. Durch das Fliehkraftfeld der rotierenden Trommel entsteht ein Flüssigkeitsring, in dem die Feststoffpartikel aufgrund ihrer Dichtedifferenz auf die Trommelwand sedimentieren. Eine Förderschnecke, die mit einer *Differenzdrehzahl* Δn zur Trommeldrehzahl rotiert, fördert den sedimentierten Feststoff kontinuierlich zum konischen Ende der Trommel, wo er über den Wasserspiegel (Sumpf) hinausbewegt wird und durch die Fliehkraft entwässert wird, siehe Bild 1.

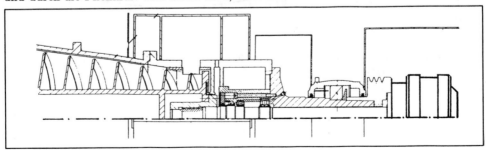

Bild 1: Halbschnitt einer Vollmantel-Schneckenzentrifuge

Bei bestimmten Produkten, die durch die Fliehkraft stark entwässern und kompaktieren, wie etwa Stärke, kann es in Abhängigkeit von der Differenzdrehzahl, der Schneckensteigung zu Torsionsschwingungen kommen, die den gesammten Antriebsstrang belasten und zum progressiven Verschleiß von Getrieben etc. führen. Die Schwingung ist dadurch begründet, daß der Gleitreibwert μ_1 zwischen Schneckenblatt und Produkt kleiner als der Haftreibwert μ_0 ist. Durch die *fallende* Reibcharakteristik sind *selbsterregte* Schwingungen möglich. Die Schwingung wird ausgehend von einer kleinen Störung angefacht und mündet in einen *Grenzzykel*, wenn ein Gleichgewicht zwischen Energiedissipation durch die Reibung und Anfachungsenergie erreicht ist.

2 Bewegungsgleichung des Gesamtsystems

Im Bild 2 ist schematisch angedeutet, wie der Schneckenantrieb über ein Planetengetriebe erfolgt. Trommeldrehzahl n_T und Schneckendrehzahl n_S sind kinematisch über die Getriebeübersetzung i_G gekoppelt, so daß sich zwischen Trommel und Schnecke die für die Feststofförderung wichtige Differenzdrehzahl Δn einstellt

$$\Delta n = \frac{n_T - n_B}{i_G} = n_S - n_T. \quad (1)$$

Bei festgehaltenem Getriebezapfen, ist die sog. Backdrivedrehzahl n_B Null.

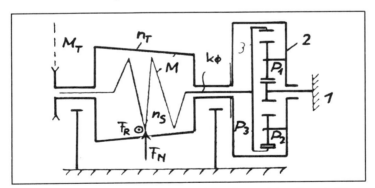

Bild 2: Schematische Darstellung des Schneckenantriebes über ein Planetengetriebe

Ausgehend von Bild 3 wird die Bewegungsgleichung für Trommel (T) und Schnecke (S) hergeleitet.

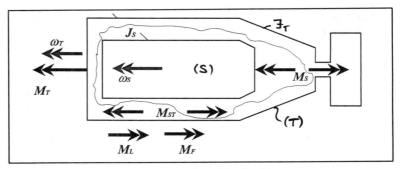

Bild 3: Trommel und Schnecke mit den wirkenden Momenten

Im Leerlauf, also ohne Belastung durch Produkt, wirkt auf den Trommelmantel im wesentlichen Luftreibung (Ventilation) und trockene Reibung durch die Lagerreibung. Das *Ventilationsmoment* M_V ergibt sich wie folgt

$$M_V = M_R + m_V \omega_T^2. \tag{2}$$

Im Bild 4 ist der Verlauf des Leerlaufmomentes in Abhängigkeit von der Drehzahl dargestellt.

Die Suspension wird in der Maschine in einen Feststoffmassenstrom $\dot{m}_S$ (S = solid) und einen Flüssigkeitsmassenstrom $\dot{m}_L$ (L = liquid) aufgetrennt. Mit $\dot{V}_F$ wird der zugeführte Suspensionsvolumenstrom (F = feed) bezeichnet. Die Flüssigkeit verläßt die Maschine am *Wehrdurchmesser* D_W und der Feststoff am *Austragsdurchmesser* D_A. Mit Hilfe des Impulssatzes für strömende Fluide kann das Produktbeschleunigungsmoment M_F berechnet werden

$$M_F = \frac{1}{4}\omega_T(\dot{m}_L D_W^2 + \dot{m}_S D_A^2). \tag{3}$$

Es ist zu erkennen, daß die Durchmesser quadratisch eingehen, während die Trommeldrehzahl linear eingeht, siehe Bild 4.

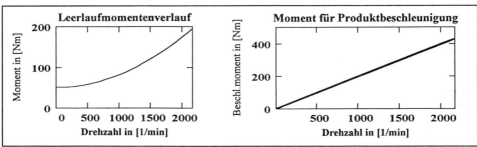

Bild 4: Leerlauf- und Produktbeschleunigungsmoment in Abhängigkeit von der Drehzahl

Das Schneckenfördermoment ist von vielen Parametern abhängig. Die Vorausberechnung des Schneckenfördermomentes M_{ST} ist noch Gegenstand intensiver verfahrenstechnischer

Forschungen. Bei sonst konstant gehaltenen Parametern ist das Schneckenmoment signifikant von der Differenzdrehzahl abhängig. Bei hoher Differenzdrehzahl wird die Maschine praktisch ausgeräumt, so daß das Drehmoment abfällt, während bei niedriger Differenzdrehzahl sich die Maschine dem Verstopfungszustand nähert und das Drehmoment stark ansteigt. Folgender phänomenologischer Ansatz hat sich in der Praxis bewährt:

$$M_{ST} = M_C + f_C D_T^2 L_T \omega_T^2 \frac{\dot{m}_S}{s \Delta n}. \tag{4}$$

Hierin ist M_C ein konstantes Moment, f_C ein Förderfaktor (C = conveying), s ist die Schneckensteigung und L_T ist die Trommellänge. Im Bild 5 ist der Verlauf des Schneckenfördermomentes in Abhängigkeit von der Differenzdrehzahl dargestellt.

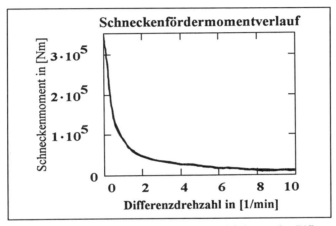

Bild 5: Schneckenfördermoment in Abhängigkeit von der Differenzdrehzahl

Der Antrieb (Hauptantrieb) erfolgt über einen Drehstrommotor, dessen Drehmomentenkennlinie näherungsweise mit Hilfe der sog. KLOSSschen Formel beschrieben werden kann

$$M_T = \frac{1}{i_R} \frac{2M_k}{\frac{s}{s_k} + \frac{s_k}{s}}. \tag{5}$$

Mit dem Schlupf $s = 1 - n_T/n_{syn}$, dem Kippschlupf s_k und dem Kippmoment M_k. Die Antriebs- und Lastkennlinie ist im Bild 6 dargestellt. Da Schnecke und Trommel über das Getriebe gekoppelt sind, läßt sich das System auf einen Freiheitsgrad reduzieren. Die Bewegungsgleichung für quasistaische Bewegungen lautet daher

$$\left(J_T + \left(1 + \frac{1}{i_G}\right) J_S\right) \dot{\omega}_T = M_T - M_L - M_F + M_{ST}. \tag{6}$$

Mit der Differentialgleichung können Hochlauf und Momentenschwankungen simuliert werden. Im Bild 6 ist der Hochlauf von Trommel und Schnecke dargestellt.

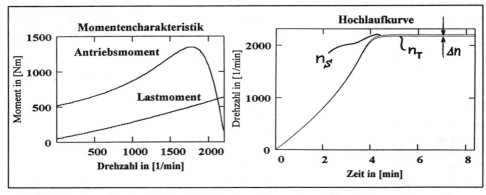

Bild 6: Momentencharakteristik und Hochlauf von Trommel und Schnecke

Die gekoppelten z.T. nichtlinearen Gleichungen lassen sich anschaulich in einem Blockschaltbild, siehe Bild 7, darstellen.

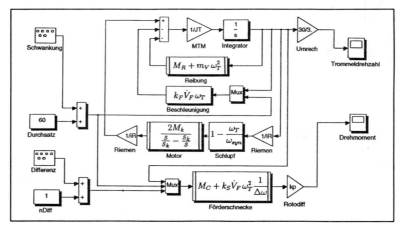

Bild 7: Blockschaltbild von Trommel, Schnecke und Antrieb

Bei der Herleitung kommt zum Ausdruck, daß sich jedes technische System bei physikalischer Modellierung in ein *autonomes* Differentialgleichungssystem abbilden läßt.

3 Reibschwingungen

Im Bild 2 ist ein schematischer Schnitt durch eine Schneckenzentrifuge dargestellt. Die geometrischen Größen und Betriebsparameter sind in nachfolgender Tabelle zusammengestellt.

Bezeichnung	Abk.	Einh.	Wert
Massenträgheitsmoment der Trommel	J_T	[kgm²]	600
Massenträgheitsmoment der Schnecke	J_S	[kgm²]	200
Gesamttorsionsfedersteifigkeit:	k_ϕ	[Nm/rad]	1000.0
Gesamttorsionsdämpfung:	d_ϕ	[Nms/rad]	10.0
Differenzdrehzahl:	Δn	[1/min]	1.0
Haftreibungsbeiwert:	μ_0	[1]	0.4
Gleitreibungsbeiwert:	μ_1	[1]	0.1
Übergangsparameter:	λ	[s/m]	10.0
Normalkraft:	F_N	[N]	1000.0

4 Bewegungsgleichung für Reibschwingungen

Es wird vorausgesetzt, daß die Reibung von der *Relativgeschwindigkeit* v_r zwischen Schnecke und Trommel abhängt. Die Relativgeschwindigkeit lautet

$$v_r = r_S(\dot{\phi} - \Delta\Omega). \qquad (7)$$

Der Reibwert kann durch folgende von *Kauderer* [12] empirisch begründete Funktion beschrieben werden, siehe Bild 8

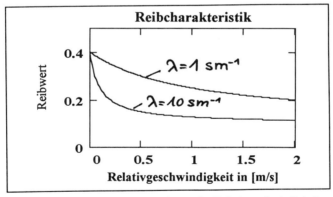

Bild 8: Reibwert in Abhängigkeit von der Relativgeschwindigkeit für zwei verschiedene Übergangsparameter

$$\mu(v_r) = \left(\frac{\mu_0 - \mu_1}{1 + \lambda|v_r|} + \mu_1\right). \qquad (8)$$

Nach dem üblichen COULOMBschen Ansatz ist die Reibkraft der Normalkraft F_N proportional

$$F_R(v_r) = -F_N\,\mu(v_r)\frac{v_r}{|v_r|}. \tag{9}$$

Das Minuszeichen drückt aus, daß die Reibkraft F_R immer entgegengesetzt der Relativgeschwindigkeit v_r wirkt.

Bei Verwendung eines reduzierten Massenträgheitsmomentes für Trommel und Schnecke von

$$J_{red} = \frac{J_S J_T}{J_S + J_T}, \tag{10}$$

läßt sich trotz elastischer Kopplung das System wieder auf einen Freiheitsgrad zurückführen. Es wird angenommen, daß Steckwelle und Planetengetriebe eine elastische Torsionssteifigkeit k_ϕ aufweisen. Weiterhin wird eine geschwindigkeitsabhängige Dämpfung d_ϕ in die Gleichungen mit aufgenommen.

Die Bewegungsgleichung lautet unter Verwendung des Drallsatzes

$$J_{red}\,\ddot\phi + d_\phi\,\dot\phi + k_\phi\,\phi = r_S\,F_N\,\mu(v_r)\frac{v_r}{|v_r|}. \tag{11}$$

Die Reibzahl hängt von der absoluten Größe der Relativgeschwindigkeit v_r in m/s ab. Um die Anschaulichkeit nicht zu verlieren, wurde hier auf translatorische Koordinaten in der Kontaktfläche übergegangen.

Die Grundrelativgeschwindigkeit u_0 in der Kontaktstelle infolge der Differenzdrehzahl ergibt sich wie folgt

$$u_0 := r_S \Delta\Omega = r_S\frac{\pi}{30}\Delta n. \tag{12}$$

Die Transformation auf translatorische Koordinaten geschieht wie folgt

$$\left.\begin{array}{rcl} x & := & r_S \phi \\ v & := & \dot x = r_S \dot\phi \\ a & := & \ddot x = r_S \ddot\phi \end{array}\right\}. \tag{13}$$

Das System wird durch die wirkenden Reibkräfte zu einer statischen Auslenkung gezwungen, um die anschließend die Schwingung stattfindet. Die Gleichgewichtsauslenkung lautet

$$x_{stat} = \frac{r_s^2 F_N}{k_\phi}\left(\frac{\mu_0 - \mu_1}{1 + \lambda u_0} + \mu_1\right). \tag{14}$$

Zur weiteren Normierung wird die Eigenzeit $\tau = \omega_0 t$ eingeführt. Dies dient insbesonders der dimensionslosen Darstellung der Dämpfung. Die Ableitungen ergeben sich wie folgt $\dot{(\,)} = \omega_0 (\,)'$.

Es sei aber darauf hingewiesen, daß durch den nichtlinearen Charakter des Problems keine Parameterreduktion hierdurch stattfindet.

Es entsteht folgendes nichtlineare Differentialgleichungssystem erster Ordnung.

$$\left.\begin{aligned} x' &= v, \\ v' &= -2D\,v - x - \beta\mu(v_r)\frac{v_r}{|v_r|}. \end{aligned}\right\} \quad (15)$$

Mit den folgenden Parametern

$$\left.\begin{aligned} \text{Eigenkreisfrequenz} \quad \omega_0 &= \sqrt{\frac{k_\phi}{J_{red}}}, \\ \text{L{\sc ehr}sches Dämpfungsmaß} \quad D &= \frac{1}{2}\frac{d_\phi}{\sqrt{J_S k_\phi}}, \\ \text{Belastungsparameter} \quad \beta &= \frac{r_S^2 F_N}{k_\phi}, \\ \text{Relativgeschwindigkeit} \quad v_r &= \omega_0 v - u_0 \end{aligned}\right\} \quad (16)$$

Man erkennt, daß es nicht mehr gelingt, wie bei linearen Systemen, die Eigenkreisfrequenz ω_0 zu eliminieren. Sie verbleibt im System zur Berechnung der Relativgeschwindigkeit.

5 Simulationsergebnisse

Infolge der *unstetigen* Reibkennlinie entsteht ein *nichtlineares*, Differentialgleichungssystem mit *variabler Struktur*, d.h. die Zahl der Zustandskoordinaten ändert sich im Laufe der Zeit es findet ein unstetiger Übergang auf Schaltflächen im Zustandsraum statt. Die Lösung des nichtlinearen Gleichungssystems erfolgt auf numerischem Weg.

Infolge der immer vorhandenen kleinen Störungen wird die instabile Gleichgewichtslage verlassen, die Schwingungen schaukeln sich auf, bis der stabile Grenzzyklus erreicht wird, siehe Bild 9.

Durch Einbringen viskoser (= geschwindigkeitsproportionaler) Dämpfung läßt sich daß Schwingungsverhalten positiv beeinflussen. Im Bild 9 ist die Rechnung mit erhöhter viskoser Dämpfung durchgeführt. Es zeigt sich, daß der Grenzzykel nicht mehr aufrecht erhalten werden kann und die Amplitude bis auf Null abnimmt. Viskose Dämpfung ist systembedingt in Hydraulikantrieben vorhanden, welche auch in der Praxis bei problematischen Produkten eingesetzt werden.

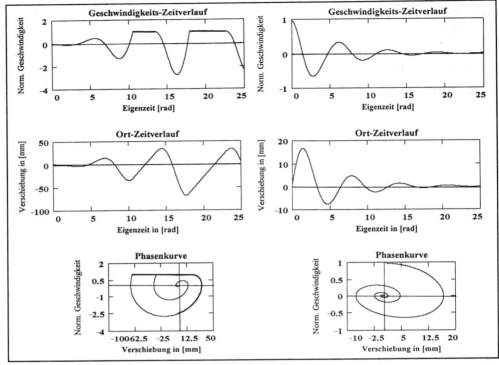

Bild 9: Geschwindigkeit und Verschiebung als Funktion der Zeit und Phasenkurve für das ungedämpfte und gedämpfte System

6 Zusammenfassung

Durch eine einfache Modellbildung kann aufgezeigt werden, daß das im Zentrifugenbau bekannte Schwingungsphänomen der "chattering" Schwingung als eine reibungsselbsterregte Torsionsschwingung abgebildet werden kann. Die Simulationsergebnisse zeigen, daß diese Erscheinung nur bei niedrigen Differenzdrehzahlen zu erwarten ist.

In der Praxis ist der der verteilte Angriff der Reibkräfte, die komplexere Steigungsgeometrie, die Änderung des Reibwertes mit zunehmender Entwässerung sowie die Elastizität der Wendeln und der Schnecke sowie mechanisches Spiel noch mit zu berücksichtigen, um diese Erscheinung auch quantitativ vorhersagen zu können.

Weiterhin reicht die Beschreibung des Feststoffes durch eine statische Kennlinie nicht aus. Erweiterungen können hier mit sogenannten instationären Kennlinien nach *Ruina* [9] durchgeführt werden.

7 Literatur

[1] Abraham, R.H.; Shaw, C.D.: *Dynamics — The Geometry of Behavior. Part.1: Periodic Behavior*. Santa Cruz: Aerial Press, 1982

[2] Amontons, G.: Über den Widerstand in Maschinen. In: *Memoires de l' Académie Royale* (1699), S. 203–222

[3] Bell, R.; Burdekin, M.: Dynamic Behaviour of Plain Slideways. In: *Proceedings of the Institutions of Mechanical Engineers 181 Part 1* **8** (1966–67), S. 169–184

[4] Bo, L.C.; Pavelescu, D.: The Friction-Speed Relation and its Influence on the Critical Velocity of Stick-Slip Motion. In: *Wear* **82** (1982), S.277–289

[5] Dieterich, J.H.: Modeling of Rock Friction, 1. Experimental Results and Constitutive Equations. In: *Journal of Geophysical Research.* **84** (1979), B5, S. 2161–2168

[6] Drescher, H.: Zur Mechanik der Reibung zwischen festen Körpern. In: *VDI-Zeitschrift* **101** (1959), S. 697–707

[7] Franke, J.: Über die Abhängigkeit der gleitenden Reibung von der Geschwindigkeit. In: *Civil-Ing.* (1882)

[8] Krause, H.; Poll, G.: *Mechanik der Festkörperreibung*. Düsseldorf: VDI-Verlag, 1980

[9] Ruina, A.: *Constitutive Relations for Frictional Slip*. Mechanics of Geomaterials, Edited by Z. Bazant, S. 169–188, John Wiley & Sons Ltd., 1985

[10] Coulomb, C.A.: Die Theorie einfacher Maschinen. In: *Memoires de mathematique et de physique de l'Acaedémie des Sciences.* **10** (1785), S. 161–331

[11] Franke, J.: Über die Abhängigkeit der gleitenden Reibung von der Geschwindigkeit. In: *Civil-Ing.* (1882)

[12] Kauderer, H.: *Nichtlineare Mechanik*. Berlin: Springer-Verlag, 1958

[13] Kragelski, I.W.: *Reibung und Verschleiß*. Berlin: VEB-Verlag Technik, 1971

[14] Popp, K.; Stelter, P.: Stick-Slip Vibrations and Chaos. In: *Philosophic Transactions of the Royal Society*, London, **A 332** (1990), S. 89-105.

[15] Magnus, K.: *Schwingungen*. Stuttgart: Teubner, 1961

[16] Sargent, L.B.: A Unified Theory of Friction. In: *ASLE Transactions* **17** (1974), S. 79–83

[17] Simkins, T.E.: The Mutuality of Static and Kinetic Friction. In: *Journal of the American Society of Lubrication Engineers* **23** (1967), S. 26–37

[18] Vogelpohl, G.: *Geschichte der Reibung — Eine vergleichende Betrachtung aus der Sicht der klassischen Mechanik*. Nr. 35, Düsseldorf: VDI-Verlag, 1981

Rotordynamische Probleme und deren Beurteilung bei schnellaufenden Verdichtergetrieben

von J. Althaus

1 Einleitung

Der in diesem Beitrag behandelte Getriebetyp ist in Bild 1 zu sehen. Er besteht aus einer Radwelle, die durch einen Elektromotor angetrieben wird und aus mehreren Ritzelwellen, an denen ein oder zwei Verdichterlaufräder direkt angeflanscht werden. Dabei sind Drehzahlübersetzungen von 1:20 realisierbar. Diese Mehrwellengetriebe werden in Turboverdichteranlagen z.B. in der Auto-, Stahlindustrie, Petrochemie oder Umwelttechnik eingesetzt, siehe auch [3].

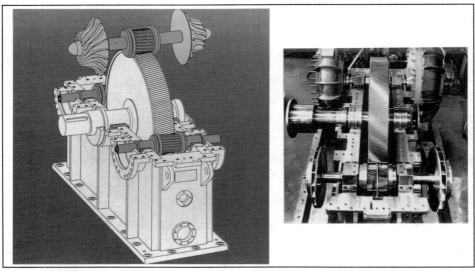

Bild 1: Mehrwellengetriebe für Verdichteranlagen

Die Ritzelwellen mit Drehzahlen bis zu 50000 1/min laufen meist zwischen der zweiten und dritten, zum Teil auch oberhalb der dritten kritischen Drehzahl (ebenes Modell). Aus diesem Grund muß im Konstruktionsstadium besonderes Augenmerk auf die Rotordynamik gelegt werden. Ein Hilfsmittel für den Konstrukteur stellt dabei der *Resonanzenergie-Faktor* dar, mit dem für jeden Eigenwert angegeben werden kann, ob dessen Eigenfrequenz durch Unwucht angeregt werden kann (kritische Drehzahl) und wie stark die Resonanz ausgeprägt ist.

Abschließend wird ein Schadensfall vorgestellt, bei dem durch umlaufende Reibungskräfte ein instabiler Zustand erzeugt wurde, der zu einem Bruch der Ritzelwelle führte.

2 Rotordynamisches Modell

Das Modell für die Getriebewellen besteht aus elastischen Wellen und Gleitlagern. Das prinzipielle Vorgehen und die miteinbezogenen Einflüsse werden im folgenden erläutert.

2.1 Wellenmodell

Als Wellenmodell dient ein kontinuierlicher elastischer Balken mit veränderlichen Durchmessern. Er wird über Ansatzfunktionen beschrieben, mit denen die Bewegungsmöglichkeiten bzw. Freiheitsgrade des Rotors vorgegeben werden. Diese Funktionen sind prinzipiell frei wählbar, müssen jedoch folgende Voraussetzungen erfüllen: Die geometrischen Randbedingungen müssen erfüllt sein (hier frei-frei), sie müssen linear unabhängig voneinander sein damit sie Freiheitsgrade darstellen und die Anzahl der Funktionen muß ausreichend groß sein.

Bei der numerischen Berechnung werden zunächst effizient handhabbare kubische Splines verwendet um die Eigenformen des vereinfachten Rotorsystems, bestehend aus Massen und Wellenelastizität, zu berechnen. Für das Gesamtmodell, das alle weiteren rotordynamisch relevanten Anteile enthält, werden diese Eigenformen in einem zweiten Schritt in deutlich verringerter Zahl (ca. 4-8) als Ansatzfunktionen verwendet (Modalreduktion). Damit ist sowohl eine genaue als auch zeitsparende Rechnung, insbesondere für numerische Integration oder Amplitudenverläufe möglich. Ausführliche Beschreibungen dazu finden sich in [1, 2, 6].

Eine Schwierigkeit bei der Modellierung stellen aufgeschrumpfte Teile wie z.B. Radscheibe oder Druckkamm dar. Ihr Beitrag zur Erhöhung der Steifigkeit ist weitaus geringer als entsprechend einstückige Ausführungen gleicher Abmessung. Da auf der anderen Seite erfahrungsgemäß zu "steif" modelliert wird (z.B. wegen Vernachlässigung des Schubeinflusses) werden aufgeschrumpfte Bauteile nur in ihrer Massenwirkung berücksichtigt.

Andererseits werden Verdichterlaufräder, die z.B. über Hirth-Verzahnungen angeflanscht werden, als durchgehende Welle modelliert. Hier kommt zugute, daß sich diese Verbindung in relativ großem Abstand von der Lagerstelle befindet und sich hier — wie aus der Krümmung der Eigenform (Bild 2) zu erkennen ist — vergleichsweise niedrige Biegemomente befinden.

2.2 Gleitlagermodell

Zur Berechnung der 2×2-Steifigkeits- und Dämpfungsmatrizen wird auf Gleitlagertabellen zurückgegriffen, die dimensionslose Koeffizienten in Abhängigkeit von der Sommerfeldzahl enthalten. Die Erstellung dieser Tabellen erfolgt durch numerische Lösung der Reynoldsgleichung, die die Druckverhältnisse im Schmierspalt des Gleitlagers beschribt, siehe [4]. Werden im voraus eine ausreichende Anzahl von Tabellen erstellt, ist eine sehr schnelle und — je nach Anzahl und Abstufung der Gleitlagertabellen — genaue Berechnung der Gleitlagereigenschaften möglich.

Zur Bestimmung des Betriebsspiels, das sich gegenüber dem Fertigungsspiel aufgrund der Temperaturerhöhung im Gleitlager verringert, wird eine vollständige Wärmebilanz im Gleitlager aufgestellt. Die Spieleinengung berechnet sich dann über empirisch gewonnene Gleichungen. Die genaue Erfassung der Gleitlagerkoeffizienten ist wichtig, da diese Bauteile die wesentliche Dämpfungsquelle im Rotorsystem darstellen.

3 Resonanzenergie-Faktor

3.1 Motivation

Für die Bestimmung der Resonanzfrequenzen kann man sich einer Eigenwertanalyse bedienen. Für eine einfache überschlägige Rechnung genügt es zunächst nur die Massen- und Steifigkeitsmatrix des ebenen Modells aufzustellen. Darin sind alle Massenwirkungen sowie die Wellen- und Lagersteifigkeiten enthalten. Man gewinnt daraus z.B. die ersten drei Eigenfrequenzen, die sofort als die ersten drei biegekritischen Drehzahlen aufgefaßt werden können (siehe auch Kap. 4, Critical Speed Map).

Bei genauerer Modellierung, die im Endstadium der Konstruktion unerläßlich ist, werden zusätzliche Einflüsse berücksichtigt: Kreiselwirkungen, 2×2-Steifigkeits- und Dämpfungsmatrizen von Gleitlagern (Anisotropie der Lagersteifigkeit und -dämpfung), gegebenenfalls auch nichtkonservative Kräfte aus Verdichterlaufrädern.

Bestimmt man nun die Eigenfrequenzen, erhält man wegen der Freiheitsgrade in beiden Richtungen senkrecht zur Rotorachse doppelt so viele Eigenfrequenzen wie beim obigen ebenen Modell. Bei isotroper Lagerung (näherungsweise bei Wälzlagern gegeben) würde sich aus einer Eigenfrequenz des ebenen Modells eine gleich- und eine gegenläufige Eigenform ergeben. Dies ist jedoch wegen der stark anisotropen Getriebelager nicht so ohne weiteres möglich.

Wie erkennt man nun, ob ein errechneter Eigenwert 'kritisch' ist, also durch Unwucht anregbar ist oder nicht? Die Berechnung eines Amplitudenverlaufs über der Drehzahl ist eine Möglichkeit. Oft ist es aber praktisch, den Eigenwert anhand eines einzelnen ihm zugeordneten Wertes zu beurteilen, z.B. für vom Rechner durchgeführte Optimierungen oder Einhalten bestimmter Konstruktionsgrenzwerte. Darin muß sowohl der Einfluß der Dämpfung als auch die Anregbarkeit durch Unwucht enthalten sein. Eine solche Kenngröße — Resonanzenergie-Faktor genannt — wird im folgenden vorgestellt.

3.2 Bestimmung des Resonanzenergie-Faktors

3.2.1 Definition

Der Resonanzenergie-Faktor α ergibt sich aus dem Quotienten von kinetischer Schwingungsenergie der in Resonanz befindlichen Eigenform, kurz Resonanzenergie E_{res} zu einer Bezugsenergie E_{bez}. Da die Geschwindigkeit quadratisch in die kinetische Energie eingeht, gilt

$$\alpha = \sqrt{\frac{E_{res}}{E_{bez}}} \quad \text{Resonanzenergie-Faktor.} \tag{1}$$

Diese Bezugsenergie kann man sich wie folgt vorstellen: Der Rotor wird als starre Welle angesehen, die um einen konstanten Unwuchtabstand e, dem Abstand des Massenmittelpunkts von der Drehachse, ausgelenkt ist und um die Drehachse mit der Winkelgeschwindigkeit Ω rotiert. Das theoretische Maß der Bezugsenergie erhält man somit aus

$$E_{bez} = \frac{1}{2} m v_{bez}^2 \quad \text{mit} \quad v_{bez} = e \cdot \Omega \quad . \tag{2}$$

Die Resonanzenergie wird nach einer ähnlichen Überlegung bestimmt. Im Unterschied zur Bezugsenergie ergibt sich hier die Geschwindigkeit aus der Unwuchtantwort des elastischen Rotors. Da diese Geschwindigkeit von der Rotor-Längskoordinate abhängt, erhält man die Resonanzenergie als Integral über der Längsachse z

$$E_{res} = \frac{1}{2} \int_L \left(\rho A(z) \cdot v^2(z) + \rho I_{ax}(z) \cdot \omega_{ax}^2(z) \right) dz \qquad (3)$$

mit der Dichte ρ, der Querschnittsfläche A und dem axialen Flächenträgheitsmoment I_{ax}. Der zweite Summand beschreibt die Kippbewegung des einzelnen Scheibenelements mit ω_{ax} als Kipp-(Dreh-)Geschwindigkeit senkrecht zur Rotorachse.

Die weitere Ableitung ist abhängig von der Art der mathematischen Beschreibung des Rotors. Beim Matrizen-Übertragungsverfahren kann das Integral durch Einzelsummen ersetzt werden. Bei dem hier verwendeten Verfahren eines kontinuierlichen elastischen Rotors wird die von der Zeit und der Längskoordinate abhängige Geschwindigkeit in vorgegebene Ansatzfunktionen $\boldsymbol{u}(z)$ und den Zeitvektor $\dot{\boldsymbol{q}}(t)$ zerlegt (Ritz-Ansatz),

$$v(z,t) = \boldsymbol{u}(z)^T \cdot \dot{\boldsymbol{q}}(t) \quad , \quad \omega_{ax}(z,t) = \boldsymbol{u}'(z)^T \cdot \dot{\boldsymbol{q}}(t) \quad , \quad \boldsymbol{u}' = \frac{d\boldsymbol{u}}{dz} \quad . \qquad (4)$$

$\boldsymbol{q}(t)$ ist gleichzeitig der Vektor der Minimalkoordinaten. In Gl. (3) eingesetzt erhält man nach kurzer Umformung

$$E_{res} = \frac{1}{2} \dot{\boldsymbol{q}}_i^T \cdot \int_L \left(\rho A \boldsymbol{u} \boldsymbol{u}^T + \rho I_{ax} \cdot \boldsymbol{u}' \boldsymbol{u}'^T \right) dz \cdot \dot{\boldsymbol{q}}_i = \frac{1}{2} \dot{\boldsymbol{q}}_i^T \cdot \boldsymbol{M} \cdot \dot{\boldsymbol{q}}_i \qquad (5)$$

wobei $\boldsymbol{M}$ die Massenmatrix des Rotorsystems darstellt, vgl. [1, 2, 6]. Für den Geschwindigkeitsvektor wird nur noch der Anteil verwendet, der aus der Unwuchtantwort bei in Resonanz befindlichem i-ten Eigenwert resultiert. Darauf wird im folgenden näher eingegangen.

3.2.2 Bestimmung der Resonanzgeschwindigkeit des i-ten Eigenwerts

Um den i-ten Eigenwert herauszugreifen, geht man zweckmäßigerweise in den modalen Zustandsraum über. Aus der Bewegungsgleichung des Rotors mit der Massenmatrix $\boldsymbol{M}$ und den Matrizen $\boldsymbol{P}$ und $\boldsymbol{Q}$ für die geschwindigkeits- und wegabhängigen Terme ergibt sich

$$\dot{\boldsymbol{z}} = \boldsymbol{A} \cdot \boldsymbol{z} + \boldsymbol{b} \quad , \quad \boldsymbol{A} = \begin{bmatrix} 0 & \boldsymbol{E} \\ -\boldsymbol{M}^{-1}\boldsymbol{Q} & -\boldsymbol{M}^{-1}\boldsymbol{P} \end{bmatrix} \quad , \quad \boldsymbol{z} = \begin{bmatrix} \boldsymbol{q} \\ \dot{\boldsymbol{q}} \end{bmatrix} \qquad (6)$$

$$\dot{\hat{\boldsymbol{z}}} = \hat{\boldsymbol{A}} \cdot \hat{\boldsymbol{z}} + \hat{\boldsymbol{b}}$$

$$\text{mit} \quad \hat{\boldsymbol{A}} = \boldsymbol{X}^{-1} \cdot \boldsymbol{A} \cdot \boldsymbol{X}, \; \hat{\boldsymbol{z}} = \boldsymbol{X}^{-1} \cdot \boldsymbol{z}, \; \hat{\boldsymbol{b}} = \boldsymbol{X}^{-1} \cdot \boldsymbol{b} \qquad (7)$$

$$\boldsymbol{A} \in \mathbb{R}^{n,n}, \quad \boldsymbol{b}, \boldsymbol{z} \in \mathbb{R}^n, \quad \hat{\boldsymbol{A}}, \hat{\boldsymbol{X}} \in \mathbb{C}^{n,n}, \quad \hat{\boldsymbol{b}}, \hat{\boldsymbol{z}} \in \mathbb{C}^n$$

wobei $\boldsymbol{X}$ die Modalmatrix der Zustandsmatrix $\boldsymbol{A}$ darstellt.

Der Anregungsvektor $\boldsymbol{b}$ enthält die Unwuchtkräfte und lautet in komplexer Schreibweise

$$\boldsymbol{b} = \begin{bmatrix} 0 \\ \boldsymbol{h} \end{bmatrix} \quad , \quad \boldsymbol{h} = \Omega^2 e \cdot \begin{bmatrix} \boldsymbol{u}_s + j\boldsymbol{u}_c \\ -\boldsymbol{u}_c + j\boldsymbol{u}_s \end{bmatrix} \qquad (8)$$

$$\boldsymbol{u}_s = \int_L \rho A(z)\boldsymbol{u}\cdot\sin\phi(z)\,dz, \quad \boldsymbol{u}_c = \int_L \rho A(z)\boldsymbol{u}\cdot\cos\phi(z)\,dz$$

$$\boldsymbol{b}\in\mathbb{C}^n, \quad \boldsymbol{h}\in\mathbb{C}^{2f}, \quad \boldsymbol{u}_s,\boldsymbol{u}_c\in\mathbb{C}^f, \quad n=4f.$$

Der Winkel ϕ gibt die Lage der Unwuchtmasse auf dem Rotorumfang in Abhängigkeit von der Rotorlängskoordinate z an. Hier stellt sich die Frage nach der Unwuchtverteilung. Sie muß so gewählt werden, daß möglichst alle Eigenformen angeregt werden. Dies kann gelöst werden, indem zunächst der Unwuchtradius ϵ konstant über der Rotorlänge gesetzt wird. Der Winkel ϕ wird dann auf jeder einzelnen Seite der Verzahnung ebenfalls konstant gesetzt, beide Seiten jedoch gegeneinander um $90°$ verdreht. Dadurch wird verhindert, daß sich die Unwuchtkräfte bei symmetrischen Eigenformen aufheben.

Die komplexe Unwuchtantwort $\boldsymbol{z}$ kann über die Frequenzgangmatrix $\boldsymbol{F}$ bestimmt werden, siehe [5]

$$\boldsymbol{z} = \boldsymbol{F}^{-1}\cdot\boldsymbol{b}, \quad \boldsymbol{F} = j\Omega\boldsymbol{E} - \boldsymbol{A}, \quad \boldsymbol{F}\in\mathbb{C}^{n,n}, \quad \boldsymbol{z}\in\mathbb{C}^n. \tag{9}$$

Modaltransformiert erhält man die einfachen Beziehungen

$$\hat{\boldsymbol{z}} = \hat{\boldsymbol{F}}^{-1}\cdot\hat{\boldsymbol{b}} \tag{10}$$

$$\hat{\boldsymbol{F}} = i\Omega\boldsymbol{E} - \hat{\boldsymbol{A}} = \mathrm{diag}(j\Omega - \lambda_i), \quad \lambda_i = \delta_i + j\omega_i \tag{11}$$

$$\hat{\boldsymbol{F}}^{-1} = \mathrm{diag}\left(\frac{-\delta + j(\omega - \Omega)}{\delta^2 + \omega^2 + \Omega^2 - 2\omega\Omega}\right)_i.$$

Für rein reelle Eigenwerte wird $\omega_i = 0$ gesetzt, für die konjugiert komplexen Anteile $\omega_i < 0$. Für Ω als Anregungsfrequenz wird diejenige Frequenz gewählt, bei der der Eigenwert die größte Amplitude aufweist,

$$\Omega = \frac{\omega}{1 - 3D^2 + 2D^4}, \quad D = \frac{-\delta}{\sqrt{\delta^2 + \omega^2}}. \tag{12}$$

Damit ist Gl. (10) entkoppelt und es kann der i-te Eigenwert mit seinem Rechtseigenvektor $\boldsymbol{x}_{R,i}$ als Spalte von $\boldsymbol{X}$ und seinem Linkseigenvektor $\boldsymbol{x}_{L,i}$ als Zeile von $\boldsymbol{X}^{-1}$ einzeln betrachtet werden. Aus obigen Gleichungen erhält man schließlich

$$\hat{z}_i = \left(\frac{-\delta + j(\omega - \Omega)}{\delta^2 + \omega^2 + \Omega^2 - 2\omega\Omega}\right)_i\cdot\boldsymbol{x}_{L,i}^T\boldsymbol{b} \tag{13}$$

und für die gesuchte Resonanzgeschwindigkeit $\dot{\boldsymbol{q}}$

$$\boldsymbol{z}_i = \begin{bmatrix}\overline{\boldsymbol{q}}\\ \dot{\overline{\boldsymbol{q}}}\end{bmatrix}_i = \boldsymbol{x}_{R,i}\cdot\hat{z}_i, \quad \dot{\boldsymbol{q}}_i = |\dot{\overline{\boldsymbol{q}}}|_i \tag{14}$$

Zusammengefaßt erhält man den Resonanzenergie-Faktor für den i-ten Eigenwert über

$$\alpha_i = \sqrt{\frac{\dot{\boldsymbol{q}}_i^T \boldsymbol{M}\dot{\boldsymbol{q}}_i}{m\epsilon^2\Omega^2}}. \tag{15}$$

Da $\dot{\boldsymbol{q}}$ linear vom Unwuchtabstand ϵ abhängt, ist α nicht von der Größe der Unwucht, sondern nur von deren Verteilung (Winkel ϕ) abhängig. Für ϕ kann der obige Vorschlag verwendet werden. Ab einem Wert von $\alpha > 1$ kann der Eigenwert als kritische Drehzahl angesehen werden.

4 Rotordynamische Beurteilung im Konstruktionsstadium

Bei den hier beschriebenen Einzelgetrieben werden aus Gründen der Effizienz die Rotordynamikberechnungen durch die Konstrukteure selbst durchgeführt und nur in Sonderfällen spezialisierte Fachleute hinzugezogen. Um diese Aufgabe zu erfüllen, bedarf es geeigneter Handwerkszeuge in einer entsprechenden Softwareumgebung.

Die Getriebe haben in der Regel feste Betriebsdrehzahlen, aber oft verschiedene Lastzustände. Da die Gleitlagerkoeffizienten stark von der Last abhängen, ist es nötig die wesentlichen Lastzustände rotordynamisch zu berechnet. Hinzu kommt der betriebsinterne Probelauf, der ohne Verdichterlaufräder durchgeführt wird.

Ein von Kunden vielfach gewünschtes Standard-Beurteilungsdiagramm für Getriebe ist die *Critical Speed Map* aus der API-Norm 613 (American Petroleum Institute). Darin werden die ungedämpften Eigenfrequenzen des ebenen Systems über der Lagersteifigkeit im doppelt logarithmischen Maßstab dargestellt, siehe Bild 2. Beide Lager werden also nur durch *einen* Lagersteifigkeitswert beschrieben. Kreiselwirkungen werden ebenfalls nicht berücksichtigt. Mit diesem Diagramm läßt sich überschlägig die Nähe zu kritischen Drehzahlen in Abhängigkeit der Last beurteilen. Darüberhinaus können aber auch — trotz der erheblichen Vereinfachungen im Modell — Aussagen über die Dämpfung getroffen werden. Als Vergleich sind in Bild 2 zusätzlich Eigenformen und Lehr'sche Dämpfungen für 0% und 100% Last abgebildet. Sie wurden mit dem vollständigen Modell einschließlich der Dämpfung gerechnet. Die senkrechten Striche bei den Eigenformen kennzeichnen die Lagerstellen.

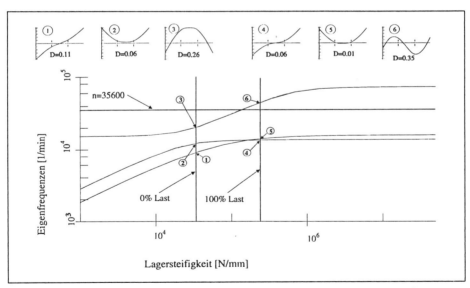

Bild 2: Eigenfrequenzen über der Lagersteifigkeit (Critical Speed Map aus API-Norm 613) und zugehörige Eigenformen mit Lehr'scher Dämpfung

Zu Beginn des Verlaufs bei niedrigen Steifigkeitswerten in Bild 2 steigen die Eigenfrequenzen der *ersten zwei* Moden mit konstanter Steigung an. Die Eigenfrequenzen sind hier nur von der Wurzel der Lagersteifigkeit abhängig. Damit handelt es sich um Starrkörper-Schwingungsformen, die Auslenkungen an den Lagerstellen und damit hohe Dämpfungen besitzen, vgl. Eigenformen und Dämpfungen in Bild 2. Umgekehrt ist bei hoher Lagersteifigkeit die Eigenfrequenz nur noch gering von der Lagersteifigkeit abhängig. Die Dämpfungswirkung des Gleitlagers auf den Rotor reduziert sich hier erheblich, da in den Lagern nur sehr wenig Bewegung stattfindet. Für die Dämpfung der *dritten* Eigenformen bei niedriger Lagersteifigkeit läßt sich keine Aussage mehr machen. Im mittleren Steifigkeitsbereich bei konstantem Anstieg herrscht aus obigen Gründen gute, danach im erneut waagrechten Bereich schlechte Dämpfung.

Die bei BHS durchgeführten lastlosen Probeläufe ohne Laufradmassen sind bei Drehzahlen unterhalb der 3. Eigenfrequenz aus rotordynamischer Sicht in der Regel unproblematisch, da die niedrige Lagersteifigkeit, wie oben beschrieben, zu guter Dämpfung führt. Wie Rechnung und Erfahrung zeigen können die Ritzel im Extremfall direkt in der Resonanz betrieben werden. Von der 3. Eigenfrequenz muß allerdings stets ein Mindestabstand eingehalten werden, da die Lager in der Nähe des Schwingungsknotens liegen können und dadurch schlechte Dämpfung vorliegt. Oberhalb der 3. Eigenfrequenz kommt hinzu, daß eine einfache Starrkörperwuchtung bei niedriger Drehzahl nicht mehr ausreichend ist. In diesem Bereich muß für eine ausreichende Laufruhe im werksinternen Probelauf die Welle an mehr als zwei Ebenen ausgewuchtet werden (das eigentliche Auswuchten erfolgt beim Kunden, da erst hier die Laufräder angeflanscht werden). Man erkennt, daß mit der aus einem einfachen Wellenmodell entstandenen Critical Speed Map bereits eine Reihe von Aussagen getroffen werden können. Zusätzlich zu den Vorschriften dieser Norm sollte jedoch die Kreiselwirkung berücksichtigt werden, wobei im Diagramm nur die gleichläufigen Eigenformen aufzutragen wären.

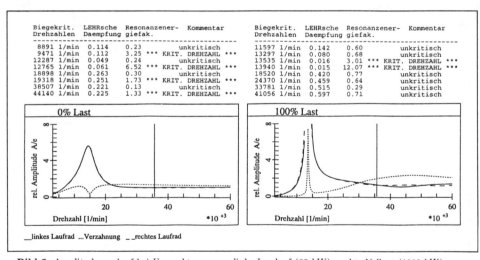

Bild 3: Amplitudenverlauf bei Unwuchterregung: links Leerlauf (20 kW), rechts Vollast (1000 kW)

Für dieselbe Ritzelwelle wie in Bild 2 sind in Bild 3 die Amplitudenverläufe über der Frequenz der Unwuchterregung aufgetragen. Dazu ist in den Diagrammen die Auflistung der ersten 8 Eigenwerte der Ritzelwelle für Betriebsdrehzahl 35600 1/min mit Lehr'scher Dämpfung und dem in Kap. 3 beschriebenen Resonanzenergie-Faktor α angegeben. Im Leerlauf sind die Lager noch nahezu isotrop. Deshalb ist eine Aufspaltung in Gleich- und Gegenlauf festzustellen. Bei Vollast gelingt dies nicht mehr. Es ist auch zu erkennen, daß der Resonanzenergie-Faktor α ein Maß für die Höhe der Resonanz darstellt.

Für den Konstrukteur können allein aus der Auflistung der Eigenwerte Kriterien für die rotordynamische Beurteilung abgeleitet werden, z.B.:

1. $\alpha > 1$ bedeutet eine kritische Drehzahl. Die Betriebsdrehzahl muß stets einen Mindestabstand von z.B. 20% von jeder so definierten kritischen Drehzahl besitzen.
2. Als Sicherheit gegen äußere Anregungen (Fluidkräfte am Laufrad, Fundamentschwingungen usw.) muß jeder Eigenwert mindestens eine Lehr'sche Dämpfung von z.B. $D = 0.03$ besitzen.

Für die Beeinflussung der Rotordynamik stehen dem Konstrukteur verhältnismäßig wenige Parameter zur Verfügung. In der Regel liegen die äußeren Abmessungen (Größe und Position der Verdichterlaufräder, Dichtungsdurchmesser usw.) bereits fest. Größere Verschiebungen der Eigenfrequenzen lassen sich nur durch Ändern des Wellendurchmessers an den Lagern erzielen. Um die Dämpfung zu erhöhen muß versucht werden, die Lagersteifigkeit gegenüber der Wellensteifigkeit zu verringern um dadurch größere Auslenkungen der Eigenformen an den Lagern zu erreichen. Dies läßt sich beispielsweise durch größeres Lagerspiel erreichen.

Es treten jedoch vor allem im lastlosen Probelauf immer wieder Schwingungsprobleme auf, die mit dem oben beschriebenen Modell nicht oder nur schwer im voraus zu erkennen sind. Beispielsweise spielt bei sehr niedrigen Sommerfeldzahlen des Gleitlagers (geringe Last) der Tascheneinfluß eine größere Rolle. Vor allem die Dämpfungswerte können dadurch sehr ungenau beschrieben sein (zum Teil Faktor 2).

Die Verzahnung stellt ein Kopplungsglied zwischen Biegung und Torsion von Rad- und Ritzelwelle dar. In den meisten Fällen ist der Einfluß gering, da die Eigenformen nur sehr geringe Auslenkungen an der Verzahnungsstelle besitzen, vgl. Bild 2. In ungünstigen Fällen können sich jedoch Eigenfrequenzen und Dämpfungen verändern oder sich Anregungen bzw. Zwänge aus der Verzahnungen durch unzureichende Verzahnungsqualität ergeben.

Durch die Strömung an den Verdichterlaufrädern entstehen Kräfte, die sowohl externe Anregungen (erzwungene Schwingungen, Gefahr von Resonanz) als auch Destabilisierung (Spalterregung, Gefahr der Instabilität im Sinne eines positiven Realteils eines Eigenwerts) hervorrufen können.

Auch sind Kupplungen teilweise die Quelle für Schwingungen an den Getriebewellen. Hierbei können umlaufende Reibungs- oder Dämpfungskräfte einen Einfluß haben, der meist vernachlässigt wird. In einem aufgetretenen Schadensfall beim werksinternen Probelauf führte diese Kraft in Verbindung mit ungünstigen Randbedingungen zu einer Zerstörung der Ritzelwelle, wie nachfolgend beschrieben wird.

5 Destabilisierung durch umlaufende Reibungskräfte

Das Getriebe besteht aus einer Radwelle und einer Ritzelwelle, an die im Betrieb über eine Microspline-Verbindung ein Verdichterlaufrad angeflanscht wird. Im Probelauf wurde anstelle des Laufrades ein Laufraddummy mit gleicher Masse verwendet, um — wie vom Kunden gewünscht — das rotordynamische Verhalten genauer zu erfassen, siehe Bild 4. Am Dummy wurde über eine Kunststoffkupplung ein Zwischengetriebe angeschlossen um damit einen Generator zur Aufbringung einer Bremsleistung anzutreiben. Dummy und Kupplung wurden über eine Kupplungsverzahnung verbunden. Bei stetigem Erhöhen der Bremsleistung stellte sich plötzlich bei etwa der halben geplanten Bremsleistung ein deutlich hörbares Brummen ein. Beim Versuch, die Brummfrequenz zu messen, brach die Ritzelwelle an der Lagerstelle ab.

5.1 Rotormodell

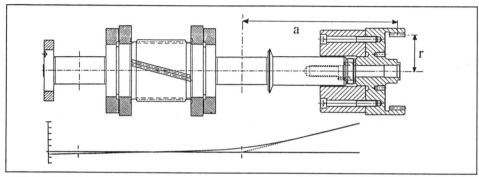

Bild 4: links: Ritzelwelle mit 1. Eigenform bei Halblast.

Das Augenmerk richtet sich auf die 1. kritische Drehzahl bei etwa 8000 1/min. Die genaue Frequenz ist von der übertragenen Bremsleistung abhängig. Die Schwingungsform ist in Bild 4 zu sehen. Die Eigenfrequenz ist maßgeblich von der Masse des Dummys und der Biegesteifigkeit der Welle am Lager geprägt.

Wird die 1. Eigenform der Ritzelwelle angeregt, entstehen an der Kupplungsverzahnung aufgrund der Kippbewegung des Dummys Reibungskräfte in axialer Richtung, die wiederum die Biegeschwingungen beeinflussen. Linearisiert wirken diese geschwindigkeitsabhängigen Reibungskräfte wie eine umlaufende (innere) Dämpfung. Durch den überkritischen Lauf der mit 13000 1/min laufenden Ritzelwelle ist eine notwendige Bedingung für die Destabilisierung durch umlaufende Dämpfung erfüllt.

In Eigenwertrechnungen wurde diese umlaufende Dämpfung einbezogen und ihr Parameter d_i so bestimmt, daß gerade die Grenze zur Instabilität erreicht wurde. Es ergab sich ein Wert von $d_i = 1.5 \text{Ns/mm}$, der in etwa 1/30 der Dämpfung des Gleitlagers (Kippsegment) entspricht. Bei einer gemessenen Schwinggeschwindigkeit von $v = 24 \text{mm/s}$ am Dummy erhält man theoretisch eine umlaufende radiale Dämpfungskraft von 36N, mit der sich das Ritzel an der Grenze zur Instabilität befindet. Dieser auf den ersten Blick niedrig erscheinende Wert wird nachfolgend über die vorliegenden Reibungsverhältnisse abgeschätzt.

5.2 Abschätzung der Reibungskräfte

An der Kupplungsverzahnung wirkt eine über den Umfang verteilte Reibkraft F_{reib}, die vom übertragenen Drehmoment M und vom Reibkoeffizient μ abhängt. Wird F_{reib} auf eine Wirkrichtung projiziert, erhält man eine Axialkraft F_a, die für die vereinfachte 1. Eigenform (gestrichelte Linie in Bild 4) in eine Radialkraft F_r umgerechnet werden kann. Mit den Werten

$M = 132 Nm$ (Halblast), $r = 60mm$, $a = 250mm$ und $\mu = 0.1$ ergibt sich

$$F_r = \frac{r}{a} \cdot F_a = \frac{r}{a} \cdot \frac{2}{\pi} \cdot F_{reib} = \frac{r}{a} \cdot \frac{2}{\pi} \cdot \mu \cdot \frac{M}{r} = 33.6 N \qquad (16)$$

Dies stimmt sehr gut mit dem oben aus der Eigenwertrechnung gewonnenen Wert von 36 N überein. Bei niedriger Leistung verringern sich die Reibungskräfte und erhöht sich die Lagerdämpfung. Somit erklärt sich, daß erst ab einer bestimmten Leistung Instabilität auftritt.

Die Torsionsanalyse des gesamten Antriebstranges ergab eine Eigenfrequenz nahe der Biegeeigenfrequenz von ca. 8000 1/min mit einer großen Torsionsverformung an der Kunststoffkupplung. Diese wurde wahrscheinlich durch die Instabilität am Dummy angeregt und führte zum Bruch der Kupplung. Wegen der sich dadurch ergebenden extremen Unwuchtkräfte brach die Welle an der Lagerstelle, dem Ort der höchsten Biegespannungen, ab.

6 Zusammenfassung

Wegen der hohen Ritzeldrehzahlen muß bei der Konstruktion von Verdichtergetrieben besonderes Augenmerk auf die Rotordynamik gelegt werden. Für die Beurteilung, ob ein errechneter Eigenwert eine kritische Drehzahl darstellt, kann der Resonanzenergie-Faktor herangezogen werden. Die Ergebnisse wurden mit Frequenzgangrechnungen verglichen. Es treten jedoch immer wieder Schwingungsprobleme auf, die auf vernachlässigte Einflüsse zurückzuführen sind. Erst wenn die ursächlichen Zusammenhänge verstanden werden, können geeignete konstruktive Gegenmaßnahmen getroffen werden.

7 Literatur

[1] ALTHAUS, J.: Eine aktive hydraulische Lagerung für Rotorsysteme. Fortschritt–Berichte VDI, Reihe 11, NR. 154, VDI–Verlag, Düsseldorf, 1991.

[2] BREMER, H.; PFEIFFER, F.: Elastische Mehrkörpersysteme. Teubner Verlag, Stuttgart, 1992.

[3] FIGEL, K.: Auslegung von Mehrwellengetrieben für Turboverdichter. Antriebstechnik 33, Nr. 6, 1994.

[4] GLIENICKE: Programmsystem ALPE, ALPT zur Rechnung der statischen und dynamischen Kennwerte von Gleitlagern. FVV-Forschungsvorhaben Nr. 193, Heft 292.

[5] MÜLLER, P.C.; SCHIEHLEN, W.O.: Lineare Schwingungen. Akademische Verlagsgesellschaft, Wiesbaden, 1976.

[6] ULBRICH, H.: Dynamik und Regelung von Rotorsystemen. Fortschritt-Berichte VDI, Reihe 11, NR. 86, VDI–Verlag, Düsseldorf, 1986.

Zur Berechnung der Eigenschwingungen von Strukturen mit periodisch zeitvarianten Bewegungsgleichungen

von M. Ertz, A. Reister und R. Nordmann

1 Einleitung

Die mathematische Beschreibung von unsymmetrischen Rotoren auf einem elastischen Fundament führt im allgemeinen auf zeitvariante Bewegungsgleichungen. Bei stationärer Drehzahl Ω werden die Koeffizienten der Systemmatrizen periodisch zeitvariant [2].

Die Anzahl der periodischen Koeffizienten hängt von der Formulierung des Problems ab. Wenn man die Bewegungsgleichungen für den Rotor in einem mitrotierenden Koordinatensystem aufstellt und die für das Fundament in einem raumfesten, so treten periodische Koeffizienten nur in den Freiheitsgraden auf, in denen die beiden Teilstrukturen gekoppelt sind. Die Zeitvarianz läßt sich nur dann vermeiden, wenn eine Teilstruktur, bei einem unsymmetrischen Rotor also das Fundament, in der Koppelstelle rotationssymmetrisch ist [2].

Zur Behandlung von zeitinvarianten Bewegungsgleichungen steht die Methode der modalen Analyse zur Verfügung. Die Eigenwerte und Eigenvektoren eines Systems, die auch als modale Parameter bezeichnet werden, erhält man aus der Lösung eines Eigenwertproblems. Mit ihnen ist eine physikalisch anschauliche Interpretation des Systemverhaltens möglich. Zur Berechnung erzwungener Schwingungen läßt sich ein System von N gekoppelten Differentialgleichungen mit Hilfe der Eigenvektoren in N entkoppelte Gleichungen transformieren [1].

Bei zeitvarianten Bewegungsgleichungen ist die Anwendung der modalen Analyse in der bekannten Form nicht möglich. In diesem Fall wird für die Stabilitätsuntersuchung bevorzugt das Verfahren von Floquet verwendet. Es liefert jedoch keine vollständige homogene Lösung, sondern beantwortet nur die Stabilitätsfrage [2].

In der vorliegenden Arbeit wird, ausgehend von den in [6] beschriebenen Erfahrungen, das Verfahren von Hill untersucht, mit dem sich die vollständige homogene Lösung eines periodisch zeitvarianten Bewegungsgleichungssystems finden läßt. Die periodisch zeitvarianten Systemmatrizen werden in Fourierreihen entwickelt. Mit einem Fourier-Ansatz für die Lösung gelangt man zu einem theoretisch unendlich großen Eigenwertproblem, das aber nach einer endlichen Zahl von Gliedern abgebrochen werden kann. Das Ergebnis sind auch hier Eigenwerte und Eigenvektoren. Allerdings sind die Eigenvektoren selbst wieder periodisch zeitvariant.

2 Die Bewegungsgleichungen der unrunden Welle

Die anisotrop gelagerte, mit konstanter Drehzahl Ω rotierende Welle mit unsymmetrischem Querschnitt (Bild 1) führt auf ein Bewegungsgleichungssystem mit periodisch zeitvarianten Koeffizienten. Sie wird in dieser Arbeit mit dem Verfahren von Hill zur Lösung von periodisch zeitvarianten Differentialgleichungen untersucht.

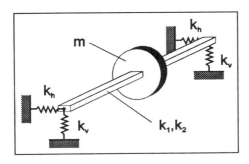

Bild 1 Modell einer anisotrop gelagerten Welle mit unsymmetrischem Querschnitt

Das einfachste Modell eines biegeelastischen Rotors ist die sogenannte Lavalwelle. Sie besteht aus einer starren Scheibe mit der Masse m und einer elastischen masselosen Welle. Wenn man annimmt, daß sich die Scheibe im ausgelenkten Zustand nicht schrägstellt, so kann die Kreiselwirkung durch Rotation vernachlässigt werden [3].

Im folgenden wird eine Lavalwelle mit unterschiedlichen Biegesteifigkeiten k_1 und k_2 in zwei zueinander senkrechten Richtungen betrachtet. Werden die Lager zunächst als starr angenommen, so läßt sich der Läufer durch ein Einmassenmodell mit zwei Freiheitsgraden beschreiben. In diesem Fall besitzen die Bewegungsgleichungen konstante Koeffizienten, wenn sie in einem mitrotierenden Koordinatensystem aufgestellt werden. Mit dieser Vorgehensweise ist das Verhalten der unrunden Lavalwelle in starren Lagern bereits ausführlich untersucht worden [3].

Stellt man die Bewegungsgleichungen dagegen im raumfesten Koordinatensystem auf, so sind die Steifigkeitskoeffizienten periodisch mit der doppelten Wellendrehzahl. Diese Formulierung der Bewegungsgleichungen wird als erstes Beispiel für die Anwendung des untersuchten Lösungsverfahrens herangezogen, da die Ergebnisse hier mit den bekannten Lösungen aus [3] verglichen werden können.

Die Bewegungsgleichungen für freie Schwingungen lauten:

$$\begin{Bmatrix} \ddot{z}_1 \\ \ddot{z}_2 \end{Bmatrix} + \begin{bmatrix} \omega^2(1-\mu\cos 2\Omega t) & -\mu\omega^2 \sin 2\Omega t \\ -\mu\omega^2 \sin 2\Omega t & \omega^2(1+\mu\cos 2\Omega t) \end{bmatrix} \begin{Bmatrix} z_1 \\ z_2 \end{Bmatrix} = \begin{Bmatrix} 0 \\ 0 \end{Bmatrix} \tag{1}$$

mit den raumfesten Freiheitsgraden z_1 und z_2 für die horizontale und vertikale Auslenkung der Scheibe sowie den Abkürzungen $\omega^2 = \dfrac{k_1+k_2}{2m}$ und $\mu = \dfrac{k_2-k_1}{k_1+k_2}$.

Dabei kann ω als Eigenfrequenz einer Welle mit einer mittleren Biegesteifigkeit aufgefaßt werden, während μ ein Maß für die Unsymmetrie in der Steifigkeit ist [3].

Durch Übergang auf die dimensionslose Zeit $\tau = \omega\, t$ und die bezogene Drehzahl $w = \Omega / \omega$ läßt sich Gl. (1) auch in dimensionsloser Form angeben:

$$\begin{Bmatrix} z_1'' \\ z_2'' \end{Bmatrix} + \begin{bmatrix} 1 - \mu\cos 2w\tau & -\mu\sin 2w\tau \\ -\mu\sin 2w\tau & 1 + \mu\cos 2w\tau \end{bmatrix} \begin{Bmatrix} z_1 \\ z_2 \end{Bmatrix} = \begin{Bmatrix} 0 \\ 0 \end{Bmatrix} \quad \text{mit} \quad (...)' = \frac{d}{d\tau}(...) \qquad (2)$$

Die periodisch zeitvariante Steifigkeitsmatrix kann mit Hilfe der komplexen Exponentialfunktion dargestellt werden:

$$K(t) = \begin{bmatrix} 1 & 0 \\ 0 & 1 \end{bmatrix} + e^{+i2w\tau} \cdot 0.5 \cdot \begin{bmatrix} -\mu & i\mu \\ i\mu & \mu \end{bmatrix} + e^{-i2w\tau} \cdot 0.5 \cdot \begin{bmatrix} -\mu & -i\mu \\ -i\mu & \mu \end{bmatrix} \qquad (3)$$

Wenn man die anisotropen elastischen Lager mit in die Betrachtung einbezieht, so erhält man in jedem Fall periodisch zeitvariante Koeffizienten in den Bewegungsgleichungen.

3 Der Ansatz von Hill zur Lösung von periodisch zeitvarianten Differentialgleichungen

Die allgemeine Form eines linearen periodisch zeitvarianten Bewegungsgleichungssystems mit der Periodendauer T und den Matrizen $M(t)=M(t+T)$, $D(t)=D(t+T)$ und $K(t)=K(t+T)$ lautet

$$M(t) \cdot \ddot{u}(t) + D(t) \cdot \dot{u}(t) + K(t) \cdot u(t) = p(t) \qquad (4)$$

Dieses Differentialgleichungssystem zweiter Ordnung wird zur weiteren Behandlung in ein doppelt so großes System erster Ordnung, die sogenannte Zustandsgleichung, umgeformt:

$$\dot{x}(t) - A(t) \cdot x(t) = f(t) \qquad (5)$$

mit $\quad A(t) = \begin{bmatrix} -M^{-1}(t) \cdot D(t) & -M^{-1}(t) \cdot K(t) \\ I & 0 \end{bmatrix}$

und $\quad x(t) = \begin{Bmatrix} \dot{u}(t) \\ u(t) \end{Bmatrix} \qquad f(t) = \begin{Bmatrix} M^{-1}(t) \cdot p(t) \\ 0 \end{Bmatrix}$

Die Matrix $A(t)$ ist periodisch zeitvariant mit der Kreisfrequenz $\Omega = 2\pi/T$. Deshalb kann sie in eine Fourierreihe mit konstanten Matrizen A_a entwickelt werden:

$$A(t) = A(t+T) = \sum_{a=-\infty}^{+\infty} A_a \cdot e^{ia\Omega t} \qquad (6)$$

Das Eigenschwingungsverhalten einer Struktur wird durch die Lösung des homogenen Bewegungsgleichungssystems beschrieben. Dazu setzt man $p(t) = 0$ in Gl. (5). Das Theorem von Floquet für eine homogene Differentialgleichung mit periodischen Koeffizienten besagt, daß solche Gleichungen Lösungen besitzen, die aus dem Produkt einer Exponentialfunktion und einer periodischen Funktion bestehen [4].

Für die Lösung macht man deshalb hier den Ansatz

$$x_k(t) = e^{\lambda_k t} \cdot r_k(t) \qquad \text{mit} \qquad r_k(t) = \sum_{j=-\infty}^{+\infty} r_{k,j} \cdot e^{ij\Omega t} \qquad (7)$$

als Produkt aus zwei zeitabhängigen Funktionen, wobei $r_k(t)$ als zeitabhängiger Eigenvektor wiederum periodisch sein soll und als Fourierreihe mit den konstanten Subvektoren $r_{k,j}$ dargestellt wird.

Eingesetzt in Gl.(5) erhält man

$$\lambda_k \cdot \sum_{j=-\infty}^{+\infty} r_{k,j} \cdot e^{ij\Omega t} + \sum_{j=-\infty}^{+\infty} ij\Omega\, r_{k,j} \cdot e^{ij\Omega t} - \sum_{a=-\infty}^{+\infty} A_a \cdot e^{ia\Omega t} \sum_{j=-\infty}^{+\infty} r_{k,j} \cdot e^{ij\Omega t} = 0 \qquad (8)$$

Dieses Gleichungssystem kann nur dann für beliebige Zeiten erfüllt sein, wenn alle Terme gleicher Frequenz jeweils für sich im Gleichgewicht sind. Mit dieser Forderung kommt man durch Koeffizientenvergleich auf ein unendlich großes Eigenwertproblem:

$$\left(\lambda_k \hat{I} - \begin{bmatrix} \cdots & \cdots & \cdots & \cdots & & & \\ \cdots & A_0 + i2\Omega I & A_{-1} & A_{-2} & \cdots & & \\ \cdots & A_{+1} & A_0 + i\Omega I & A_{-1} & A_{-2} & \cdots & \\ \cdots & A_{+2} & A_{+1} & A_0 & A_{-1} & A_{-2} & \cdots \\ & & A_{+2} & A_{+1} & A_0 - i\Omega I & A_{-1} & \cdots \\ & & & & A_{+2} & A_{+1} & A_0 - i2\Omega I & \cdots \\ & & & \cdots & \cdots & \cdots & \cdots \end{bmatrix} \right) \begin{Bmatrix} \cdot \\ r_{k,-2} \\ r_{k,-1} \\ r_{k,0} \\ r_{k,+1} \\ r_{k,+2} \\ \cdot \end{Bmatrix} = \begin{Bmatrix} \cdot \\ 0 \\ 0 \\ 0 \\ 0 \\ 0 \\ \cdot \end{Bmatrix}$$

$$\left(\lambda_k \hat{I} - \hat{A} \right) \hat{r}_k = \hat{0} \qquad (9)$$

mit $\hat{I}$ als Hypereinheitsmatrix. Dieses Eigenwertproblem ist zeitinvariant. Es besitzt unendlich viele Eigenwerte und Eigenvektoren, die aber nicht alle unabhängig voneinander sind. Für die Kenntnis der vollständigen homogenen Lösung sind nur $2N$ Eigenwerte und Eigenvektoren von Bedeutung, die als Basiseigenwerte und -eigenvektoren bezeichnet werden. Die übrigen Eigenwerte und Eigenvektoren enthalten keine zusätzlichen Informationen. Diese Redundanz kann auf einfache Weise gezeigt werden: Wenn λ_{k0} ein Basiseigenwert von $\hat{A}$ ist und $r_{k0}(t)$ der zugehörige Basiseigenvektor, so gilt nach Gl. (7)

$$x_k(t) = e^{\lambda_{k0} t} \cdot \sum_{j=-\infty}^{+\infty} r_{k0,j} \cdot e^{ij\Omega t} = e^{(\lambda_{k0}+in\Omega)t} \cdot \sum_{j=-\infty}^{+\infty} r_{k0,j} \cdot e^{i(j-n)\Omega t} \qquad (10)$$

Damit ist auch $\lambda_{kn} = \lambda_k + in\Omega$ ein Eigenwert von $\hat{A}$ und $r_{kn}(t) = e^{-in\Omega t} \cdot r_k(t)$ der zugehörige Eigenvektor.

Praktisch reicht es aus, den Ansatz für $x_k(t)$ nach wenigen Gliedern abzubrechen. Wenn man dabei bis zur Frequenz $J\Omega$ geht, dann wird aus Gl. (9) ein endlich großes Eigenwertproblem der Dimension $(2J+1)*2N$.

Grundsätzlich sind die Basiseigenwerte und -vektoren nicht eindeutig bestimmt. Wegen des Abbruchs ist es aber sinnvoll, aus einer Gruppe redundanter Eigenvektoren einen zum Basiseigenvektor zu ernennen, dessen betragsgrößter Subvektor sich an der Stelle $j = 0$

befindet. Die größten Fehler aus dem Abbruch sind in den Subvektoren bei $j = \pm J$ zu erwarten, die in diesem Fall im allgemeinen nicht mehr viel zur Lösung beitragen.

Nach dem Reduzibilitätssatz von Ljapunov läßt sich jedes periodisch zeitvariante Bewegungsgleichungssystem durch eine ebenfalls periodisch zeitvariante Transformationsmatrix auf ein zeitinvariantes System reduzieren [5]. Die Modalmatrix aus den periodisch zeitvarianten Eigenvektoren stellt eine solche Transformationsmatrix dar. Hierauf wird jedoch in der vorliegenden Arbeit nicht weiter eingegangen.

4 Die numerische Realisierung des Verfahrens von Hill

Zur Behandlung von gekoppelten Rotor-Fundament-Systemen mit unsymmetrischen Koppelstellen wurde ein Programm entwickelt, das die homogene Lösung nach dem Verfahren von Hill liefert. Die Bewegungsgleichungen werden für den Rotor in einem mitrotierenden und für das Fundament in einem raumfesten Koordinatensystem formuliert. Die Kopplung der beiden Teilstrukturen erfolgt an beliebigen Stellen über Feder- und Dämpferelemente, die bei Unsymmetrie zu periodisch zeitvarianten Koeffizienten in den Steifigkeits- und Dämpfungsmatrizen führen.

Das Hypereigenwertproblem (9) wird bei $(2J+1)$ Gliedern abgebrochen und mit dem HQR-Verfahren gelöst.

Aus den $(2J+1)*2N$ Eigenwerten und -vektoren von $\hat{A}$ werden die $2N$ Basiseigenwerte und -vektoren ermittelt. Dazu werden die Eigenvektoren gesucht, deren betragsgrößter Subvektor an der Stelle $j = 0$ liegt. Dabei kann es jedoch vorkommen, daß zu wenige oder zu viele Basiseigenvektoren gefunden werden. Insbesondere ist es möglich, daß zwei Subvektoren konjugiert komplex sind und daher den gleichen Betrag haben. In diesen Fällen wird wie folgt vorgegangen:

- Falls zu wenige gefunden werden, wird zusätzlich nach Eigenvektoren gesucht, deren betragsgrößter Subvektor an der Stelle $j = 1$ liegt.

- Falls zu viele gefunden werden, wird unter ihnen nach solchen gesucht, die gemäß Gl. (10) redundant sind. Von diesen werden dann alle bis auf einen eliminiert.

Zur Verifikation des Berechnungswerkzeuges wird das Modell der unrunden Lavalwelle in starren Lagern, formuliert im raumfesten Koordinatensystem, herangezogen. Die Steifigkeitsmatrix besitzt periodisch zeitvariante Koeffizienten mit der Frequenz $2w$.

Bild 2a zeigt die berechneten dimensionslosen Eigenfrequenzen, d. h. die Imaginärteile der berechneten Basiseigenwerte, einer unrunden Lavalwelle mit $\mu = 0,5$ in Abhängigkeit von der bezogenen Drehzahl w. Diese Darstellung ist jedoch wenig aussagekräftig, weil die Basiseigenwerte wegen der Redundanz nicht eindeutig bestimmt sind und die Eigenvektoren selbst noch periodische Anteile enthalten.

Deshalb werden in Bild 2b die tatsächlich in der homogenen Lösung auftretenden dimensionslosen Frequenzen dargestellt. Sie ergeben sich aus den Imaginärteilen der Basiseigenwerte und den in den periodischen Basiseigenvektoren enthaltenen ganzzahligen Vielfachen der Parameterfrequenz $2w$. Diese Darstellung ist unabhängig von der Wahl der Basiseigenwerte. Das Ergebnis entspricht den Frequenzen, die man erhält, wenn man die im mitrotierenden

Koordinatensystem nach [3] berechneten Eigenfrequenzen in das raumfeste Koordinatensystem transformiert.

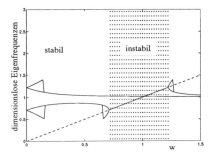 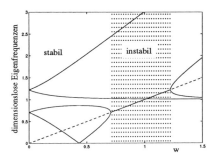

Bild 2a,b Unrunde Welle ($\mu = 0,5$) in starren Lagern: Imaginärteile der Basiseigenwerte (a) und Zusammenfassung der Frequenzen aus Basiseigenwerten und periodisch zeitvarianten Basiseigenvektoren (b)

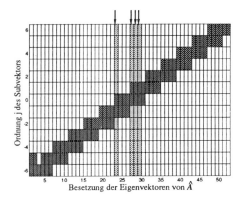

Unrunde Lavalwelle
in starren Lagern:

$\mu = 0,5$
$w = 0,6$

Ansatz mit
13 Fouriergliedern

Bild 3 Nur an den dunkel hervorgehobenen Stellen sind die Beträge der Subvektoren größer als 0,01 bei Normierung der Hypereigenvektoren auf Betrag 1. Die mit dem beschriebenen Suchverfahren ermittelten Basiseigenvektoren sind markiert.

Die Eigenvektoren von $\hat{A}$ sind, wie man in Bild 3 erkennt, nur in zwei benachbarten Subvektoren besetzt. Dies ist darauf zurückzuführen, daß das hier behandelte Problem eine Darstellung mit konstanten Koeffizienten besitzt, wenn man es in einem mitrotierenden Koordinatensystem formuliert. Die Eigenvektoren sind dort ebenfalls konstant. Wenn man eine Eigenschwingung mit der dimensionslosen Frequenz ω^* aus dem mit w rotierenden in das raumfeste Koordinatensystem transformiert, dann enthält die transformierte Bewegung die beiden Frequenzen $\omega^* - w$ und $\omega^* + w$. Ernennt man dann z. B. $\omega^* + w$ zum Basiseigenwert im raumfesten Koordinatensystem, so sind im zugehörigen zeitvarianten Basiseigenvektor gerade die Subvektoren bei $j = 0$ und $j = -2$ besetzt. Weil keine weiteren Frequenzen in den Eigenvektoren auftreten, führt bereits ein dreigliedriger Ansatz auf die im Rahmen der

Rechengenauigkeit exakte Lösung. Durch einen Ansatz mit mehr als drei Gliedern läßt sich das Ergebnis hier nicht mehr verbessern.

Die unrunde Lavalwelle in starren Lagern besitzt zwei biegekritische Drehzahlen. Dazwischen tritt ein Eigenwert mit positivem Realteil auf, was zur Instabilität führt. Dieses Verhalten läßt sich in Abhängigkeit von μ und w in einer Stabilitätskarte gemäß Bild 4 darstellen. Das Ergebnis entspricht auch hier dem in [3].

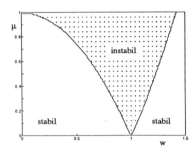

Bild 4 Stabilitätskarte der unrunden Lavalwelle in starren Lagern in Abhängigkeit von μ und w

5 Die Stabilität einer unrunden Welle in anisotropen elastischen Lagern

Mit den Berechnungen in Abschnitt 4 konnte die Tauglichkeit des Programms nachgewiesen werden. Im folgenden wird gezeigt, wie sich das Stabilitätsverhalten einer unrunden Welle in zunächst isotropen elastischen Lagern ändert, wenn man die Lagersteifigkeit in einer Richtung erhöht. Dazu muß man die Verschiebungen in den Lagern berücksichtigen. Wenn man annimmt, daß bei einer symmetrischen Konstruktion wie in Bild 1 nur symmetrische Schwingungsformen auftreten, die Bewegungen in den beiden Lagern also gleichgerichtet sind, so genügen zwei zusätzliche Freiheitsgrade.

Die Bewegungsgleichungen werden in einem mitrotierenden Koordinatensystem aufgestellt und in dimensionslose Form gebracht. Durch die anisotrope Lagerung treten zeitvariante Koeffizienten an den beiden Lagerfreiheitsgraden auf. Zu den Parametern μ und w lassen sich hier noch die dimensionslosen Kennzahlen c_h und c_v definieren, in denen die horizontale und die vertikale Steifigkeit der beiden gleichen Lager zusammengefaßt und auf die mittlere Wellensteifigkeit bezogen werden:

$$c_h = \frac{4k_h}{k_1 + k_2} \qquad c_h = \frac{4k_h}{k_1 + k_2} \tag{11}$$

Die beiden Lagerfreiheitsgrade werden mit einer Masse von 20% der Scheibenmasse belegt.

Die Eigenvektoren von $\hat{A}$ sind jetzt in mehr als zwei Subvektoren besetzt (Bild 5), so daß in der homogenen Lösung zu jedem Basiseigenwert mit seiner Frequenz noch mehrere ganzzahlige Vielfache der Parameterfrequenz $2w$ auftreten.

Im folgenden wird gezeigt, wie sich das Stabilitätsverhalten einer unrunden Welle ($\mu = 0{,}5$) in zunächst isotropen elastischen Lagern mit $c_h = 1$ und $c_v = 1$ ändert, wenn man die Lagersteifigkeit in einer Richtung erhöht. Dazu wird der maximale Realteil im Eigenwertspektrum über w und der variierten dimensionslosen Lagersteifigkeit c_h dargestellt (Bild 6). Er ist ein Maß für die Geschwindigkeit, mit der die homogene Lösung im Fall der Instabilität aufklingt. Wenn er Null ist, so liegt Grenzstabilität vor. Der bereits bei isotroper Lagerung (aufgrund der Unsymmetrie des Rotors) auftretende Instabilitätsbereich spaltet sich bei zunehmender Anisotropie in mehrere schmalere Bereiche auf. Außerdem erscheinen weitere Bereiche, die aber weniger ausgeprägt sind. Für diese Berechnungen wurde ein siebengliedriger Ansatz gemacht.

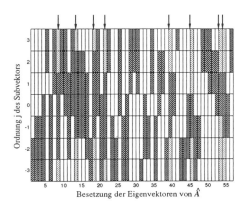

Unrunde Welle in anisotropen elastischen Lagern:

$\mu = 0{,}5$
$w = 0{,}6$
$c_h = 1$
$c_v = 1{,}2$

Ansatz mit
7 Fouriergliedern

Bild 5 Nur an den dunkel hervorgehobenen Stellen sind die Beträge der Subvektoren größer als 0,01 bei Normierung der Hypereigenvektoren auf Betrag 1. Die mit dem beschriebenen Suchverfahren ermittelten Basiseigenvektoren sind markiert.

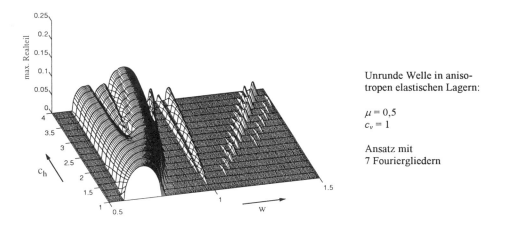

Unrunde Welle in anisotropen elastischen Lagern:

$\mu = 0{,}5$
$c_v = 1$

Ansatz mit
7 Fouriergliedern

Bild 6 Heftigkeit der Instabilität einer unrunden Welle in elastischen Lagern in Abhängigkeit von w und c_h

6 Diskussion und Ausblick

Die im Rahmen dieser Arbeit durchgeführten Untersuchungen bestätigen die in [6] gezeigten Möglichkeiten des Verfahrens von Hill zur Lösung von periodisch zeitvarianten Differentialgleichungen. Die Kenntnis der vollständigen homogenen Lösung der Bewegungsgleichungen erlaubt eine über die reine Stabilitätsaussage hinausgehende Beurteilung des Systemverhaltens.

Ein weiterer Vorzug des Verfahrens ist, daß sich das gekoppelte zeitvariante Differentialgleichungssystem Gl. (5) mit der Modalmatrix aus den periodisch zeitvarianten Eigenvektoren in ein entkoppeltes zeitvariantes System transformieren läßt [6].

Als nächste Arbeitsschritte sind die Anwendung dieser Vorgehensweise bei der Berechnung erzwungener Schwingungen und eine ausführlichere Betrachtung der homogenen Lösung in Verbindung mit einer graphischen Darstellung vorgesehen.

Das Problem beim Hillschen Verfahren liegt in der Bestimmung der Basiseigenwerte und -eigenvektoren. Das einzige bisher bekannte Verfahren besteht darin, das unendlich große Eigenwertproblem Gl. (9) nach Abbruch bei einer endlichen Zahl von Gliedern zu lösen und anschließend die redundanten Größen auszusortieren. Damit stößt man bei der Behandlung von umfangreicheren Modellen unter Berücksichtigung einer größeren Anzahl von Ansatzgliedern schnell an die Grenzen der Rechnerkapazität.

Die Entwicklung einer ökonomischeren Methode zur Bestimmung der Basiseigenwerte und -vektoren wäre deshalb eine notwendige Voraussetzung, um dem Verfahren von Hill weitere Einsatzgebiete zu erschließen.

7 Danksagung

Diese Arbeit wurde von der Europäischen Union im Rahmen des BRITE/EURAM II-Programmes gefördert (BRE2-CT92-0223). Wir danken den EU-Betreuern des Projekts für ihre Unterstützung sowie allen Partnern für die wertvollen Diskussionen.

8 Literaturverzeichnis

[1]   Gasch, R.; Knothe, K.: Strukturdynamik Band 1. Berlin; Heidelberg: Springer 1987

[2]   Gasch, R.; Knothe, K.: Strukturdynamik Band 2. Berlin; Heidelberg: Springer 1989

[3]   Gasch, R.; Pfützner, H.: Rotordynamik. Berlin; Heidelberg: Springer 1975

[4]   Klotter, K.: Technische Schwingungslehre. Erster Band: Einfache Schwinger.
      Teil A: Lineare Schwingungen. 3. Aufl., Berlin; Heidelberg: Springer 1978

[5]   Müller, P. C.; Schiehlen, W. O.: Lineare Schwingungen.
      Wiesbaden: Akademische Verlagsgesellschaft 1976

[6]   Xu, J.: Aeroelastik einer Windturbine mit drei gelenkig befestigten Flügeln.
      Fortschrittsberichte VDI, Reihe 11, Nr. 185. Düsseldorf: VDI-Verlag 1993

Eine effiziente Substrukturmethode für transiente Probleme der nichtlinearen Rotordynamik

von H.J.Holl und H.Irschik

1 Einleitung

Die Form der Bewegungsgleichungen in der Rotordynamik unterscheidet sich von anderen strukturdynamischen Problemen durch die Unsymmetrie in den Systemmatrizen und durch spezielle, meist lokale Nichtlinearitäten. Die Nichtlinearitäten bei rotordynamischen Problemen sind hauptsächlich mit dem Verhalten der hydrodynamischen Gleitlager und damit nur mit wenigen Freiheitsgrade verbunden.

Um eine möglichst einfache und effektive Berechnung des transienten Zeitverhaltens zu ermöglichen, erfolgt in der vorliegenden Arbeit eine naheliegende Aufspaltung der Freiheitsgrade und Systemmatrizen in ein lineares und ein nichtlineares Subsystem. Eine solche Aufspaltung findet sich bereits in [1], allerdings ohne Bezug auf die Rotordynamik. Für beide Substrukturen erfolgt eine modale Analyse der symmetrischen linearen Systemmatrizen. Auch eine modale Kondensation auf wenige Freiheitsgrade ist speziell für die lineare Substruktur möglich. Diese Vorgehensweise der Aufspaltung der Bewegungsgleichung in die symmetrischen und linearen Operatoren vermeidet die z. Bsp. in [2] beschriebene wesentlich aufwendigere Berechnung mittels komplexer Modalgrößen. Eine Beschreibung in Zustandsraumkoordinaten erscheint für diese Probleme zweckmäßig, wobei im folgenden die modalen Impulsantwortfunktionen des linearen, symmetrischen Differentialgleichungssystems 2. Ordnung Verwendung finden. Für die transienten Schwingungen der Substrukturen wird eine passende Integralgleichungsformulierung basierend auf dem Duhamel-Integral angegeben. Um die entstehenden Übertragungsmatrizen nicht invertieren zu müssen, erfolgt eine partielle Integration der durch die Bewegung induzierten Pseudoerregung, welche sich aus den gyroskopischen, den nichtkonservativen Effekten und den Nichtlinearitäten des Systems ergibt. Es entsteht so ein schneller Algorithmus, welcher die bewährten Methoden der linearen Strukturdynamik verwendet. Die Übertragungsmatrizen werden für jede Substruktur vor Beginn der Zeitintegration ermittelt. Die iterative Behandlung der nichtlinearen Gleichungen erfolgt nur in einer Substruktur mit minimaler Anzahl von Freiheitsgraden, wobei grundsätzlich mit jedem passenden nichtlinearen Lösungsverfahren gearbeitet werden kann.

2 Substrukturtechnik mit Berücksichtigung der Nichtlinearitäten

Die Bewegungsgleichungen eines gleitgelagerten rotordynamischen Systems lauten in allgemeiner Form, siehe [2],[3],[4]

$$[M]\{\ddot{X}\}+[D+G]\{\dot{X}\}+[K+N]\{X\}+\{R_N\}=\{R_E\}, \tag{1}$$

wobei die Massenmatrix [M], die Steifigkeitsmatrix [K] und die Rayleigh'sche Dämpfungsmatrix [D] symmetrische Matrizen sind. Die gyroskopischen Effekte sind in der schiefsymmetrischen Matrix [G] enthalten, und die Matrix [N] beinhaltet die zirkulatorischen Kräfte. In der Matrix [G] könnten grundsätzlich auch allfällige nichtkonservative Dämpfungsterme berücksichtigt werden. Eine Aufteilung in das Subsystem des linearen Rotors (Index 1) und jenes der nichtlinearen Lagerkoordinaten (Index 2) erscheint zweckmäßig:

$$\{X\}=\begin{Bmatrix}\{X\}_1\\\{X\}_2\end{Bmatrix}, \{R_E\}=\begin{Bmatrix}\{r_E\}_1\\\{r_E\}_2\end{Bmatrix}, \{R_N\}=\begin{Bmatrix}\{r_N\}_1\\\{r_N\}_2\end{Bmatrix}=\begin{Bmatrix}\{0\}\\\{r_N\}\end{Bmatrix}, \tag{2}$$

wobei $\{R_E\}$ die eingeprägte Belastung und $\{R_N\}$ die nichtlinearen Rückstellkräfte bezeichnen. Daraus ergeben sich zwei Systeme von Bewegungsgleichungen, welche über die Koppelkräfte $\{f\}_1$ und $\{f\}_2$ miteinander verbunden sind:

$$[M]_{11}\{\ddot{X}\}_1+[D+G]_{11}\{\dot{X}\}_1+[K]_{11}\{X\}_1=\{r_E\}_1+\{f\}_1 \tag{3}$$

$$[M]_{22}\{\ddot{X}\}_2+[D]_{22}\{\dot{X}\}_2+[K+N]_{22}\{X\}_2=\{r_E\}_2+\{f\}_2-\{r_N\} \tag{4}$$

Die Koppelkräfte errechnen sich nach den Vorschriften

$$\{f\}_2=[F]_2\{Z\}_1 \text{ und } \{f\}_1=[F]_1\{Z\}_2, \tag{5}$$

wobei

$$[F]_1=-\begin{bmatrix}[K]_{12} & [D]_{12}\end{bmatrix} \text{ und } [F]_2=-\begin{bmatrix}[K]_{21} & [D]_{21}\end{bmatrix} \tag{6}$$

gilt. Im folgenden wird angenommen, daß die gyroskopischen Anteile im linearen Subsystem des Rotors konzentriert sind, wohingegen die zirkulatorischen Kräfte nur in der Substruktur 2 auftreten, welche die lokalen nichtlinearen Kräften enthält:

$$[G]=\begin{bmatrix}[G]_{11} & [0] \\ [0] & [0]\end{bmatrix}, [N]=\begin{bmatrix}[0] & [0] \\ [0] & [N]_{22}\end{bmatrix} \tag{7}$$

Weiters wird vorausgesetzt, daß die beiden Systeme nicht über die Massenmatrix gekoppelt sind,

$$[M_{12}]=[M_{21}]=[0]. \tag{8}$$

Das Vorhandensein einer Massenkopplung stellt jedoch keine Beschränkung der Allgemeinheit für dieses Verfahren dar, da die entsprechende Trägheitskopplung mittels partieller Integration in das Schema der Gleichungen (3) und (4) eingebaut werden kann. Darüber wird an anderer Stelle berichtet werden.

3 Behandlung der linearen Substruktur

Es wird zuerst die Lösungsstrategie für die Substruktur 1 vorgestellt. Die umgeformte Bewegungsgleichung (3)

$$[M]_{11}\{\ddot{X}\}_1+[D]_{11}\{\dot{X}\}_1+[K]_{11}\{X\}_1=\{r_E\}_1+\{f\}_1-[G]_{11}\{\dot{X}\}_1 \tag{9}$$

wird inkrementell gelöst, wobei die Zustandsraumdarstellung

$$\{Z\}_1=\begin{Bmatrix}\{X\}_1 \\ \{\dot{X}\}_1\end{Bmatrix}, \{Z\}_2=\begin{Bmatrix}\{X\}_2 \\ \{\dot{X}\}_2\end{Bmatrix} \tag{10}$$

verwendet wird. Die Integration der Bewegungsgleichungen für ein betrachtetes Zeitintervall $\Delta t=t-t_0$ mittels des Duhamelschen Faltungsintegrals ergibt zunächst die exakte Beziehung

$$\Delta\{Z\}_1=([U(\Delta t)]_1-['I,]) \{Z_0\}_1+\int_0^{\Delta t}[U(\Delta t-\tau)]_1\begin{Bmatrix}\{0\} \\ [M]_{11}^{-1}(\{r_E\}_1+\{f\}_1-[G]_{11}\{\dot{X}\}_1)\end{Bmatrix}d\tau. \tag{11}$$

$['I,]$ bezeichnet die Einheitsmatrix. Eine zweckmäßige Darstellung der Transitionsmatrix $[U(\Delta t)]_1$ mittels modaler Analyse des linearen symmetrischen Problems wurde von Holl und Irschik [5] angegeben. Approximiert man den zeitlichen Verlauf von $\{r_E\}_1$, $\{f\}_1$ und $\{\dot{X}\}_1$ im Zeitintervall linear, so ergibt sich

$$\Delta\{Z\}_1=([U(\Delta t)]_1-['I,])\{Z_0\}_1+[\bar{J}(\Delta t)]_1(\Delta\{f\}_1 \\ -[G]_{11}\Delta\{\dot{X}\}_1)+\Delta\{Z_E\}_1+[J(\Delta t)]_1(\{f_0\}_1-[G]_{11}\{\dot{X}_0\}_1), \tag{12}$$

wobei

$$\Delta\{Z_E\}_1 = \int_0^{\Delta t} [U(\Delta t-\tau)]_1 \begin{Bmatrix} \{0\} \\ [M]_{11}^{-1}\{r_E\}_1 \end{Bmatrix} d\tau \qquad (13)$$

der Anteil zufolge der eingeprägten Kräfte darstellt und die Matrizen $[J(\Delta t)]_1$ und $[\bar{J}(\Delta t)]_1$ das Ergebnis der Integration des Zustandsvektors bei linearer Approximation zusammenfassen. Die Inkremente am Ende des betrachteten Zeitintervalles ergeben sich dann zu

$$\Delta\{Z\}_1 = [C_0]_1\{Z_0\}_1 + [C_{f0}]_1\{f_0\}_1 + [C]_1\Delta\{Z_E\}_1 + [C_f]_1\Delta\{f\}_1 \qquad (14)$$

mit

$$[C(\Delta t)]_1 = (\, [^t I\,.\,] + [\,\, [0]_{(2n_1 \times n_1)} \quad [J(\Delta t)]_1 [G]_{11}\,\,]\,)^{-1}, \qquad (14a)$$

$$[C_0(\Delta t)]_1 = [C]_1 (\, [U]_1 - [^t I\,.\,] - (\,[\,\, [0]_{(2n_1 \times n_1)} \quad [J]_1 [G]_{11}\,\,]\,)\,), \qquad (14b)$$

$$[C_{f0}(\Delta t)]_1 = [C(\Delta t)]_1 [J(\Delta t)]_1 \,,\, [C_f(\Delta t)]_1 = [C(\Delta t)]_1 [\bar{J}(\Delta t)]_1. \qquad (14c,d)$$

In diesen Gleichungen ist noch die Kopplung mit der nichtlinearen Substruktur 2 enthalten, welche im nächsten Abschnitt behandelt wird.

4 Die Berechnung der Substruktur mit lokalen Nichtlinearitäten

Die Behandlung der zweiten Substruktur, welche die Nichtlinearitäten enthält, erfolgt ganz analog zu Abschnitt 3. Ausgehend von der Bewegungsgleichung (4)

$$[M]_{22}\{\ddot{X}\}_2 + [D]_{22}\{\dot{X}\}_2 + [K]_{22}\{X\}_2 = \{r_E\}_2 + \{f\}_2 - [N]_{22}\{X\}_2 - \{r_N\} \qquad (15)$$

erhält man das Gegenstück zu Gl. (14)

$$[C(\Delta t)]_2 \Delta\{Z\}_2 = (\,[U]_1 - [^t I\,.\,] - (\,[\,\, [J(\Delta t)]_2 [N]_{22} \quad [0]_{(2n_2 \times n_2)}\,\,]\,)\,)\{Z_0\}_2$$
$$+ [J(\Delta t)]_2 (\{f_0\}_2 - \{r_{N0}\}) + \Delta\{Z_E\}_2 + [J(\Delta t)]_2 (\Delta\{f\}_2 - \Delta\{r_N\}), \qquad (16)$$

wobei die Bezeichnung der Matrizen entsprechend den oben erwähnten Abkürzungen gewählt wurde. Es ist nun aber

$$[C(\Delta t)]_2 = (\, [^t I\,.\,] + [\,\, [J(\Delta t)]_2 [N]_{22} \quad [0]_{(2n_2 \times n_2)}\,\,]\,). \qquad (16a)$$

Setzt man Gl. (14) in Gl. (16) ein, so erhält man unter Verwendung der Gln. (5)

$$[B]_2 \Delta\{Z\}_2 + [\tilde{J}]_2 \Delta\{r_N\} = \{P\}_2, \qquad (17)$$

wobei sich die Matrizen aus

$$[B]_2 = [{}'I_\cdot] + [[J(\Delta t)]_2 [N]_{22} \ [0]_{(2n_2 \times n_2)}] - [\tilde{J}(\Delta t)]_2 [F]_2 [C_f(\Delta t)]_1 [F]_1 \,, \qquad (17a)$$

und

$$\{P\}_2 = ([U]_2 - [{}'I_\cdot] - [[J(\Delta t)]_2 [N]_{22} \ [0]_{(2n_2 \times n_2)}] + [\tilde{J}(\Delta t)]_2 [F]_2 [C_{f0}]_1 [F]_1) \{Z_0\}_2$$
$$+ ([\tilde{J}]_2 [F]_2 [C_0]_1 + [\tilde{J}]_2 [F]_2) \{Z_0\}_1 - [\tilde{J}]_2 \{r_{N0}\} + [\tilde{J}]_2 [F]_2 [C]_1 \Delta\{Z_E\}_1 + \Delta\{Z_E\}_2 \qquad (17b)$$

berechnen. Die Gln. (17) enthalten nur mehr ein Minimum an nichtlinearen Koordinaten und müssen iterativ behandelt werden. Das Inkrement der nichtlinearen Rückstellkraft wird aus

$$\Delta\{r_N\} = \{r_N(\{Z_0\}_1 + \Delta\{Z\}_1, \{Z_0\}_2 + \Delta\{Z\}_2)\} - \{r_N(\{Z_0\}_1, \{Z_0\}_2)\}\,. \qquad (18)$$

berechnet. Die Gln. (17) und (18) ermöglichen die Anwendung passender nichtlinearer Gleichungslöser zur Ermittlung der Lagekoordinaten.

5 Rechenbeispiel

Um die Effizienz des vorgestellten Verfahrens zu demonstrieren, werden die transienten Schwingungen eines rotordynamischen Systems analysiert. Das System mit drei Scheiben und zwei Gleitlagern ist samt seinen Abmessungen schematisch in Bild 1 dargestellt. Die lokalen Nichtlinearitäten treten in den Gleitlagern auf, welche in Bild 1 der Einfachheit halber nur mit Federn angedeutet sind. Ausgehend von der Reynolds'schen Differentialgleichung liefert die Gleitlagertheorie für spezielle Annahmen den Druckverlauf im Lagerspalt. Für sehr kurze bzw. auch sehr lange Lager lassen sich analytische Näherungslösungen angeben [6]. In der vorliegenden Arbeit werden die Ergebnisse der Kurzlagertheorie verwendet. Die Effekte der Lagerung äußern sich neben der Nichtlinearität der Bewegungsgleichungen auch noch in schiefsymmetrischen Anteilen in der Steifigkeitsmatrix, [3], [7], [8]. Um nicht die für die Berechnung der Druckverteilung nötige Auswertung der Integrale durchführen zu müssen, werden die Koeffizienten der Matrizenelemente der Steifigkeitsmatrix entsprechend den in [3], S. 159 angegebenen Gleichungen berechnet. Bei der Lösung der Bewegungsgleichungen ist zufolge der Nichtlinearitäten in jedem Zeitschritt eine iterative Vorgehensweise notwendig. Es wird angenommen, daß sich die übrige Konstruktion, welche mittels finiter Balken- und Rotorelemente entsprechend [2] und [9] modelliert wurde, rein linear verhält. Die Drehzahl der Grundbewegung des untersuchten Rotors beträgt 3000 U/min. Als Belastung wird eine plötzlich in beiden Lagern auftretende horizontale Bodenbeschleunigung senkrecht zur

Rotorachse angenommen, deren zeitlicher Verlauf in Bild 2 angegeben ist. In diesem Fall enthält die Bewegungsgleichung auf der rechten Seite neben den eingeprägten Kräften auch noch den Anteil aus der Bodenbeschleunigung. Es ist damit

$$\{R_E\} \rightarrow \{R_E\} - [M]\{\ddot{w}_g\} \tag{19}$$

in Gl. (1) einzusetzen. Der vorgestellte Berechnungsalgorithmus ändert sich durch diese Modifikation nicht.

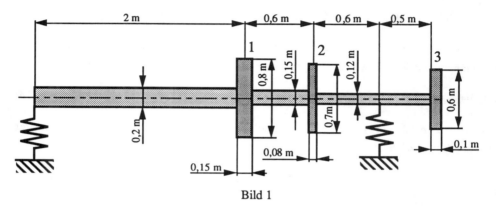

Bild 1

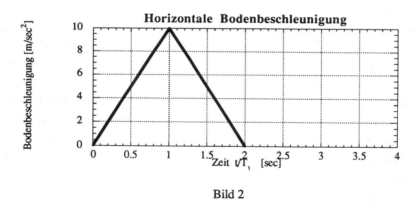

Bild 2

Das Ergebnis der Berechnung zufolge der angegebenen Erregung wird in den Bildern 3 bis 8 dargestellt. Ein Zeitschritt von $T_1/50000$ wird der Berechnung zugrundegelegt, wobei T_1 die Periodendauer der ersten Eigenform des symmetrischen Systems ist. In den Bildern sind jeweils die dimensionslosen Verschiebungen aufgetragen, indem die berechneten Verschiebungen auf die zugehörigen statischen Auslenkungen zufolge der Gewichtswirkung bezogen wurde. Bild 3 zeigt die Bahnkurve für das linke Lager in einer Ebene senkrecht zur undeformierten Wellenachse, wohingegen Bild 4 die entsprechende Lösung für den Wellenmittelpunkt im rechten Lager darstellt. Die Bewegung des Wellenmittelpunktes der

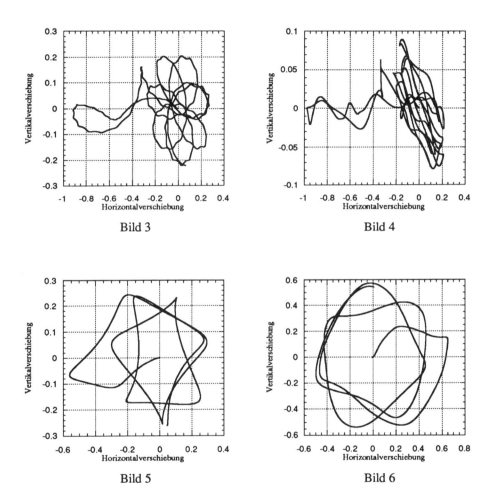

Scheibe 1 ist in Bild 5 und jene der rechten, überhängenden Scheibe 3 in Bild 6 dargestellt. In Bild 7 sind die vertikale und horizontale Verschiebung entsprechend Bild 5 über der dimensionslosen Zeit aufgetragen. Die Darstellung in Bild 8 zeigt den zeitlichen Verlauf der Verschiebungen entsprechend Bild 6. Man sieht deutlich, daß in der Phase der Bodenbeschleunigung die horizontalen Verschiebungen in den Lagern dominiert, wohingegen für die Nachfolgebewegung eine durch die gyroskopischen Anteile in der Bewegungsgleichung hervorgerufene vertikale Bewegung auftritt. An der Position der beiden Scheiben 1 und 3 ist dies nicht zu erkennen. Es ergibt sich dort sofort eine entsprechende Vertikalbewegung.

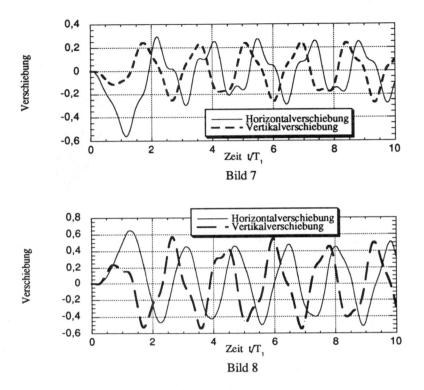

Bild 7

Bild 8

Eine Vergleichsrechnung des vorgestellten Verfahrens mit einer unbedingt stabilen Newmarkschen Integrationsmethode [10], der Wilson-θ-Methode [11] und der HHT-α-Methode [10] wurde durchgeführt. Das numerische Verhalten dieser Verfahren findet man z. Bsp. in [12] mit Anwendungen auf Probleme mit symmetrischen Matrizen diskutiert. Die vorliegenden Berechnungen wurden auf einer Workstation HP Apollo 9000/720 durchgeführt. Die benötigte Berechnungszeit für die Ergebnisse aus Bild 7 und 8 ist in Tabelle 1 zusammengestellt, wobei in allen Fällen der genannte Zeitschritt von $T_1/50000$ verwendet wurde. Es ist zu erwähnen,

Tabelle 1

Zeitintegrationsverfahren	CPU-Zeit [Sek.]	bezogene CPU-Zeit in %
vorgestelltes Verfahren	4300	100
Newmark Methode	8500	198
Wilson-θ-Methode	8800	205
HHT-α-Methode	15600	363

daß die Wilson-θ-Methode in unseren Händen zu teilweise abweichenden Zeitverläufen konvergierte. Beim verwendeten Zeitschritt zeigte sich das vorgestellte Verfahren im dargestellten Zeitbereich von $0 \leq t/T_1 \leq 10$ als numerisch stabil. Andererseits stellte sich heraus, daß das Verfahren in seiner vorliegenden Form bei größeren Zeitschritten die Rechenzeiteffizienz mit Stabilitätsproblemen bezahlt. Es zeigte sich eine starke Verbesserung dieses unerwünschten Verhaltens bei kleineren Drehzahlen. Eine ausführliche Stabilitätsuntersuchung mit Maßnahmen zur Behebung der Instabilitäten ist in Vorbereitung, [13].

6 Schlußbemerkung

In dieser Arbeit wurde eine Erweiterung der Substrukturtechnik in Zusammenhang mit einer konsistenten Anwendung der modalen Analyse auf die transienten Schwingungen eines nichtlinearen Rotors angewendet. Für die Nichtlinearitäten der Lager wurden Gleichungen der Kurzlagertheorie bei der Berechnung der Matrizenelemente angewendet. Die Güte des Verfahrens wurde bezüglich dem Newmark Verfahrens, der Wilson-θ-Methode und der HHT-α-Methode untersucht und wesentliche Vorteile im Rechenzeitbedarf gegenüber diesen Verfahren demonstriert. Es stellte sich jedoch bei größeren Zeitschritten eine numerische Instabilität des vorgestellten Verfahrens heraus, welche gegenwärtig genauer untersucht wird.

Literatur

1 K.-J. Bathe; S. Gracewski: On non-linear dynamic analysis using substructuring and mode superposition. Computers and Structures **13**. 699-707. 1980.
2 E. Krämer: Maschinendynamik. Springer Verlag. 1984
3 D. Childs: Turbomachinery Rotordynamics. J. Wiley & Sons. 1993.
4 R. Gasch; K. Knothe: Strukturdynamik, Band1: Diskrete Systeme. Springer Verlag. 1987
5 H.J. Holl; H. Irschik: A Substructure Method for the Transient Analysis of Nonlinear Rotordynamic Systems Using Modal Analysis. Proceedings of the 12th International Modal Analysis Conference, Honolulu. 1638-1643, 1994.
6 O.R. Lang; W. Steinhilper: Gleitlager. Springer Verlag. 1978
7 H. Waller; R. Schmidt: Schwingungslehre für Ingenieure. B.I.Wissenschaftsverlag 1989.
8 R. Gasch; H. Pfützner: Rotordynamik. Springer Verlag. 1975.
9 H.D. Nelson; J.M. McVaugh: The Dynamics of Rotor-Bearing Systems Using Finite Elements. Journal of Engineering for Industry **98**. 593-600. 1976.
10 T.J.R. Hughes: The Finite Element Method. Prentice Hall. 1987.
11 K.-J. Bathe: Finite Element Procedures in Engineering Analysis. Prentice-Hall. 1982.
12 H.M. Hilber; T.J.R. Hughes; R.L. Taylor: Improved Numerical Dissipation for Time Integration Algorithms in Structural Dynamics. Earthquake Engineering and Structural Dynamics **5**. 283-292. 1977.
13 H.J. Holl: Ein effizienter Algorithmus für nichtlineare Probleme der Strukturdynamik mit Anwendung in der Rotordynamik. Dissertation, Universität Linz, (in Vorbereitung).

Adresse: Univ.-Ass. Dipl.-Ing. Helmut J. Holl
O.Univ.-Prof. Dr. Hans Irschik
Institut für Technische Mechanik und Grundlagen der Maschinenlehre
Johannes Kepler Universität Linz, Altenbergerstr. 69, A-4040 Linz, Österreich

Selbsterregte Schwingungen gekoppelter Rotoren

von D. Waldeck

1 Einleitung

An einem Rotor, der über Reibschluß mit einem zweiten Rotor gekoppelt war, wurden Schwingungen beobachtet, deren Frequenz weit unterhalb der Drehfrequenzen beider Rotoren lag. Der Wellenmittelpunkt beschrieb dabei eine Ellipsenbahn, die in Drehrichtung des Rotors durchlaufen wurde. Ausgehend von den Ergebnissen experimenteller Untersuchungen an einer Textilmaschine wird eine theoretische Erklärung für die Entstehung solcher Schwingungen durch Selbsterregung gegeben. Mit numerischen Beispielrechnungen konnte nachgewiesen werden, daß der Einfluß der Kreiselwirkung so wesentlich ist, daß selbst bei quasi-horizontaler Reibungskennlinie noch Selbsterregung auftrat. Das untersuchte System kann deshalb als weiteres Beispiel für einen "Reibschwinger ohne fallende Kennlinie" betrachtet werden, das ganz anders aufgebaut ist als der von Brommundt unter diesem Titel in [1] vorgestellte Schwinger. Ist die Reibungskennlinie geneigt, dann hat die Größe des Schlupfs Einfluß auf die Selbsterregung.

2 Untersuchungsobjekt und experimentelle Ergebnisse

Werden textile Fäden bei ihrer Herstellung mit konstanter Geschwindigkeit gefördert, so müssen die bei ihrer Speicherung sich bildenden Wickelkörper eine konstante Umfangsgeschwindigkeit besitzen. Während bei modernen Wicklerkonstruktionen die Wicklerwelle oft direkt durch einen Motor mit stellbarer Drehzahl angetrieben wird, erreicht man bei herkömmlichen Ausführungen von Wicklern die konstante Umfangsgeschwindigkeit durch Antrieb mittels einer Reibwalze mit fester Drehzahl. An einem solchen herkömmlichen Wickler wurden die in der Einleitung beschriebenen Schwingungserscheinungen beobachtet. Sie traten - ohne instrumentelle Hilfe erkennbar - auf , wenn der Wickel einen bestimmten Durchmesser erreicht hatte und blieben auch bei weiterer Vergrößerung des Wickeldurchmessers erhalten . Messungen an der Wickelwalze, die mit optischen Wegsensoren in zwei zueinander senkrechten Richtungen durchgeführt wurden, brachten folgende qualitative Erkenntnisse:

- Unterhalb eines bestimmten Wickeldurchmessers sind die Schwingungen auch meßtechnisch nicht nachweisbar.
- Wird ein bestimmter Mindestwert des Wickeldurchmessers erreicht, so treten die Schwingungen plötzlich mit verhältnismäßig großen Amplituden auf .
- Die Frequenz der Schwingungen liegt anfangs bei ca. 10 Hz und vermindert sich mit zunehmendem Wickeldurchmesser auf 8,8 Hz. Im Vergleich dazu liegt die Drehfrequenz der Reibwalze bei ca. 160 Hz, die der Wickelwalze zwischen 45 und 42,5 Hz (mit zunehmendem Wickeldurchmesser abnehmend).
- Aus den Meßwerten der beiden orthogonal zueinander angeordneten optischen Sensoren wurde als Bahnkurve des Wellenmittelpunktes der Wickelwalze eine Ellipse berechnet, deren großer Halbmesser etwa in der Tangentialebene der Berührungslinie beider Rotoren liegt (in den folgenden Ausführungen als "liegende Ellipse" bezeichnet). Die Ellipsenhalbmesser werden mit zunehmendem Wickeldurchmesser allmählich größer. Der große Halbmesser der

Ellipse ist 2- bis 4-mal so groß wie der kleine. Die Ellipsenbahn wird in Drehrichtung der Wickelwalze durchlaufen.

3 Lineares Berechnungsmodell des Rotorsystems

Die beschriebenen experimentellen Ergebnisse ließen erwarten, daß die Frequenz der gemessenen Schwingungen zumindest in der Nähe einer Eigenfrequenz des Rotorsystems liegt. Resonanznahe erzwungene Schwingungen schieden aus den Betrachtungen aus, weil in der Maschine keine entsprechende Erregerfrequenz vorhanden ist (dies konnte auch durch zusätzliche Schwingungsmessungen an der Maschine mit piezoelastischen Beschleunigungsaufnehmern bestätigt werden). So blieb nur Selbsterregung als mögliche Entstehungsursache der Schwingungen, da die Taktfrequenz selbsterregter Schwingungen im wesentlichen einer Eigenfrequenz des zugehörigen linearisierten Systems entspricht.

Zur Bestimmung der dynamisch relevanten Eigenfrequenzen des Rotorsystems wurde das in Bild 1 dargestellte lineare Minimalmodell benutzt. In ihm sind die beiden gekoppelten Walzen als elastisch gefesselte drehende starre Körper berücksichtigt.

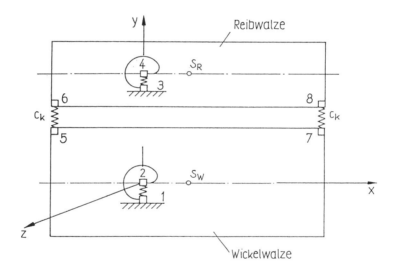

Bild 1 : Minimalmodell des gekoppelten Systems Wickel- und Reibwalze

Die für die Rechnungen verfügbaren Eingabewerte waren unsicher, wobei die Ungenauigkeiten für die Trägheitsparameter der Walzen am kleinsten waren, während die völlig unbekannten Dämpfungswerte und die Kopplungsfederzahlen c_k nur geschätzt werden konnten. Die durchgeführten Berechnungen können daher nur als eine grobe Annäherung an das Verhalten des realen Systems betrachtet werden. In Bild 2 sind die berechneten Eigenfrequenzen in Abhängigkeit vom Wickeldurchmesser und von der mit zunehmendem Wickeldurchmesser sinkenden Drehzahl der Wickelwalze dargestellt.

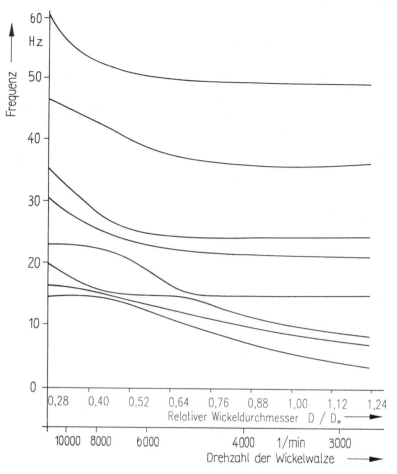

Bild 2: Eigenfrequenzen des gekoppelten Systems Wickel- und Reibwalze in Abhängigkeit vom relativen Wickeldurchmesser D/D_n

Demnach treten bei großem Spulendurchmesser drei tiefe Eigenfrequenzen auf, die - wenn man dies vereinfachend mit den Begriffen der ungekoppelten Teilsysteme ausdrückt - als zwei Gegenlauf-Eigenfrequenzen und eine zwischen diesen beiden liegende Gleichlauf-Eigenfrequenz der Wickelwalze gedeutet werden können. Da die Meßergebnisse ausweisen, daß der Wellenmittelpunkt der Wickelwalze seine Bahn in Drehrichtung der Walze durchläuft (also "im Gleichlauf", wenngleich dieser Begriff bei einer elliptischen Bahn nicht mehr eindeutig ist), ist zunächst die Gleichlauf-Eigenfrequenz besonders interessant. Sie liegt beim Wickeldurchmesser D_n, bei dem die Schwingungen sehr deutlich ausgeprägt waren, etwa bei 8 Hz. Vergleicht man dies mit den gemessenen Frequenzen (10 Hz bis 8,8 Hz), so liegt die Annahme nahe, daß damit die Taktfrequenz der Selbsterregung gefunden ist. Die Unterschiede zwischen den gemessenen Frequenzen und der berechneten Eigenfrequenz sind mit Rücksicht auf die grobe Modellierung und Parameterbestimmung recht gering. Berechnet man mit dem Modell gemäß Bild 1 erzwungene Schwingungen bei Stützenerregung an Knoten 3 in Richtung y, so sind bei großem Wickeldurchmesser die Amplituden des Knotens 7 bei ca. 8 Hz in den Richtungen y und z gleich groß, wobei die Auslenkung in Richtung z nur durch die gyroskopische Kopplung zu erklären ist.

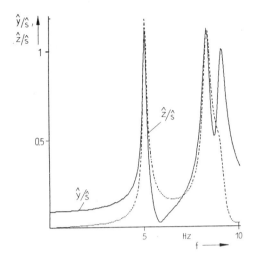

Bild 3: Erzwungene Schwingungen des Knotens 7 bei Stützenerregung an Knoten 3 in Richtung y , Wickeldurchmesser D_n

4 Eine erste verbale Beschreibung der vermuteten Selbsterregung

Ausgehend von den bisher beschriebenen experimentellen und berechneten Ergebnissen wurde zunächst die nachfolgend beschriebene anschauliche Erklärung des Selbsterregungsvorganges möglich:
Bild 4 zeigt die von der Reibwalze angetriebene Wickelwalze. In einer "Gleichlauf-Resonanz der Wickelwalze" beschreibt nun der Walzenmittelpunkt und damit auch die wickelseitige Berührungslinie der Walzen eine kreis- oder ellipsenförmige Umlaufbahn, deren Durchlaufrichtung mit der Drehrichtung der Wickelwalze übereinstimmt. Die Wickelwalze besitzt Schlupf gegenüber der Reibwalze.

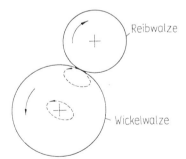

Bild 4: Walzenpaarung und Bahnkurve des Mittelpunktes der Wickelwalze

Im dynamischen Zusammenwirken der beiden Walzen können grob zwei Phasen unterschieden werden:

a) Schwingt die Wickelwalze nach oben, so wächst die Normalkraft zwischen den beiden Walzen. Gleichzeitig bewegt sich der wickelseitige Berührungspunkt in Richtung der Umlaufbewegung der Wickelwalze, so daß die schlupfbedingte Relativbeschwindigkeit verringert wird. Setzt man noch voraus, daß die Reibung zwischen Reib- und Wickelwalze mit abnehmender Relativgeschwindigkeit zunimmt, so wird der betrachteten Gleichlauf-Schwingung in dieser ersten halben Periode relativ viel Energie zugeführt.

b) Schwingt die Wickelwalze nach unten, so sinkt die Normalkraft. Da sie in dieser Phase gleichzeitig entgegengesetzt zur Umlaufrichtung schwingt, nimmt die Relativgeschwindigkeit über das durch den Schlupf bedingte Maß zu. In dieser zweiten Halbperiode wird der Schwingung zwar wieder Energie entzogen, aber die Energieabfuhr ist wegen der kleinen Normalkraft und der großen Relativgeschwindigkeit geringer als die Energiezufuhr in der ersten Halbperiode.

Im betrachteten Fall bietet daher die Schwingungsform der Gleichlauf-Eigenfrequenz der Wickelwalze "optimale" Bedingungen für eine selbsterregte Schwingung, die definitionsgemäß dadurch gekennzeichnet ist, daß der Schwinger einer vorhandenen Energiequelle (in unserem Fall dem Antrieb der Reibwalze) im Takt einer seiner Eigenfrequenzen Energie entnimmt.

5 Ein weiter vereinfachtes Modell zur numerischen Untersuchung der Entstehung selbsterregter Schwingungen

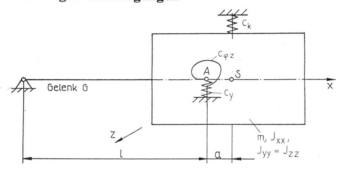

Bild 5: Berechnungsmodell zur Selbsterregung,
xy-Ebene (in xz-Ebene: Federn c_z, $c_{\varphi y}$)

Um auch mittels numerischer Rechnungen nachzuweisen, daß eine Selbsterregung wie in Abschnitt 4 beschriebene möglich ist, wurde das in Bild 5 dargestellte noch weiter vereinfachte Modell benutzt, das wie folgt beschrieben werden kann:

- Es wird nur die Wickelwalze berücksichtigt. Sie stützt sich mit einer Feder c_k auf einer mit der Geschwindigkeit $\dot z_s$ (das entspricht der schlupfbedingten Relativgeschwindigkeit zwischen Reib- und Wickelwalze) relativ zu ihr bewegten Ebene ab und ist durch Federn c_y, c_z, $c_{\varphi z}$, $c_{\varphi y}$ gefesselt.

- Die Wickelwalze ist ein mit Winkelgeschwindigkeit Ω um Achse z drehender Rotor, dessen Achse um y und z drehbar an einem fiktiven Gelenk G befestigt ist. Die Winkelgeschwindigkeit des Rotors dient in dem Modell der Berücksichtigung der Kreiselwirkung und der Berechnung der schlupfbedingten Relativgeschwindigkeit $\dot z_s$. Als Trägheitsparameter werden die Werte der Wickelwalze mit Wickeldurchmesser D_n verwendet.

- Die Lage des fiktiven Gelenkes G wird so gewählt, daß die Gleichlauf-Eigenfrequenz des Rotors so groß ist wie die tiefste Gleichlauf-Eigenfrequenz des in Abschnitt 3 beschriebenen Modells bei gleichem Wickeldurchmesser (in beiden Fällen ca. 8 Hz).

- Im Stützpunkt der Feder c_k wirkt eine statische Vorlast F_o (Druckkraft), und an der Stützstelle greift tangential eine Reibkraft mit dem geschwindigkeitsabhängigen Reibkoeffizienten $\mu(\dot{z}_{rel})$ an.

Die zwei Bewegungsgleichungen erhält man aus den Momenten bezüglich des Gelenkpunktes G und mit den Zwangsbedingungen $y = \varphi_z \cdot (l+a)$, $z = -\varphi_y \cdot (l+a)$. Da die Umlaufbahn des Wellenmittelpunktes bestimmt werden soll, werden y und z als Variable gewählt. Damit ergibt sich für den Schwerpunkt S des Rotors das Kräftegleichgewicht gemäß Bild 6.

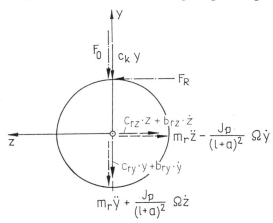

Bild 6: Kräftegleichgewicht am Rotorschwerpunkt

Die Bewegungsgleichungen nehmen damit folgende Form an :

$$m_r \ddot{y} + b_{ry}\dot{y} + (c_{ry}+c_k)y + \frac{J_{xx}}{(l+a)^2}\Omega\dot{z} + F_o = 0 \qquad (1)$$

$$m_r \ddot{z} + b_{rz}\dot{z} + c_{rz}z - \frac{J_{xx}}{(l+a)^2}\Omega\dot{y} - F_R = 0 \qquad (2)$$

mit
Ω ...   Winkelgeschwindigkeit des Rotors,
m, J_{xx}, $J_{yy} = J_{zz}$ ...   Trägheitsparameter des Rotors,
c_y, c_z, $c_{\varphi z}$, $c_{\varphi y}$ ...   translatorische bzw. Drehsteifigkeiten der Rotorfesselung,
b_y, b_z, $b_{\varphi z}$, $b_{\varphi y}$ ...   dementsprechende Dämpfungskoeffizienten,
c_k ...   Steifigkeit der Kopplungsfeder,
F_o ...   Vorspannkraft (Druck),

mit den auf die Variablen y und z reduzierten Größen

$m_r = m + J_{yy}/(l+a)^2$

$c_{ry} = (c_y \cdot l^2 + c_{\varphi z})/(l+a)^2$; $c_{rz} = (c_z \cdot l^2 + c_{\varphi y})/(l+a)^2$

$$b_{ry} = (b_y \cdot l^2 + b_{\varphi z})/(l+a)^2 \; ; \quad b_{rz} = (b_z \cdot l^2 + b_{\varphi y})/(l+a)^2$$

und mit der Reibkraft

$$F_R = (F_o + c_k \cdot y) \cdot \mu_o \left[1 \cdot sign(\dot{z}_{rel}) - \frac{1}{\dot{z}_{r\max}} \cdot \dot{z}_{rel} \right],$$

$$\dot{z}_{rel} = \dot{z}_s - \dot{z} = r_w \Omega \cdot \frac{s}{100-s} - \dot{z}$$

s ...   Schlupf zwischen Reib- und Wickelwalze in Prozent
r_w ...   Radius des Wickels
μ_o ...   Koeffizient der Ruhreibung

6 Einige Ergebnisse numerischer Rechnungen

Zur numerischen Integration wurde das Programm DYPRO [2] benutzt. Untersucht wurde das Bewegungsverhalten des Schwingers mit den Anfangsbedingungen $q_i(0) = 0$; $\dot{q}_i(0) = 0$, das bedeutet aber, daß der Schwinger wegen der in Richtung y wirkenden Vorlast F_o zur Zeit t=0 mit einer sprungartig ansteigenden Kraft belastet wird. Die Steifigkeiten c_{ry} und c_{rz} wurden um je einen kubischen Term ergänzt. Damit wurde der auch beim realen System zu erwartenden Versteifung bei großen Amplituden Rechnung getragen, die ein Anwachsen der Amplituden über alle Grenzen hinaus verhindert.

Das Schwingungsverhalten wurde in jedem Fall über mehr als 25 s untersucht. Bei einer Schrittweite von 0,002 s und einer Frequenz der Schwingung von 8 Hz wurden ca. 60 Integrationsschritte pro Periode erreicht. Die Ergebnisse wurden als Zeitverläufe $q_i = q_i(t)$ oder als zeitfreie Diagramme y = y(z) der Bahnpunkte des Rotorschwerpunktes dargestellt.

Die Bilder 7 und 8 zeigen als Beispiele die Ergebnisse der numerischen Integration bei zwei sehr unterschiedlichen Drehzahlen. Bei Ω = 40s^{-1} (Bild 7) klingen die durch die Anfangsstörung angeregten freien Schwingungen ab. Dagegen tritt bei Ω = 400s^{-1} eine starke Anfachung der Schwingungen durch Selbsterregung auf, und die Umlaufkurve des Rotorschwerpunktes ist eine stehende Ellipse (Bild 8). Die Ergebnisse einer großen Zahl weiterer Rechnungen lassen folgende Tendenzen erkennen:

- Selbsterregung kann bereits bei verhältnismäßig geringer Kreiselwirkung auftreten.

- Sind die Federzahlen c_{ry} und c_{rz} der Rotorfesselung gleichgroß, so ist bei Selbsterregung die Bahnkurve des Schwerpunktes eine "stehende" Ellipse, deren Halbmesser mit zunehmender Drehzahl größer werden.

- Mit zunehmender Anisotropie der Rotorfesselung durch schrittweise Verkleinerung der Federzahl c_{rz} werden die Ellipsenhalbmesser immer kleiner, aber die Bahnkurve bleibt - solange überhaupt noch Selbsterregung auftritt - eine "stehende" Ellipse. Verkleinert man hingegen die Federzahl c_{ry}, so wird an einem bestimmten Punkt plötzlich aus der "stehenden" eine "liegende" Ellipse (Bild 9).

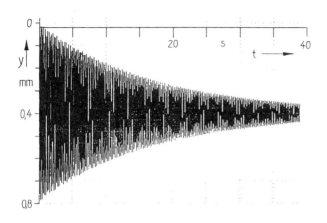
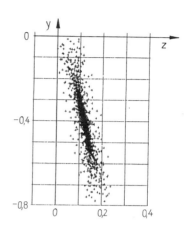

a) Zeitverlauf von y

b) Bahnpunkte von S

Bild 7: Numerische Integration, $\Omega = 40\,s^{-1}$

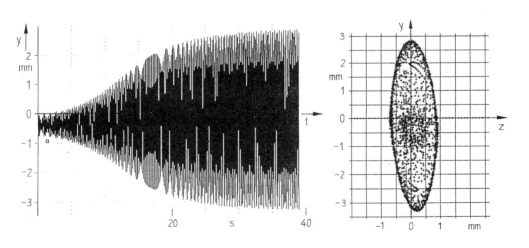

a) Zeitverlauf von y

b) Bahnkurve von S

Bild 8 : Numerische Integration , $\Omega = 400\,s^{-1}$

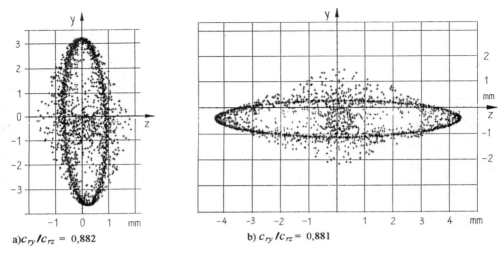

a) $c_{ry}/c_{rz} = 0{,}882$ b) $c_{ry}/c_{rz} = 0{,}881$

Bild 9: Numerische Integration, $\Omega = 400 \text{s}^{-1}$, Bahnpunkte von S

Eine solche "liegende" Ellipse wurde auch bei den experimentellen Untersuchungen beobachtet.

- Die Ergebnisse von Eigenwertberechnungen aus den linearisierten Differentialgleichungen (Linearisierung durch Streichen der Signum-Funktion, der kubischen Federterme und des Produkts $y \cdot \dot{z}$) stimmen qualitativ mit denen der numerischen Integration überein. Das Auftreten von Selbsterregung ist mit einem positiven Realteil des Eigenwertes verbunden.

7 Abschließende Bemerkungen

Der beobachtete und rechnerisch untersuchte Selbsterregungseffekt kann auch für andere technische Systeme, in denen über Reibschluß gekoppelte Rotoren verwendet werden, Bedeutung besitzen, zumal er bereits bei relativ kleiner Kreiselwirkung auftritt.
Szczygielski [3] verwendet interessanterweise für eine ganz andere Untersuchung, nämlich die Berechnung des dynamischen Verhaltens eines schnell drehenden Rotors bei Anstreifvorgängen, ein dem in Bild 5 dargestellten ähnliches Minimalmodell.

8 Quellen

[1] Brommundt; E.: Ein Reibschwinger mit Selbsterregung ohne fallende Reibkennlinie. GAMM-Tagung Braunschweig, April 1994

[2] Gumpert, W.: Bausteine der rechnergestützten Konstruktion: Dynamik-Prozessoren für die Maschinendynamik. Maschinenbautechnik, Berlin 36 (1987), H. 2

[3] Szczygielski, W.M.: Dynamisches Verhalten eines schnell drehenden Rotors bei Anstreifvorgängen. Dissertation ETH Zürich, 1986

Some things are built to stand the test of time

If you look back in your history books, you will find that very few things have *truly* stood the test of time. And those that have, have always possessed a special quality that sets them apart from the rest.

This is still true today.

Take, for example, the 2526 Data Collector from Brüel & Kjær.

It incorporates all the features you need for analysis and logging of machine vibration and process data and, thanks to rapidly advancing Digital Signal Processing (DSP), easy loading of future applications in the field, using software upgrades.

You also have a choice of UNIX or DOS platforms, and an impressive range of features including:

- Multiple input capabilities
- Extensive measurement techniques
- A unique display that assesses complex spectra at-a-glance

- Comprehensive alarm features
- Full spectrum display
- Simple, two-button operation
- Rugged construction

And at 1.2 kg it is still the lightest data collector on the market.

So if you want a data collector that will make history, but will never become part of it, try the 2526 — the data collector that will stand the test of time.

2526 Data Collector.

Brüel & Kjær   State-of-the-art today. But not history tomorrow.

Condition Monitoring Systems Division

WORLD HEADQUARTERS: DK-2850 Nærum · Denmark · Telephone: +45 42 80 05 00 · Fax: +45 42 80 14 05

Australia (02) 450-2066 · Austria 00 43-1-816 74 00 · Belgium 016/44 92 25 · Brazil (011) 246-8166 · Canada: East (514) 695-8225
West (604) 591-9300 · China 1-8419 625 · Czech Republic 02-67 021100 · Finland (0)1481577 · France (1) 64 57 20 10
Germany 06151/8149-0 · Great Britain (081) 954-2366 · Holland 03402-39994 · Hong Kong 548 7486 · Hungary (1) 215 83 05
Italy (02) 57 60 41 41 · Japan 03-5420-7302 · Republic of Korea (02) 554-0605 · Norway 66 90 44 10 · Poland (0-22) 40 93 92
Portugal (1) 38 59 256/38 59 280 · Singapore 735 8933 · Slovak Republic 07-49 78 90 · Spain (91) 368 10 00 · Sweden (08) 711 27 30
Switzerland 01/940 09 09 · Taiwan (02) 713 9303 · Tunisia (01) 750 400 · USA (404) 981-9311
Local representatives and service organisations worldwide

94-019

Mechanik

von Peter Gummert und Karl-August Reckling

3., verbesserte Auflage 1994. XVIII, 774 Seiten mit 368 Abbildungen. Gebunden.
ISBN 3-528-28904-X

Aus dem Inhalt: Mathematische Grundlagen – Kinematik – Dynamik – Statik starrer Systeme – Statik deformierbarer Systeme – Kinetik starrer Systeme – Kinetik deformierbarer Systeme – Prinzipien der Mechanik.

„(...) Vor allem auch aufgrund der systematisch gegliederten Darstellung sowie der klar formulierten Aussagen kann dieses Buch allen Studenten, Naturwissenschaftlern und Ingenieuren sehr empfohlen werden, die sich in die Grundlagenwissenschaft 'Mechanik' einarbeiten wollen und/oder die diese als ein wertvolles Instrument zum Lösen technischer Probleme benötigen."

VDI-Z 18/1986

Verlag Vieweg · Postfach 58 29 · 65048 Wiesbaden

MITDENKEN! VEREINSBANK.

»Risikofreude?«
»Nur wenn das Ergebnis stimmt.«

Dann und wann bremsen wir den Enthusiasmus eines Kunden mit eher nüchternen Argumenten. Was nicht an mangelnder Risikofreude liegt. Sondern schlicht daran, wie wir unseren Job verstehen: mehr aus dem Geld unserer Kunden zu machen, nicht weniger.

Bayerische Vereinsbank AG Kaiserslautern
Karl-Marx-Straße 1-3, Tel. (0631) 806-0

Aus unserer Reihe: Studium Technik
Elemente der Mechanik III

von Otto Bruhns und Theodor Lehmann

*1994. VIII, 260 Seiten mit 146 Abbildungen. Kartoniert.
ISBN 3-528-03049-6*

Aus dem Inhalt: Allgemeines zur Kinetik – Kinetik des Massen-Mittelpunktes: Punkt-Kinetik – Bewegungswiderstände – Übergang zu einem anderen Bezugssystem – Allgemeine Grundlagen der Kinetik starrer Körper – Ebene Bewegung starrer Körper – Räumliche Bewegung starrer Körper – Elementare Theorie des Stoßes – Elemente der analytischen Mechanik – Schwinger mit einem Freiheitsgrad.

Die Neubearbeitung dieses Buches basiert auf dem bewährten Lehrbuch von Prof. Lehmann, Ruhr-Universität Bochum, und führt dessen didaktische Zielsetzung konsequent weiter.

Über die Autoren: Univ.-Prof. Dr.-Ing. Otto Bruhns ist Inhaber des Lehrstuhls für Mechanik 1 (Technische Mechanik) der Ruhr-Universität Bochum.

Prof. em. Dr.-Ing. E. H. Theodor Lehmann war sein Lehrer und Vorgänger auf diesem Lehrstuhl.

Verlag Vieweg · Postfach 58 29 · 65048 Wiesbaden